高等学校土建类专业"十二五"规划教材

建筑概论

李小华　何仲良　主编
刘孟良　唐亮　肖四喜　副主编

化学工业出版社

·北京·

本书为高等学校土建类专业"十二五"规划教材，全书共分四篇，第一篇为民用建筑构造，第二篇为工业建筑构造，第三篇为房屋建筑图的识读，第四篇为建筑材料。在编写中尽量减少过多的叙述，力求简而精，并附有大量的插图，以帮助读者理解书中的内容。

　　本书是经过多所院校专业教师的多次讨论，并结合当前教学要求、课程时数的大致情况而编写的。本书内容全部采用现行国家标准和规范，并照顾到我国南北方地区的不同教学特点，内容精选，叙述简练，力求反映新技术、新材料、新构造。

　　本书适用于土木工程、给水排水工程、建筑环境与设备工程、建筑机械工程、建筑管理工程、建筑电气工程、水利水电工程、公路与城市道路工程、市政工程、房地产经营与管理等土木类专业的本科、高职高专教学用书。

图书在版编目（CIP）数据

建筑概论/李小华，何仲良主编．—北京：化学工业出版社，2013.6

高等学校土建类专业"十二五"规划教材
ISBN 978-7-122-17040-8

Ⅰ．①建…　Ⅱ．①李…②何…　Ⅲ．①建筑学-高等学校-教材　Ⅳ．①TU

中国版本图书馆 CIP 数据核字（2013）第 076014 号

责任编辑：陶艳玲　　　　　　　　　　　文字编辑：林　丹
责任校对：边　涛　　　　　　　　　　　装帧设计：杨　北

出版发行：化学工业出版社（北京市东城区青年湖南街 13 号　邮政编码 100011）
印　　装：三河市延风印装厂
787mm×1092mm　1/16　印张 17½　字数 438 千字　2013 年 9 月北京第 1 版第 1 次印刷

购书咨询：010-64518888（传真：010-64519686）　售后服务：010-64518899
网　　址：http://www.cip.com.cn
凡购买本书，如有缺损质量问题，本社销售中心负责调换。

定　　价：34.00 元

前　言

本书是经过多所院校专业教师的多次讨论，并结合当前教学要求、课程时数的大致情况而编写的。本书内容全部采用现行国家标准和规范，并照顾到我国南北方地区的不同特点，内容精选，叙述简练，力求反映新技术、新材料、新构造。

本书适用于给水排水工程、建筑环境与设备工程、建筑机械工程、建筑管理工程、建筑电气工程、水利水电工程、公路与城市道路工程、市政工程、房地产经营与管理等土木类专业的教学用书。

本书共分四篇二十章。在编写中尽量减少过多的叙述，力求简而精，并附有大量的插图，以帮助读者理解书中的内容。

本书由湖南工程学院副教授李小华博士、高级工程师何仲良担任主编，湖南交通职业技术学院刘孟良教授、湖南工程学院唐亮老师、湖南理工学院肖四喜副教授担任副主编。湘潭大学、湖南工程学院、湖南理工学院、湖南城建职业技术学院、湖南交通职业技术学院等教师积极参与编写工作，湘潭大学鲁湘如老师编写第 1 章、第 7 章；湘潭大学唐敏老师编写第 2～5 章；湖南城建职业技术学院刘小聪副教授编写第 6 章、第 8 章；湖南理工学院冯敬老师编写第 9 章；肖四喜编写第 10 章；刘孟良、何仲良合编第 11～14 章；湖南城建职业技术学院谭伟建副教授编写第 15～17 章；唐亮、李小华合编第 18～20 章；还有不少同志在提供资料和绘制部分插图等方面给予了热情帮助，在此一并表示感谢。

华南理工大学苏成教授担任了本书的主审工作。

由于经验不足，能力有限，调研不够，书中错误在所难免，希望广大读者提出批评和指正。

编　者
2013 年 6 月

目　录

第一篇　民用建筑构造

第二篇　工业建筑构造

第三篇　房屋建筑图的识读

第四篇　建筑材料

第一篇　民用建筑构造

第一章　概　述

本章主要介绍民用建筑的不同分类、民用建筑的基本构件组成及其作用、建筑模数协调统一标准等。

建筑构造是一门研究建筑物各组成部分的构造原理和构造方法的综合性技术学科，其主要任务是根据建筑的功能要求，通过构造技术手段，提供合理的构造方案和措施。

学习建筑构造，要求掌握其构造原理，充分考虑影响建筑构造的各种因素，正确选择和运用建筑材料，提出合理的构造方案和构造措施，尽可能最大限度地满足建筑使用功能，提高建筑物抵御自然界各种不利因素影响的能力，延长建筑物的使用寿命。

建筑构造具有实践性和综合性都很强的特点，它涉及建筑材料、建筑结构、建筑物理、建筑设备和建筑施工等有关知识。只有全面地、综合地运用好这些知识，才能在设计中提出合理的构造方案和措施，从而满足适用、安全、经济、美观的要求。

第一节　民用建筑的分类

从本质来讲，建筑是人工创造的空间环境。通常认为建筑是建筑物和构筑物的总称。建筑物是供人们在其中进行生产、生活或其他活动的建筑，如住宅、办公、剧院、体育场馆等，既有使用功能又有艺术性，除具有外部造型之外还有内部空间；构筑物则是人们不直接在其中进行生产、生活的建筑，如大坝、烟囱、水塔等。

民用建筑是指供人们工作、学习、生活、居住用的建筑物，其分类如下。

一、按使用性质分

1. 居住建筑

居住建筑主要指供家庭和集体生活起居用的建筑物。包括各种类型的住宅（包含别墅）、宿舍和公寓等。它们房屋内部的尺度虽小，但使用布局却十分重要，对朝向、采光、隔热、隔音等建筑技术问题有较高要求。

2. 公共建筑

公共建筑主要指供人们从事各种政治、文化、娱乐、休闲、福利服务等社会活动用的建筑物。它是大量人群聚集的场所，室内空间和尺度都很大，人流走向问题突出，对使用功能及其设施要求很高。其包括的种类如下。

（1）文教建筑　如教学楼、科学实验楼、图书馆、文化宫等。

（2）托幼建筑　如托儿所、幼儿园等。

（3）医疗卫生建筑　如医院、门诊所、卫生站、疗养院等。

（4）观演性建筑　如电影院、剧院、音乐厅、杂技厅等。

（5）体育建筑　如体育馆、游泳馆、网球场、高尔夫球场等。

（6）展览建筑　如展览馆、博物馆等。

（7）旅馆建筑　如宾馆、旅馆、招待所等。

（8）商业建筑　如商场、商店、专卖店、社区会所、超市等。

（9）电信、广播电视建筑　如邮政楼、广播电视楼、国际卫星通信站等。

（10）交通建筑　如公路客运站、铁路客运站、港口客运站、航空港、地铁站等。

（11）行政办公建筑　如机关、企事业单位的办公楼、档案馆、物业管理所等。

（12）金融建筑　如储蓄所、银行、商务中心等。

（13）饮食建筑　如饭馆、饮食店、餐厅、酒吧等。

（14）园林建筑　如公园、小游园、动（植）物园等。

（15）纪念建筑　如纪念堂、纪念馆、纪念碑、纪念塔等。

二、按建筑规模和数量分

1. 大量性建筑

指建筑规模不大，但修建数量多的建筑。世界上对人们生活密切相关的分布面广的建筑，如住宅、中小学教学楼、医院、中小型影剧院等，广泛分布在大中小城市和村镇。在一个国家或一个地区具有代表性，对城市面貌的影响比较大。

2. 大型性建筑

指规模大、耗资多的建筑，如大型体育馆、大型剧院、航空港站、博物馆等。与大量性建筑相比，其修建数量是很有限的。

三、按建筑层数分

1. 低层建筑

指 1～3 层的建筑。

2. 多层建筑

一般指 4～6 层的建筑。

3. 高层建筑

指超过一定高度和层数的建筑。高层建筑的划分界限，各国规定都不一致。我国《高层民用建筑设计防火规范》（GB 50045—1995）中规定，10 层和 10 层以上的居住建筑（包括首层设置商业服务网点的住宅），以及建筑总高度超过 24m 的公共建筑和综合性建筑为高层建筑。

4. 超高层建筑

指无论是居住建筑还是公共建筑其高度超过 100m 时均为超高层建筑。其安全设备、设施配置要求要严格得多。

四、按承重结构所用材料分

1. 木结构建筑

指以木材作房屋承重骨架的建筑。我国古代建筑大多采用木结构。木结构具有自重轻、构造简单、施工方便等优点，但木材易腐、易燃，又因我国森林资源缺少，现已较少采用。

2. 砌体结构建筑

指以砖、石材或砌块为竖向承重构件，水平承重构件为钢筋混凝土楼板和屋顶板的建筑。这种结构便于就地取材，能节约钢材、水泥和降低造价，但抗震性能差，自重大。

3. 钢筋混凝土结构建筑

指以钢筋混凝土作承重结构的建筑。具有坚固耐久、防火和可塑性强等优点，故应用较为广泛。

4. 钢结构建筑

指以型钢等钢材作为房屋承重骨架的建筑。钢结构力学性能好，便于制作和安装，工期短，结构自重轻，适宜于超高层和大跨度建筑中采用。随着我国高层、大跨度建筑的发展，钢结构的应用越来越广泛。

5. 混合结构建筑

指采用两种或两种以上材料作为承重结构的建筑。如由砖、石或砌块墙、木楼板构成的砖木结构建筑；由砖、石、砌块墙、钢筋混凝土楼板构成的混合结构建筑；由钢屋架和混凝土柱构成的钢混结构建筑。其中混合结构在大量性民用建筑中应用最广泛，钢混结构多用于大跨度建筑，砖木结构在民居中较多见。

第二节 民用建筑的构造组成

建筑类型虽然多种多样，标准也不一致，但是建筑物都有相同的组成部分。一座建筑物主要由屋基、屋身、屋顶组成，屋基包括基础和地坪，屋身包括墙柱和门窗，楼房还包括楼板和楼梯等，民用建筑的构造组成如图1-1所示。

1. 基础

基础是房屋底部与地基接触的承重构件，其作用是承受房屋的上部荷载，并把这些荷载传给地基，因此基础必须坚固稳定，安全可靠，并能抵御地下各种有害因素的侵蚀。

2. 墙体

墙体包含承重墙与非承重墙，主要起承重、围护、分隔房间的作用。墙承重结构建筑的墙体，承重与围护合一，骨架结构体系建筑墙体的作用是围护和分隔空间。因此墙体要有足够的强度和稳定性，且应具有保温、隔热、隔音、防火、防水的能力。

墙体的种类较多，有单一材料的墙体，有复合材料的墙体。综合考虑承重、围护、节能、美观等因素，设计合理的墙体方案，是建筑构造的重要任务。

3. 楼板层和地坪

建筑的使用面积主要体现在楼地层上。楼地层由结构层和面层组成。楼板是水平方向的承重构件。楼板层主要承受家具、设备和人体荷载及本身的重量。不同材料的建筑楼板的做法不同。木结构建筑多采用木楼板，板跨1m左右，其下用木梁支承；砖混结构建筑常采用预制或现浇钢筋混凝土楼板，板跨约为3~4m，用墙或梁支承；钢筋混凝土框架结构体系建筑多为交梁楼盖；钢框架结构的建筑则适合采用钢衬板组合楼板，其跨度可达4m。因此作为楼板，要具有足够的强度和刚度，同时还要求具有隔音、防潮、防水的能力。

地坪是底层房间与土层相接触的部分，它承受底层房间的荷载，要求具有一定的强度和刚度，并具有防潮、防水、保暖、耐磨的性能。

4. 楼梯

楼梯是楼房建筑重要的垂直交通构件，供人们上下楼层和紧急疏散之用。因此要求楼梯具有足够的通行能力，且要防滑、防火，保证安全使用。

楼梯有主楼梯、次楼梯；室内楼梯、室外楼梯。楼梯形式多样，功能不一。

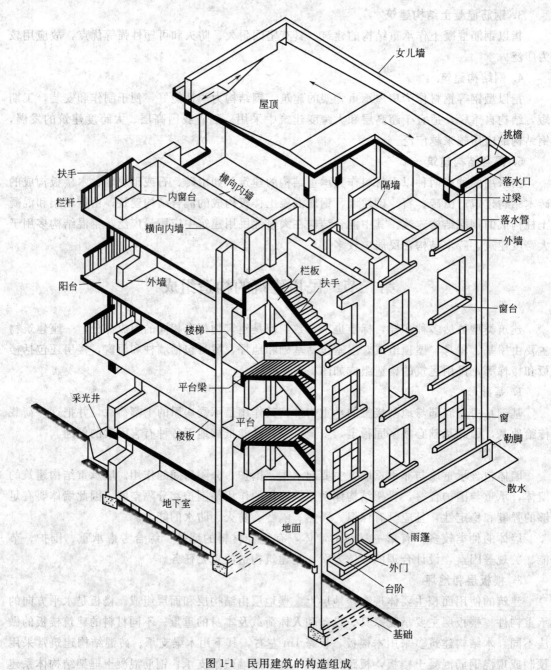

图 1-1　民用建筑的构造组成

　　有些建筑物因为交通或舒适的需要安装了电梯或自动扶梯，但同时也必须有楼梯用作交通和防火疏散通路。

　　楼梯是建筑构造的重点和难点，楼梯构造设计灵活，知识综合性强，在建筑设计和构造设计中应予以高度重视。

　　5. 屋顶

　　屋顶是建筑物顶部的围护构件和承重构件，具有围护和承重的双重功能，它抵御各种自然因素对顶层房间的侵袭，同时承受风雪荷载和施工、检修等屋顶荷载，并将这些荷载传给墙或柱。因此屋顶应具有足够的强度、刚度及防水、保温、隔热等性能。平屋顶的结构层与楼板层的做法相似。由于受阳光照射角度的不同，屋顶的保温、隔热、防水要求比外墙更高。屋顶有不同程度的上人需求，有些屋顶还有绿化的要求。

6. 门窗

门与窗均属非承重构件。门主要作用是交通联系，窗主要作用是采光通风，处在外墙上的门窗是围护结构的一部分，有着多重功能，因此要充分考虑采光、通风、保温、隔热、节能、隔音等问题。

门窗有不同的种类和开启方式。

门窗的使用频率高，要求经久耐用，重视安全，选择门窗时也要重视经济和美观。

建筑构件除了以上六大部分外，还有其他附属部分，如阳台、雨篷、台阶等。阳台、雨篷与楼板接近，台阶与地面接近，电梯、自动扶梯则属于垂直交通部分，它们的安装有各自对土建技术的要求。在露空部分如阳台、回廊、楼梯段临空处、上人屋顶周围等处视具体情况要对栏杆设计、扶手高度提出具体的要求。

第三节　建筑模数协调统一标准

为了实现工业化大规模生产，使不同材料、不同形式和不同制造方法的建筑构配件、组合件具有一定的通用性和互换性，在建筑业中必须共同遵守《建筑模数协调统一标准》（GBJ 2—1986），以下简称标准。

建筑模数是指选定的尺寸单位，作为尺度协调中的增值单位，也是建筑设计、建筑施工、建筑材料与制品、建筑设备、建筑组合件（指建筑材料或构配件做成的房屋功能组成部分）等各部门进行尺度协调的基础，其目的是使构配件安装吻合，并有互换性。

1. 基本模数

基本模数是模数协调中选用的基本尺寸单位。其数值规定为100mm，表示符号为M，即1M等于100mm，整个建筑物或其中一部分以及建筑组合件的模数化尺寸均应是基本模数的倍数。

2. 扩大模数

扩大模数为基本模数的整倍数。扩大模数的基数应符合下列规定。

（1）水平扩大模数为3M、6M、12M、15M、30M、60M共6个，其相应的尺寸分别为300mm、600mm、1200mm、1500mm、3000mm、6000mm。

（2）竖向扩大模数的基数为3M、6M两个，其相应的尺寸为300mm、600mm。

3. 分模数

分模数为整数除基本模数的数值，为基本模数的分倍数。分模数的基数为M/10、M/5、M/2共3个，其相应的尺寸为10mm、20mm、50mm。

4. 模数数列

模数数列是由基本模数、扩大模数、分模数为基础扩展成的一系列尺寸，这些模数数列的幅度应符合表1-1的规定。

模数数列的幅度及适应范围如下。

（1）水平基本模数的数列幅度为（1~20）M。主要适用于门窗洞口和构配件断面尺寸。

（2）竖向基本模数的数列幅度为（1~36）M。主要适用于建筑物的层高、门窗洞口、构配件等尺寸。

表 1-1　模数数列　　　　　　　　　　单位：mm

基本模数	扩 大 模 数						分模数		
1M	3M	6M	12M	15M	30M	60M	1/10M	1/5M	1/2M
100	300	600	1200	1500	3000	6000	10	20	50
100	300						10		
200	600	600					20	20	
300	900						30		
400	1200	1200	1200				40	40	
500	1500			1500			50		50
600	1800	1800					60	60	
700	2100						70		
800	2400	2400	2400				80	80	
900	2700						90		
1000	3000	3000		3000	3000		100	100	100
1100	3300						110		
1200	3600	3600	3600				120	120	
1300	3900						130		
1400	4200	4200					140	140	
1500	4500			4500			150		150
1600	4800	4800					160	160	
1700	5100		4800				170		
1800	5400	5400					180	180	
1900	5700						190		
2000	6000	6000	6000	6000	6000	6000	200	200	200
2100	6300							220	
2200	6600	6600						240	
2300	6900								250
2400	7200	7200	7200					260	
2500	7500			7500				280	
2600		7800						300	300
2700		8400	8400					320	
2800		9000		9000				340	
2900		9600	9600						350
3000				10500				360	
3100			10800					380	
3200			12000	12000	12000	12000		400	400
3300					15000				450
3400					18000	18000			500
3500					21000				550
3600					24000	24000			600
					27000				650
					30000	30000			700
					33000				750
					36000	36000			800
									850
									900
									950
									1000

（3）水平扩大模数数列的幅度：3M 为（3～75）M；6M 为（6～96）M；12M 为（12～120)M；15M 为（15～120）M；30M 为（30～360）M；60M 为（60～360）M，必要时幅度

不限。主要适用于建筑物的开间或柱距、进深或跨度、构配件尺寸和门窗洞口尺寸。

　　（4）竖向扩大模数数列的幅度不受限制。主要适用于建筑物的高度、层高、门窗洞口尺寸。

　　（5）分模数数列的幅度：M/10 为 (1/10~2)M，M/5 为 (1/5~4)M，M/2 为 (1/2~10)M。主要适用于缝隙、构造节点、构配件断面尺寸。

思　考　题

　　1. 什么是建筑物？什么是构筑物？

　　2. 建筑物按使用性质如何划分？

　　3. 建筑物按层数如何划分？

　　4. 建筑物按规模和数量如何划分？

　　5. 民用建筑的基本组成部分有哪些？各部分有何作用？

　　6. 为什么要制订《建筑模数协调统一标准》？什么是模数、基本模数、扩大模数、分模数？什么是模数数列？

第二章 基础与地下室

基础是建筑物的主要承重结构，必须满足强度、刚度和稳定性的要求。本章主要介绍地基和基础的概念、基础埋深的影响因素、常用基础类型及适应范围、地下室的类型、组成和防水、防潮构造等。其中基础的类型、构造和地下室的防水防潮是本章重点。

第一节 地基与基础的基本概念

一、地基、基础及其与荷载的关系

基础是建筑物的一个重要组成部分，是建筑物墙或柱埋在地下的扩大部分，作用是直接承受建筑物的荷载并把它传给地基。

地基是基础下面的土层，承受着由基础传来的全部荷载。它不是建筑物的组成部分只是承受荷载的土层。

二、地基的分类及设计要求

地基可分为天然地基和人工地基两种类型。

凡天然土层具有足够的承载力，不需经人工改良或加固（不需人工处理），可直接在上面建造房屋的称天然地基；当天然地基的承载力较差，不能满足坚固性和稳定性要求，必须进行人工加固和补强后才能在上面建造房屋，这种经过人工处理的土层称人工地基。常用的人工加固地基的方法有压实法、换填法、深层搅拌法等。

地基应具有足够的承载力和均匀程度。建筑物应尽量选择地基承载力较高而且均匀的地段。否则基础处理不当，易发生不均匀沉降，引起墙体开裂，甚至影响房屋使用。

三、基础的分类

天然地基上的基础，依其埋置的深浅，可分为浅基础和深基础两大类。建筑物基础的埋置深度不大于 5m 时，称为浅基础。当浅层土质不良，需要将基础埋置到较深的坚实土层上（5m 以下），此时须采用一些特殊的施工手段和相应的基础形式来修建，如桩基、沉箱、沉井等，这类基础称为深基础。

基础应有足够的强度和耐久性。基础是建筑物的重要承重构件，承受着建筑物的全部荷载，是建筑物安全的重要保证，基础如果发生破坏，势必危及整个建筑物的安全。而且基础是设置于地下的隐蔽工程，一旦发生事故，既无法事前警觉，也很难事后补救。

基础选型应注意合理与经济。基础工程占建筑总造价的 10%～40%，降低基础工程造价是减少建筑总投资的有效方法。

第二节 基础的埋置深度

一、基础埋深

基础的埋置深度是指设计室外地面到基础底面的距离（图 2-1）。基础的埋深对建筑物的造价、工期、材料消耗和施工技术措施等有很大影响。

二、基础埋深的影响因素

1. 工程地质与水文地质情况

基础应设置在坚实可靠的地基上，而不要设置在承载力低、压缩性高的软弱土层上，如果表面弱土层很厚，加深基础不经济，可改用人工地基或采取其他结构措施。在满足强度和变形限度要求的前提下，基础应尽量埋置得浅些，但不能小于 0.5m，因为靠近地表的土层常被扰动。

存在地下水时，在确定基础埋深时一般应考虑将基础埋于最高地下水位以上不小于 0.2m 处。如必须设在地下水位以下时，应宜将基础埋置在最低水位以上不少于 0.2m 处且同时考虑施工时基坑的排水和坑壁的支护等因素。

2. 土的冻结深度的影响

基础以下的土层如果具有冻胀现象，会使基础隆起，如果土层解冻，会使基础下沉，使基础处于不稳定状态，久而久之基础就会破坏，因此，基础埋置的深度一般应大于冻结深度，一般建筑物基础应埋置在冰冻层以下不小于 0.2m。

3. 建筑物的使用要求、基础类型及荷载

当建筑物有无地下室、设备基础和地下设施时，基础的埋深应满足其使用要求；高层建筑基础埋深因建筑高度增加而增大，才能满足稳定性要求；荷载大的建筑物，基础埋深增加。

4. 相邻建筑物和构筑物的基础埋深

为保证在施工期间相邻原有建筑物或构筑物的安全和正常使用，新建建筑物的基础不宜深于原有建筑物或构筑物的基础，当深于原有建筑物或构筑物的基础时，两基础间的净距根据荷载大小和性质等确定。一般情况下，可采取两基础底面高差的 1～2 倍（图 2-2）。

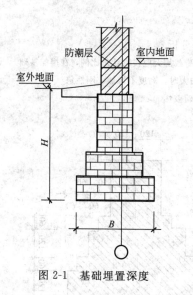

图 2-1　基础埋置深度

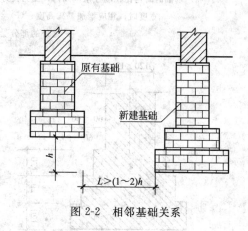

图 2-2　相邻基础关系

第三节　基础的类型与构造

基础的类型很多，按所用材料及受力特点可分为刚性基础和柔性基础；按构造形式分，有条形基础、独立基础、柱下交梁基础、满堂基础、箱形基础和桩基础。按材料分有砖基础、毛石基础、混凝土基础和钢筋混凝土基础。

一、基础的底面宽度和断面形式

基础底面积与建筑物总荷载、地基容许承载力的大小直接相关。基础底面宽度也同样取决于地基容许承载力和建筑物的总荷载。根据基础的宽度可以选择基础的断面形式。但基础的断面形式往往与基础所用材料的力学性能（抗拉与抗压）有关。

为了满足地基抗压强度的要求，基础底宽度往往大于墙的宽度（图 2-3）。某些建筑材料，如砖、石、混凝土等，它的抗压强度很好，但抗拉、抗剪、抗弯等强度却远远不如它的抗压强度。当基础 B 很宽的情况下，出挑部分 b 很长，如不能保证有足够的高度比，基础将因受弯曲或冲切而破坏。为了保证基础不受拉力或冲切的破坏，应根据材料的抗拉，抗剪极限强度，对基础的出挑 b 与高度 H 之比（即宽高比）进行控制。并用此宽高比形成的夹角来表示。这一用来保证基础在不因材料受拉伸和剪切而破坏的夹角称刚性角。凡受刚性角限制的基础称刚性基础。不同材料具有不同的刚性角。例如砖为 $1:1.5$，毛石为 $1:1.25\sim 1:1.5$，混凝土为 $1:1$。

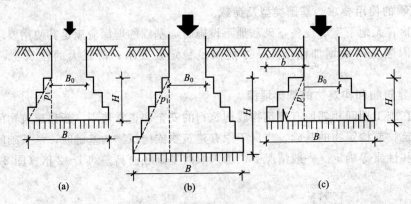

图 2-3　刚性基础受力分析

（a）基础的高宽比在刚性角范围内，受力良好；（b）上部荷载加大应按刚性角比例，在增加基础
宽度时，相应增加基础高度；（c）当基础宽度加大时，高度不增加，刚性角
之外的部分受拉开裂使基础破坏

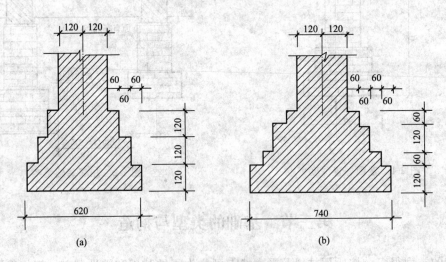

图 2-4　砖砌条形基础大放脚

（a）等高式；（b）间隔式

二、基础的构造

1. 砖基础

图 2-4 是砖砌基础的剖面图,从图 2-4 中可以看出基础是墙的延伸部分。基础墙的下部做成台阶形,叫做大放脚。大放脚的作用是增加基础的宽度,使上部荷载能均匀地传到地基上。大放脚宽高比应≤1:1.5,即每两皮砖挑出 1/4 砖,也可以每两皮砖挑出 1/4 砖与每一皮砖挑出 1/4 砖相间砌筑。前者叫等高式,后者叫间隔式(图 2-5)。基槽底面应铺垫层。

2. 毛石基础

毛石基础是用毛石砌筑的。剖面形式有矩形、阶梯形等多种(图 2-6)。毛石尺寸比黏土砖大,为保证砌筑质量并便于施工,基础顶部要宽出墙身 100mm 以上,基础每个台阶的高度 A 不宜小于 400mm,每个台阶的宽度 b 不宜大于 200mm。

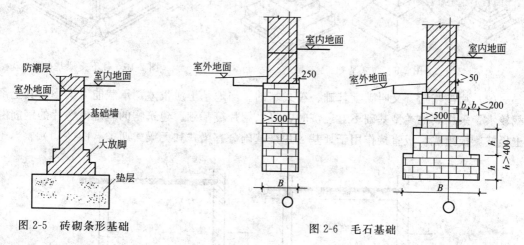

图 2-5　砖砌条形基础　　　　　　图 2-6　毛石基础

3. 混凝土基础

混凝土基础具有坚固、耐久、耐水、刚性角大等特点。常用于有地下水和冰冻作用的地方。混凝土基础可做成矩形、阶梯形和锥形剖面(图 2-7)。为节省水泥,也可在混凝土中加入适量的毛石,这种基础叫毛石混凝土基础。毛石的掺量可占基础总体积的 20%～30% 左右。毛石的最大尺寸,不宜超过 300mm。当采用阶梯形剖面时,每个台阶的高度为 300～400mm。

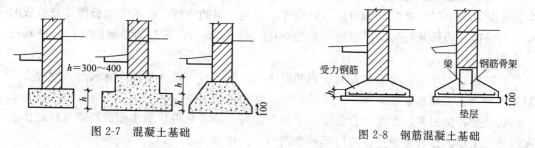

图 2-7　混凝土基础　　　　　　图 2-8　钢筋混凝土基础

4. 钢筋混凝土基础

当上部荷载很大,地耐力很小,采用上述各类基础均不经济时,可采用钢筋混凝土基础。钢筋混凝土基础因配有钢筋,能抗拉、抗剪,故不受刚性角限制,称为柔性基础(图 2-8)。

（1）条形钢筋混凝土基础　钢筋混凝土条形基础呈连续的带状，故也称带形基础，可分为墙下条形基础和柱下条形基础。

（2）单独基础　又称独立基础，是独立的块状形式，其断面形式有台阶形、锥形、杯形等多种（图2-9）。

当地基土质不均匀，承载能力较小，上部荷载很大时，独立的柱式基础可能做得很大，若柱距较小，两个独立柱基础就会靠到一起，在这种情况下，为便于施工，可在一个或两个方向把独立的柱墩式基础连接起来，成为柱下交梁基础（图2-10）。

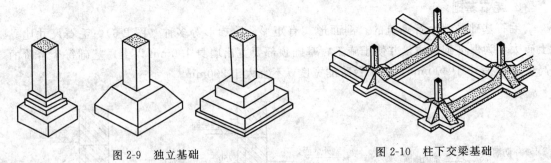

图2-9　独立基础　　　　　　　　图2-10　柱下交梁基础

（3）片筏基础　又叫满堂基础、筏式基础。当地基土质很差，承载能力又小，其上部荷载较大，采用其他类型基础不够经济时，可采用片筏基础。建筑物的基础由整片的钢筋混凝土板或梁板组成，板直接作用于地基。片筏基础分有梁式和无梁式两类（图2-11）。

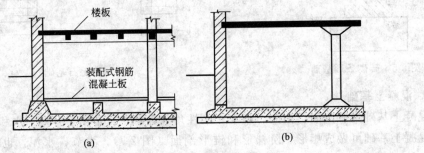

图2-11　满堂基础
(a) 有梁式；(b) 无梁式

（4）箱形基础　当建筑物荷载大、对地基不均匀沉降要求严格的高层建筑、重型建筑以及软弱土地基上多层建筑时，为增加基础刚度，将地下室的顶板、底板和墙板整体浇筑成的箱子式的基础。箱形基础的内部空间构成地下室（图2-12）。箱形基础具有较大的强度和刚度，多用于高层建筑。

（5）桩基础　当建筑物荷载较大、地基弱土层较厚，采用浅埋基础不能满足强度和变形限制要求，做人工地基又没有条件或不经济时，常常采用桩基础。

桩基础的种类很多，按受力分为端承桩和摩擦桩，前者是将建筑物的荷载通过桩端传给较深的坚硬土层，后者是通过桩与周围的摩擦力传给地基（图2-13）。

按施工方法，桩的种类可分以下几种。

① 钢筋混凝土预制桩。在混凝土预制厂或现场预制，用打桩机打入土中，在桩顶浇筑承台（图2-14）。这种桩制作简单，质量较易保证。

② 灌注桩。这种桩又可以分为振动灌注桩、钻孔灌注桩和爆扩灌注桩等几种。

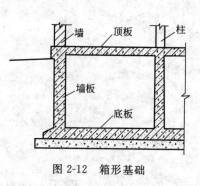

图 2-12 箱形基础

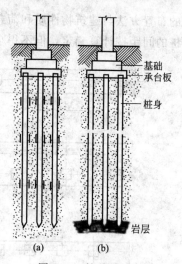

图 2-13 桩基础示意

（a）摩擦桩；（b）端承桩

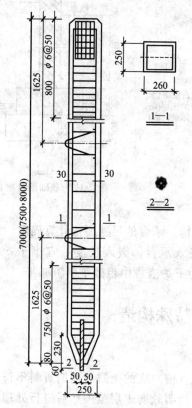

图 2-14 钢筋混凝土预制桩

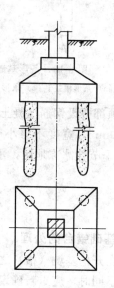

图 2-15 灌注桩

振动灌注桩是将带活瓣桩尖的钢管振动沉入土中，达到设计位置，然后在钢管内放入钢筋笼并浇灌混凝土，也有不放钢筋笼，而将钢管随振随拔，使混凝土留在孔中，灌注桩的直径一般不宜小于 300mm，其长度根据沉孔方法的不同而异。钻孔灌注桩利用螺旋钻杆钻孔，成孔后浇注混凝土即成（图 2-15）。

爆扩灌注桩用人工挖孔或钻机钻孔，孔内放入装有炸药的塑料管，经引爆后成孔，并利用炸药扩大孔底，灌注混凝土成桩。

桩的布置方法与建筑物性质和荷载大小等因素有关。一般民用建筑的条形基础可按单排布置。桩的间距按计算确定，但不得小于3倍桩径或边长。桩的布置方法如图2-16所示。

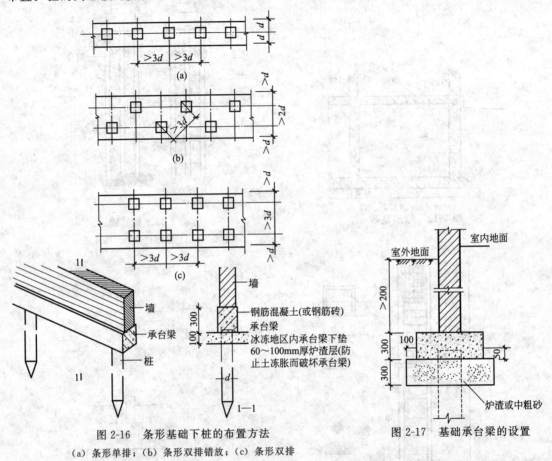

图 2-16　条形基础下桩的布置方法
（a）条形单排；（b）条形双排错放；（c）条形双排

图 2-17　基础承台梁的设置

桩的顶部要设钢筋混凝土承台，以支承上部结构。承台的尺寸要按计算确定，但厚度不得小于300mm，宽度不得小于500mm，桩顶要嵌入承台，嵌入长度不宜小于50mm（图2-17）。在季节性冰冻地区，承台下应铺设一定厚的干炉渣或中粗砂垫层防冻胀。

第四节　基础的特殊构造

一、基础错台的处理

基础在开挖基坑（槽）之后，如发现局部基坑（槽）底的土质与地勘资料不符合，或与设计要求不同时，应重新确定地基容许承载力，并探明软弱土层范围然后进行处理。当软虚土深度不大于3m时，可将基坑中较软虚土挖除，至坑底及四壁均见天然土为止，进行局部换土［图2-18（a）］；或在深坑上设钢筋混凝土过梁［图2-8（b）］；或将基槽底沿墙身挖成踏步形，踏步高宽比为1:2［图2-18（c）］。一般应使换土层的容许承载力与其他持力层的容许承载力相近。当基础埋深不同时也用错台的方法。

二、管道通过基础的处理

当管道通过基础或墙基时，必须在基础或墙基上预留洞口，洞口上部应增设过梁或砖券。洞口宽度应比管径大200mm，洞口上部至管道壁距离应大于建筑物的沉降量。使建筑

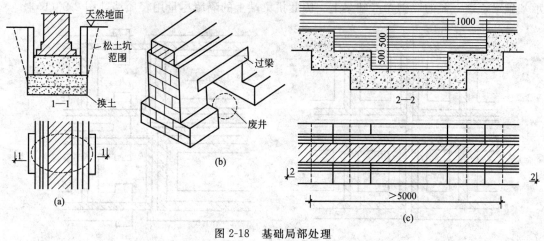

图 2-18　基础局部处理

（a）局部换土；（b）设过梁；（c）基础错台

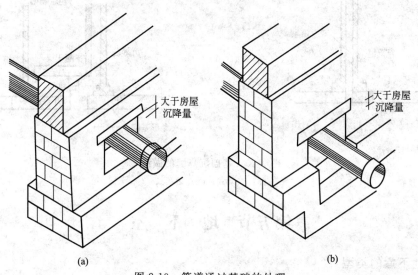

图 2-19　管道通过基础的处理

（a）墙基开洞；（b）基础降低开洞

物下沉时不至压弯或损坏管道〔图 2-19（a）〕。当管道穿过基础时，将局部基础适当降低，使管道穿过〔图 2-19（b）〕。

三、沉降缝处基础构造

当建筑物各部分可能因沉降不均匀引起结构变形、破坏时，应考虑设置沉降缝。沉降缝把建筑物划分成若干个整体刚度较好，可自由沉降的独立单元。沉降缝的位置一般在：平面形状复杂房屋的转折处；房屋高度的差异处；过长房屋的适当部位；地基土压缩性有明显差异处；房屋结构类型或基础类型不同处；分期建造的交接处等。沉降缝必须从下到上沿房屋全高设置，包括基础也要设缝。基础沉降缝的做法有双墙式和悬挑式两种。

1. 双墙式

双墙式的做法是缝的两侧基础平行设置，但这时给基础带来了偏心受力的问题〔图 2-20（a）〕，故一般用于荷载较小的建筑物。

2. 悬挑式

悬挑式处理方案是沉降缝一侧基础和墙按一般基础和墙的做法，而在另一侧采用挑梁支承基础梁，这一侧的墙砌在基础梁上。因此挑梁端上的隔墙尽量用轻质墙［图 2-20(b)］。

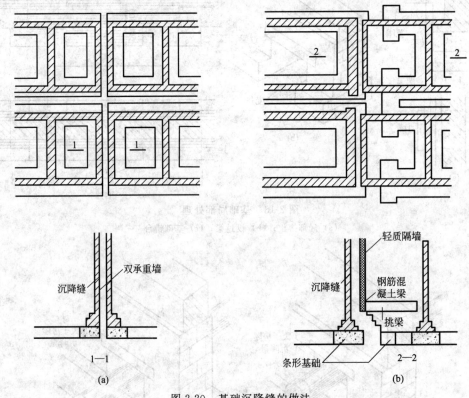

图 2-20　基础沉降缝的做法

(a) 双墙式；(b) 挑梁式

第五节　地　下　室

一、地下室的类型

根据使用要求和结构设计要求，某些建筑物常设地下室。

地下室的类型很多，地下室按功能分有普通地下室和人防地下室，前者利用地下空间做民用房间（办公室、仓库、商场、停车场等），后者是专门设置的考虑战时人员隐蔽的防空工程，和平年代也可兼做民用。按形式分有，全地下室，即地下室地面低于室外地面的高度超过该房间净高一半时称全地下室；半地下室，即地下室地面低于室外地面的高度超过该房间净高 1/3，且不超过 1/2 时称为半地下室（图 2-21）。

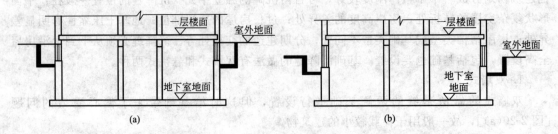

图 2-21　地下室示意

(a) 全地下室；(b) 半地下室

二、地下室的组成

一般地下室都是由墙体、底板和顶板等组成的。

1. 墙体

地下室墙体不仅承受上部的垂直荷载，还承受土壤、地下水及土壤冻胀时产生的侧压力，地下室的外墙应按挡土墙设计，其厚度通过计算确定，厚度除满足结构要求外，还应满足抗渗要求，并做防水防潮处理。

2. 底板

地下室的底板不仅承受作用在它上面的垂直荷载，当地下水位高于地下室地面时，它还承受地下水的浮力。地下室的底板必须有足够的强度、刚度和防水能力。钢筋混凝土底板结构厚度和配筋应经过计算，且为双层配筋。

3. 顶板

可采用预制板、现浇板或者预制板上做现浇层。

4. 采光井

半地下室借两侧外墙上的采光口采光。每个采光口外设一个采光井，当采光口距离相近时，也可设两个通长的采光井。采光井的侧墙可用砖和毛石砌筑、井底则是混凝土的。当最高地下水位低于井底标高时，井底要做 1‰～3‰ 的坡度，用管道将灌入井底的雨水引入下水管网内，有些建筑物还在采光口上设铁箅子，以防人、畜跌入。采光井也要采取防溜措施，其要求和做法与地下室完全一样（图 2-22）。

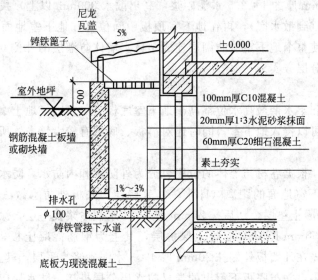

图 2-22　地下室采光井

三、地下室的防潮与防水构造

地下室的外墙与底板都埋于地下，皆有可能浸泡在地下水中，地下水就有可能通过地下室维护结构渗入室内，不仅影响使用且水中含有的腐蚀性物质将对结构产生影响，影响其耐久性。因此，防潮防水问题便成了地下室设计中所要解决的一个重要问题。

1. 防潮处理

常年静止水位和丰水期最高水位都低于地下室底板时，并且地基的渗透性较好，无形成滞水可能时可采用防潮做法（图 2-23）。

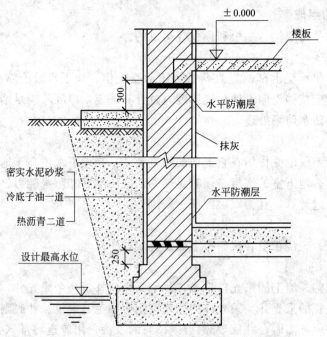

图 2-23　地下室防潮处理

地下室防潮的构造要求是：砖墙必须采用水泥砂浆砌筑，灰缝饱满；外墙外侧设垂直防潮层，做法为：20mm 厚的 1∶2.5 水泥砂浆（高出散水 300mm 以上）找平，上涂一道冷底子油和两道热沥青（到散水底），再在地下室顶板中间位置和地下室地面垫层中间位置各做一道水平防潮层，使整个地下室的防潮层连成整体。墙体防潮层的外侧 0.5m 范围内应回填低渗透性土壤，并分层夯实。

2. 防水处理

常年静止水位和丰水期最高水位都高于地下室底板时，或因场地土壤有形成土层滞水可能时，地下水不仅可以侵入地下室，同时还对墙板、底板有较大浮力，所以这种地下室必须采取防水处理。

（1）卷材防水　根据卷材与墙体的位置可分为外防水和内防水，防水层的层数应根据地下室最高水位到地下室地面的距离（即水头）来确定。底板外防水做法是：先在底板下打100mm 厚 C10 的混凝土垫层，然后抹 20mm 厚 1∶3 水泥砂浆找平层，涂冷底子油，铺贴卷材防水层，上面做 50mm 厚 C10 混凝土保护层，其上为钢筋混凝土板，最后做地面面层。墙板外防水做法：先在外墙板外侧抹 20mm 厚 1∶3 水泥砂浆找平层，其上刷冷底子油一道、然后铺贴卷材防水层，并与底板下留出的卷材防水层分层搭接。防水层应高出设计最高水位500mm，其上用一层油毡贴至散水底。防水层外面砌半砖保护墙一道。最后在保护墙外500mm 范围内回填 2∶8 灰土或炉渣（图 2-24）。

此外，将防水卷材铺贴在地下室外墙内表面的称为内防水，这种防水方案对防水不太有利，但施工简便，易于维修，多用于修缮工程。

（2）钢筋混凝土自防水　如果地下室采用钢筋混凝土结构，钢筋混凝土本身具有一定的抗渗能力，也能承受水压。通过采取合理的混凝土配合比，或加入适量外加剂（防水剂等）制成防水混凝土，从而起到防水作用。然后在墙板外侧抹水泥砂浆找平层、再涂两道热沥青即可（图 2-25）。需注意的是，这种地下室的墙板和底板不能过薄。

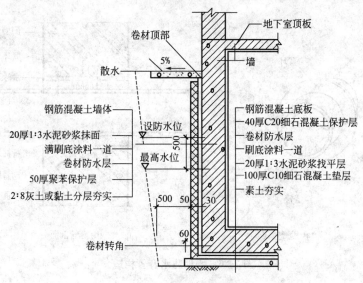

图 2-24　地下室卷材防水

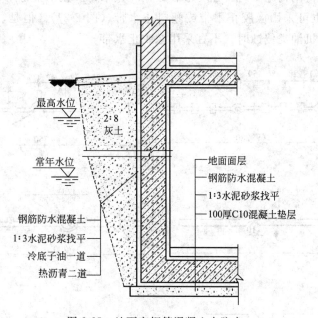

图 2-25　地下室钢筋混凝土自防水

四、特殊部位防水处理

特殊部位一般系指金属管穿越地下室墙体或地下室变形缝处。这些部位是引起渗漏的薄弱环节，一定要认真处理好。

当有金属管穿越地下室墙体时，一般应尽量避免穿越防水层，其位置尽可能高于地下最高水位处，以确保防水层的防水效果。管线穿越地下室墙体时，一般用刚性防水处理。刚性防水套管构造见图 2-26。

变形缝对地下室工程防水不利，应尽量避免设置，如必须设置变形缝时，应对变形缝处的沉降量加以适当控制，同时做好墙身、地面变形缝的防水处理。变形缝的防水构造有内埋式、可卸式两种。

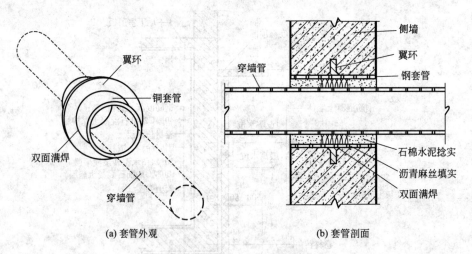

(a) 套管外观 (b) 套管剖面

图 2-26 刚性防水套管构造

内埋式是在进行结构施工时，在变形缝处预埋止水带。止水带可用金属止水带（如镀锌钢板、紫铜片），也可采用橡胶止水带或塑料止水带（图 2-27）。但是，当表面温度＞50℃或受强氧化或受有机油类侵蚀时，不宜采用橡胶止水带。

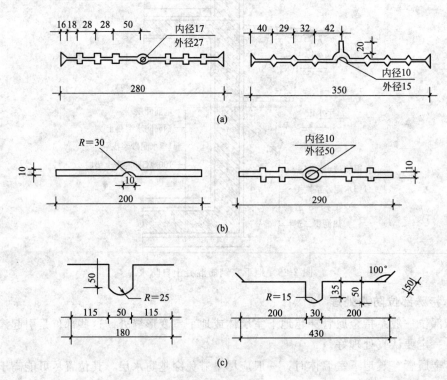

图 2-27 止水带

（a）塑料止水带；（b）橡胶止水带；（c）金属止水带

可卸式是在变形缝施工时先预埋铁件，后进行止水带的安装，所用止水带及其条件均同内埋式。为适应变形的需要，无论是内埋式还是可卸式，施工时止水带中间空心圆一定要对准变形缝（图 2-28）。

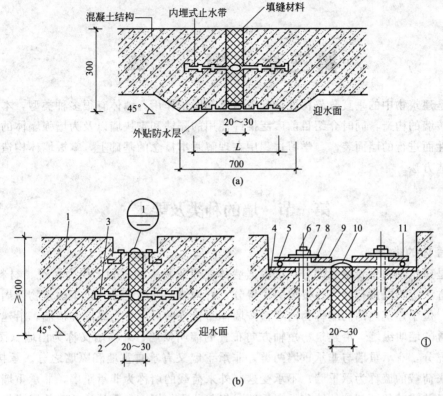

1—混凝土结构；2—填缝材料；3—内埋式止水带；4—预埋钢板；5—禁固件压板；
6—预埋螺栓；7—螺母；8—垫圈；9—紧固件压块；10—Ω形止水带；11—紧固件圆钢

图 2-28　地下室变形缝防水构造

（a）内埋式；（b）内埋式与可卸式复合使用

思 考 题

1. 何谓基础、地基？何谓人工地基、天然地基？

2. 如何确定基础埋深？

3. 什么是刚性基础和非刚性基础？如何确定刚性基础的大放脚？

4. 地下室常用防潮措施有哪些？其构造原理是什么？

5. 如何确定地下室的防潮、防水做法？

第三章 墙 体

墙体是建筑物中的垂直分隔构件，起着承重和围护作用。墙体有很多种类型，本章主要介绍实砌砖墙的构造，同时介绍目前广泛推广使用的隔墙和砌块墙以及为增强墙体的使用功能和美观性而进行的墙面装修。学习过程中在理解基本概念的基础上，掌握墙体构造的基本原理及构造方法。

第一节 墙的种类及要求

一、墙体的类型

墙体是建筑物的主要组成部分，可根据墙体在建筑物中的位置、受力情况、材料选用、构造施工方法等不同进行分类。按墙的位置分，有内墙、外墙之分，位于建筑物四周的墙称之为外墙，位于建筑内部的墙称为内墙；按墙体布置方向可以分为纵墙和横墙，沿建筑物长轴方向布置的墙叫纵墙，沿建筑物短轴方向布置的墙叫横墙；外横墙又称为山墙（图 3-1）。按受力状况分，有承重墙与非承重墙两类，非承重墙又有承自重墙和隔墙之分。承接楼板、屋顶等传来荷载的墙称为承重墙；不承受这些外来荷载的墙称为非承重墙，非承重墙中仅承受自身重量并将其传至基础的墙称承自重墙，仅起分隔作用，自重传给地面垫层或楼板、梁的墙称为隔墙。

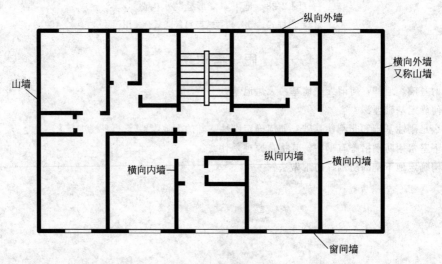

图 3-1 墙体名称

按墙体所用的材料和构造方式分，有实体墙、空体墙、复合墙等。实体墙由普通黏土砖或其他实体砌块砌筑而成；空体墙由空心砖或空心砌块砌筑而成，也可以是组砌空腔而成；复合墙则由两种以上材料组合而成（图 3-2）。

二、墙体的承重方案

在砖混结构中，墙体的结构布置有横墙承重、纵墙承重、纵横墙混合承重、墙与柱混合承重等四种承重方案。

1. 横墙承重

横墙承重是将楼板、屋面板等水平承重构建两端搁置在
横墙上，板传来的荷载由横墙承受，这时纵墙只起增强纵向
刚度、围护和承自重作用［图 3-3（a）］。横墙承重的优点是
横墙较密，且又承担竖向荷载，该建筑物的横向刚度较好，
对抵抗风力、地震力等水平荷载较为有利。由于纵墙不承
重，所以在纵墙上开窗比较自由。缺点是墙体材料用量较多，横墙间距（即开间尺寸）受到
限制，不宜过大，房间平面布置不够灵活。横墙承重适用于开间尺寸要求不大的建筑物。

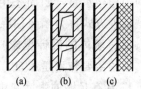

图 3-2 墙的类型

（a）实体墙；（b）空体墙；（c）复合墙

2. 纵墙承重

纵墙承重是将楼板、屋面板等水平承重构件搁置在纵墙上，横墙只起分隔空间和连接纵
墙的作用，图 3-3（b）为纵墙承重。纵墙承重的优点是：横墙间距不受板跨限制，开间大小
及平面布置比较灵活，能分隔出较大的空间；楼板规格类型较少，安装简便；横墙不承重，
相应可做得薄些，可减少墙体材料用量。主要缺点是纵墙上门窗洞口的开设受到一定的限
制；由于横墙不承重，建筑物的横向刚度较差。纵墙承重适用于开间尺寸要求较大的建
筑物。

3. 纵横墙混合承重

此方案承重墙体由纵横两个方向的墙体组成，如图 3-3（c）所示。纵横墙混合承重方式
平面布置灵活，建筑物两个方向的刚度都较好。这种方式适合开间、进深变化较多的建
筑物。

4. 墙与柱混合承重

当建筑物内需要设置较大房间（如多层住宅的底层商店）时，建筑物内部采用柱、梁结

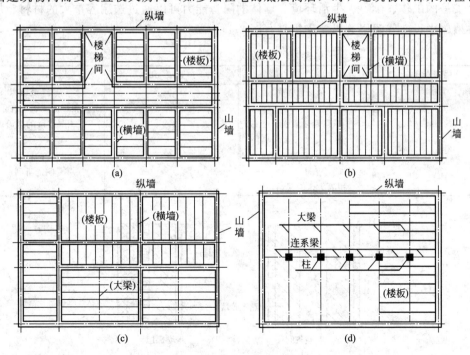

图 3-3 墙体的承重方案

（a）横墙承重；（b）纵墙承重；（c）纵横墙混合承重；（d）墙与柱混合承重

合的内框架承重，四周采用墙承重，楼板、屋面板的一端搁在墙上或梁上，另一端搁在梁上，这种方式称为墙与柱混合承重或墙与内框架承重 [图 3-3(d)]。

三、墙体的设计要求

墙的主要作用是承重、围护、分隔房间等。墙体应满足以下几方面的要求。

1. 具有足够的强度和稳定性

强度是指墙体承受荷载的能力，它与所采用的材料、材料强度等级、墙体的截面积、构造和施工方式有关。墙体除承受自重外，还要承担房屋的重量，必须有足够的强度，以保证结构安全。墙体的稳定性与墙体的长度、高度、厚度及纵横墙体的间距有关，提高墙体的稳定性的措施有增加墙厚、提高砌筑砂浆强度等级、增加墙垛、构造柱、圈梁等。目前在一般的五层以上住宅中，240mm 厚的砖墙基本上能满足承重要求，按规定承重的厚度，不小于 180mm。

2. 满足保温隔热等热工要求

我国北方地区，气候严寒，建筑物的外墙，应满足冬季保温要求，以减少室内热损失；在南方炎热地区建筑的外墙，则应满足夏季隔热的要求，并适当兼顾冬季保温要求。

建筑物外墙的保温与隔热，除了用一定墙厚来保证外，还应采用复合墙的形式，分别在建筑物外墙的外侧或内侧做保温、隔热层。

3. 满足隔音要求

为保证建筑的室内有一个良好的声学环境，墙体必须具备一定的隔音能力。声音的大小在声学中用声强级表示，声强级的单位是"分贝（dB）"，表 3-1 表示声强级的大小与人耳听觉的关系。习惯上，人们将不愿意听到的声音统称为噪声，噪声的传递可分为两种形式，一种是声响发生后通过空气，透过隔墙再传到人耳，这种叫做空气传声；另一种是直接撞击隔墙或楼板而传到人耳的，这种叫做固体传声。对墙体来说主要是隔绝空气传声，以保证人们有一个安静的工作、学习、生活环境。墙体的隔音能力可以通过选用容重大的材料、加大墙厚、在墙体中设空气间层等措施来提高（图 3-4）。

表 3-1 声强级与人耳听觉关系

声强级/dB	人 耳 感 觉	声强级/dB	人 耳 感 觉
120	耳朵感觉疼痛	50	小声谈话声
110		40	很轻的无线电音乐声
100	乐队音乐最强音	30	相隔 1m 的微语声
90		20	
80	无线电大声放音乐声	10	树叶的微动声
70		0	刚能听到
60	相隔数米的谈话声		

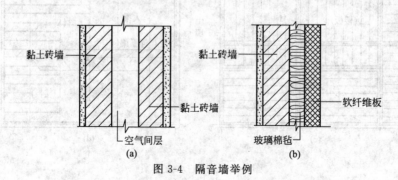

图 3-4 隔音墙举例

（a）带空气间层的墙；（b）多层复合墙

4. 满足其他要求

墙体还应满足防火要求，墙体的燃烧性能和耐火极限要符合防火规范的规定。在较大建筑物中，还要按照防火规范的规定设置防火墙，以防火灾蔓延。

卫生间、厨房、浴室、实验室等用水房间的墙体以及地下室的墙体应该防潮防水，一般采用良好的防水材料及恰当的防水构造做法进行处理。

第二节　实心砖墙

一、实心砖墙的材料

砖墙是由砖和砂浆按一定的规律和砌筑方式合成的砖砌体，主要材料为砖和砂浆。

1. 砖的类型规格及强度等级

砖的类型较多，见表3-2。实心砖墙一般由实心砖砌成。最常用的是普通黏土砖，普通黏土砖有红砖和青砖之分。

表 3-2　常用砌墙砖的种类及规格

名　称	简　图	主要规格/mm	强度等级	密度/(kg/m³)	主要产地
普通黏土砖		240×115×53	MU7.5～MU20	1600～1800	全国各地
黏土多孔砖		190×190×90 240×115×90 240×180×115	MU7.5～MU20	1200～1300	全国各地
黏土空心砖		300×300×100 300×300×150 400×300×80	MU7.5～MU20	1100～1450	全国各地
炉渣空心砖		400×195×180 400×115×180 400×90×180	MU2.5～MU7.5	1200	全国各地
煤矸石半内燃砖		240×115×53 240×120×55	MU10～MU15	1600～1700	宁夏、湖南、陕西、辽宁
蒸养灰砂砖		240×115×53	MU7.5～ MU20	1700～1850	北京、山东、四川
炉渣砖		240×115×53 240×180×53	MU7.5～MU20	1500～1700	北京、广东、福建、湖南
粉煤灰砖		240×115×53	MU7.5～MU15	1370～1700	北京、河北、陕西
页岩砖		240×115×53	MU20～MU30	1300～1600	广西、四川
水泥砂空心大砖		390×190×190 190×190×190	MU7.5～MU10	1200	广西

普通黏土砖，其规格全国统一，尺寸为240mm×115mm×53mm，这种砖的长、宽、厚之比为4:2:1（包括10mm灰缝）即长:宽:厚＝250:125:63＝4:2:1。

普通黏土砖的强度是根据标准试验方法测定的压缩强度，以强度等级来表示，单位为N/mm²，强度等级有六级，分别为MU30、MU25、MU20、MU15、MU10和MU7.5。一般常用 MU10 和 MU7.5。

2. 砌筑砂浆的种类和强度等级

砌筑砂浆由胶凝材料（如水泥、石灰、黏土）和填充材料（砂、粉煤灰等）混合加水搅拌而成，常用的有水泥砂浆（水泥和砂）、水泥石灰砂浆（又称混合砂浆）、石灰砂浆（石灰和砂）和黏土砂浆。水泥砂浆主要用于砌筑基础及有防水要求的墙体，砌筑砂浆一般用水泥石灰砂浆，而石灰砂浆和黏土砂浆则在强度和防潮均要求不高的情况下采用。

砂浆的强度等级是用龄期为 28d 的标准立方试块，以 N/mm^2 为单位的压缩强度来划分的，强度等级划分为 7 个等级，分别为 M15、M10、M7.5、M5、M2.5、M1 和 M0.4，一般常用的是 M10、M5 和 M2.5，M0.4 砂浆为黏土砂浆。

砖墙是由砖用砂浆砌筑而成，又称为砌体，砌体的强度是随砖强度等级、砌筑砂浆强度等级的提高而提高，但不是这两者的平均值（见表 3-3），其原因由砖石结构课程讲述。

表 3-3　砖砌体强度

砖强度等级	砂浆强度等级			
	M10	M5	M2.5	M1
MU15	45	35	30	25
MU10	35	30	25	20
MU7.5	30	25	22	18
MU5		20	18	14

二、砖墙的砌筑方式

砖墙砌筑方式是指砖块在砌体中的排列。为了保证墙体的强度，以及保温隔音等要求，砌块在砌体中的排列方式应遵循内外搭接，上下错缝的原则，错缝距离一般不应小于 60mm。无论墙体表面或砌体内部都应遵守这一法则，否则将会影响砌体的强度和稳定性（图 3-5）。

普通黏土砖墙砌筑方式有以下几种。

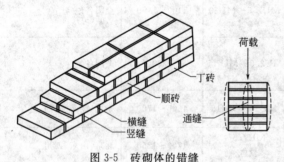

图 3-5　砖砌体的错缝

1. 一顺一丁式（丁横分层式）

丁砖和顺砖隔层砌筑，上下皮的灰缝错开 60mm，此方式砌筑的墙体整体性好 [图 3-6(a)]。

2. 多顺一丁式

有三顺一丁式与五顺一丁式，即每隔三皮顺砖或五皮顺砖加一皮丁砖相互间隔叠砌而成，多采用三顺一丁式 [图 3-6(b)]。

3. 十字式（又称梅花丁式、沙包式）

又称丁顺相间式，顺砖和丁砖相间铺砌而成。这种砌法整体性好，且墙面美观 [图 3-6(c)]。

4. 两平一侧式

两皮顺砖与一皮侧砖相间砌筑，适用于 180mm 厚砖墙 [图 3-6(d)]。

5. 全顺式

每皮都是顺砖，上下皮错开半砖，适用于半砖墙 [图 3-6(e)]。

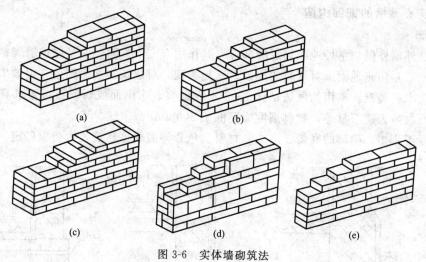

图 3-6　实体墙砌筑法

（a）一顺一丁式；（b）三顺一丁式；（c）沙包式；（d）两平一侧式；（e）全顺式

三、实心砖墙的局部尺寸

1. 厚度

砖墙厚度应满足承载能力、保温、隔热、隔音以及防火的要求，并应考虑到砖的规格。普通黏土砖墙的厚度是习惯上以砖长为基数来称呼，如半砖墙，一砖墙，一砖半墙，两砖墙等，工程上以它们的标志尺寸来称呼，如 12 墙、18 墙、24 墙、37 墙等（图 3-7）。

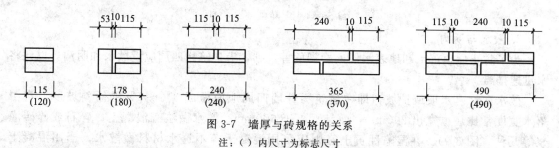

图 3-7　墙厚与砖规格的关系

注：（）内尺寸为标志尺寸

2. 洞口尺寸与墙段长度

墙中出现洞口时，洞口宽度尺寸应以砖宽加灰缝尺寸为基数的倍数加上一个灰缝宽度。

墙段长度应由砖宽的倍数组成，即按砖宽加一灰缝为基数的倍数减去一个灰缝宽度。在开间，进深尺寸与墙段尺寸产生矛盾时，可在实际施工时，用调整灰缝的大小来解决，灰缝应在 8~12mm 范围内变动。

有抗震要求的建筑物，其墙段尺寸应符合表 3-4 的规定。

表 3-4　房屋的局部尺寸

构 造 类 型	设计烈度			备　　注
	7 度	8 度	9 度	
承重窗间墙最小宽度	1.00	1.20	1.50	在墙角设钢筋混凝土构造柱时不受此限
承重外墙尽端至门窗洞边最小距离	1.00	2.00	3.00	
无锚固女儿墙最大高度	0.50	0.50	—	出入口上部的女儿墙应有锚固
内墙阳角至门窗洞边最小尺寸	1.00	1.50	2.00	阳角设钢筋混凝土构造柱时不受此限

注：非承重墙尽端至门窗洞边的宽度不得小于 1m。

四、实心砖墙的细部构造

1. 勒脚

勒脚是外墙外侧与室外地面接近的部位。其作用有三个方面：一是保护墙脚；防止各种机械碰撞；二是防止地面水对墙脚的浸蚀；三是美观，对建筑物立面产生一定效果。故勒脚应坚固、防水、美观。常用的做法是抹 1∶3 水泥砂浆、水刷面或斩假石，要求高的建筑物外贴天然石材或人造石材等，勒脚高度应不低于 300mm。

在实际工程中，勒脚的高低、形式、材料、色彩等需根据建筑艺术要求确定（图 3-8）。

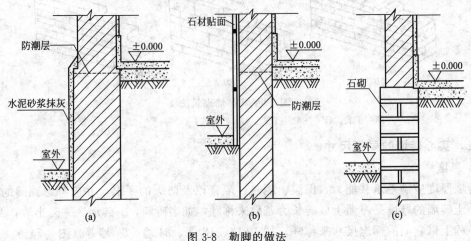

图 3-8　勒脚的做法
（a）抹灰；（b）贴面；（c）石材

2. 散水与明沟

为了防止屋顶落水和地表水侵入勒脚危害基础，沿建筑物四周应设散水和明沟，以便将水迅速排离。

散水又称排水坡或护坡，即在建筑物外墙四周地面做成 3‰～5‰ 的倾斜坡度。自由落水宽度常比屋檐宽出 200mm，而且不小于 600mm。散水做法有混凝土、碎石或碎砖灌浆等几种（图 3-9）。在湿陷性黄土区则应采用混凝土等不透水材料做散水。当用混凝土散水时，为防止开裂，每隔 6～12m 留一条 20mm 的变形缝，用沥青灌实。在北方为防止土壤冻胀破坏散水，散水下应加设一层 300～500mm 厚的废砂或干炉渣，作为散水的防冻层。

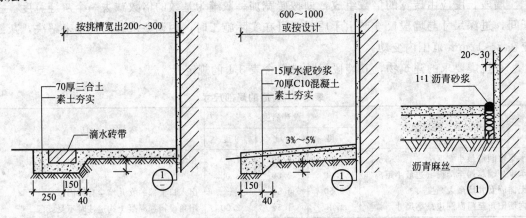

图 3-9　散水的做法

　　明沟是设置在外墙四周的排水沟。将水有组织地导入集水井，然后流入排水系统。明沟底面应有不小于1‰的纵向排水坡度。明沟做法有砖砌明沟、石砌明沟、混凝土明沟等（图3-10）。

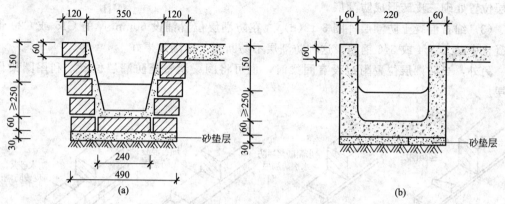

图 3-10　明沟的做法

（a）砖砌明沟；（b）混凝土明沟

3．墙身防潮层

　　在墙身中设置防潮层的目的是防止土壤中的水分沿基础墙上升，使位于地面处的地表水渗入墙内，导致墙体受潮，为此需要在内、外墙上连续设置不间断的防潮层。

　　防潮层的位置与地面垫层材料有关，当地面为刚性垫层时，通常在-0.060m标高处设置，而且至少高于室外地坪150mm，以防止雨水溅湿墙身，如图［3-11（a）］所示。当室内地面有高差时，应在不同标高的室内地坪处分别设置两道水平防潮层，并在上下两道水平防潮层之间靠土层的墙面上设置垂直防潮层，以避免回填土中的潮气渗入墙内；如图［3-11（b）］所示。地面为非刚性垫层时，防潮层位置应与室内首层地坪平齐或高出60mm，如图［3-11（c）］所示。

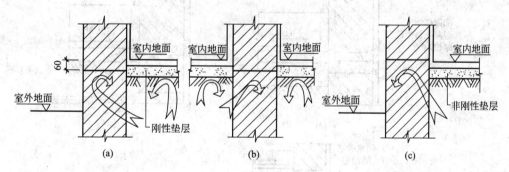

图 3-11　防潮层位置

（a）刚性地面垫层时防潮层位置；（b）刚性地面垫层，室内地面无高差时内墙防潮层位置；
（c）非刚性地面垫层时防潮层位置

　　防潮层的材料做法有以下几种。

　　（1）油毡防潮层［图3-12（b）］　在防潮层位置先抹20mm厚1∶3水泥砂浆找平层，而后干铺油毡一层，油毡的搭接长度不少于100mm，为提高防潮效果，也可采用一毡二油做法。油毡防潮层有一定的防潮效果，但易老化，而且油毡使墙体隔离，削弱了砖墙的整体性，因而有强烈震动和刚度要求较高以及地震区的建筑物不宜采用。

（2）防水砂浆防潮层 ［图 3-12(c)] 在 1：2 水泥砂浆中，掺入占水泥质量 3‰～5‰的防水剂做成防水砂浆。用防水砂浆做防潮层，其厚度为 20～25mm。用防水砂浆做防潮层，不破坏墙体的整体性，且省工省料。但开裂或不饱满时影响防潮效果。也可用防水砂浆在防潮层位置处砌三皮砖形成防潮层。

（3）细石混凝土防潮层 ［图 3-12(d)] 在防潮层位置铺设 60mm 厚的 C15 或 C20 细石混凝土中配入 3ϕ4 或 3ϕ6 钢筋。这种防潮层不易断裂，防潮效果好。

另外，当防潮层位置附近设有圈梁时，也可将圈梁调整至防潮层位置，利用圈梁做防潮层。

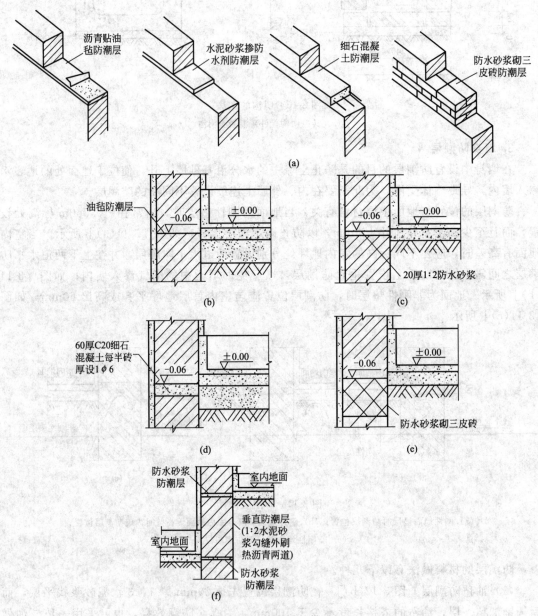

图 3-12 防潮层的做法

（a）各种防潮层做法示意；（b）油毡防潮层；（c）防水砂浆防潮层；（d）细石混凝土防潮层；
（e）防水砂浆砌三皮砖防潮层；（f）室内地面有高差时防潮层

（4）垂直防潮层　在需要设置垂直防潮层的墙面先用水泥砂浆抹面，刷冷底子油一道，再刷热沥青两道；也可以采用防水砂浆抹面的做法。

4. 窗台

窗台是窗洞下部的排水构造，它排除窗外侧流下的雨水和内侧的冷凝水。分别称为外窗台和内窗台。

外窗台应设置排水构造，通常有砖砌窗台和预制混凝土窗台，其面层应不透水，且向外形成 10% 左右的坡度，以利排水。为防止雨水污染墙面，窗台一般向外挑出不小于 60mm。悬挑窗台底部的下缘处还需做出宽度和深度不小于 10mm 的滴水槽或滴水线 ［图 3-13(c)、(d)］。为防止雨水沿窗框下槛与窗台交缝处渗入墙内，抹面时应注意将抹灰嵌入窗框下槛的槽口内或槽口下，切忌将抹灰高出槽口，必要时还可采用外窗台比内窗台低一皮砖的做法 ［图 3-13(a)］。图 3-13(e) 这种形式的窗台，最好用面砖类材料装修，以免污水污染墙身。侧砌砖窗台，多用于清水墙。

内窗台一般结合室内装修做成多种饰面形式。

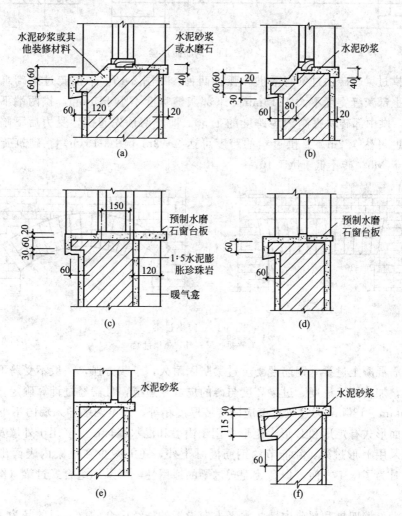

图 3-13　窗台的构造

(a)，(b) 外窗台比内窗台低一皮砖做法；(c)，(d) 平砌砖窗台；(e) 外窗台不外挑做法；
(f) 侧砌砖窗台

5. 过梁

过梁是用来支承门窗洞口砌体和楼板传来的荷载的承重构件，并把这些荷载传到门窗两侧的墙体，防止门窗框被压坏，常用的做法有三种。

（1）钢筋砖过梁 又叫平砌砖过梁，是配置了钢筋的平砌砖过梁。高度不小于五皮砖，且不小于门窗洞口宽度的 1/3，在此高度内用不低于 M5 的砂浆和不低于 MU10 的砖砌筑，过梁下铺 30mm 厚的砂浆层，砂浆层内按每半砖墙厚设一根直径不小于 5mm 的钢筋，两端伸入墙内不小于 240mm，再向上弯起 60mm。钢筋砖过梁最大跨度为 1.5m（图 3-14）。

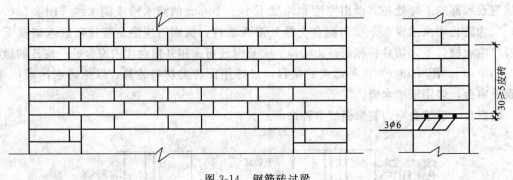

图 3-14 钢筋砖过梁

（2）砖拱过梁 砖拱过梁有平拱和弧拱两种，见图 3-15。平拱砖过梁砌筑时要求灰缝上宽下窄，上部灰缝宽度不大于 15mm，下部灰缝宽度不小于 5mm，拱两端下部伸入墙内 20mm 左右，拱中部砖块提高约为跨度的 1/50。即所谓预先起拱，受力后下陷成水平，平拱过梁的跨度可达 1.2m。弧拱过梁的跨度可达 2～3m［图 3-15（b）］。砌筑砖拱过梁的砂浆，不宜低于 M5，砖不低于 MU10。

图 3-15 砖拱过梁

（a）平拱过梁；（b）弧拱过梁

（3）钢筋混凝土过梁 钢筋混凝土过梁坚固耐久，承载力强，一般不受跨度的限制，并可预制装配，加快施工进度。过梁高度与砖的皮数相适应，且需经过计算确定，常用高度为 60mm、120mm、180mm；过梁宽度应同砖墙厚度相等，过梁两端伸入墙内不小于 240mm。

过梁断面形式有矩形和 L 形，矩形多用于内墙和混水墙，L 形多用于外墙及清水墙，北方地区外墙采用 L 形过梁，除能节约钢筋混凝土外，还能减少在过梁内表面出现冷凝水的可能性。有时为了施工方便，提高装配式过梁的适用性，可采用组合式过梁（图 3-16）。

6. 圈梁

圈梁是沿外墙四周和部分内墙的水平方向设置的连续闭合的梁。目的是为了增强房屋的整体刚度，减少由于地基不均匀沉降引起的墙体开裂，提高房屋的抗震能力。圈梁的数量和位置与房屋的高度、层数、地基状况及抗震设计烈度有关。

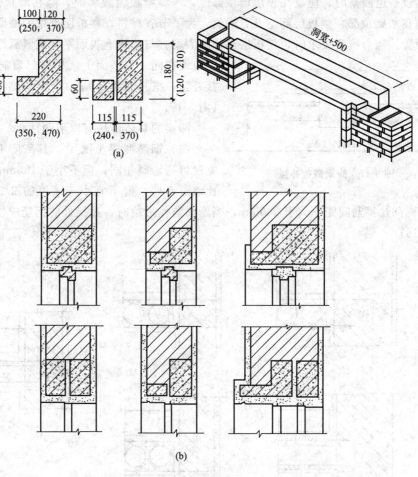

图 3-16 钢筋混凝土过梁

(a) 过梁断面尺寸与形状；(b) 过梁组合方式

在非地震区，空旷的单层房屋墙厚不大于一砖，檐口高度为 5～8m 时，应设一道圈梁，当檐口高度超过 8m 时，宜增设一道圈梁，对于多层民用建筑，当墙厚不大于一砖，层数不少于三层时，宜设一道圈梁，超过四层时，可适当增设。

有抗震要求的建筑物，其圈梁的设置应按表 3-5 来确定。

表 3-5 圈梁设施要求及配筋

圈梁设置及配筋		设 计 烈 度		
		7 度	8 度	9 度
圈梁设置	沿外墙及内纵墙	屋盖处必须设置，楼层处隔层设置	屋盖及每层楼盖处设置	
	沿内横墙	同上，楼盖处间距不大于 7m，楼盖处不大于 15m	同上，楼盖处间距不大于 7m，楼盖处不大于 11m	同上，楼盖处沿所有横墙，楼盖处不大于 7m
配筋		4φ8	4φ10	4φ12

注：1. 180mm 承重墙房屋，应在屋盖和每层楼盖处沿所有外墙设置圈梁。

2. 纵墙承重房屋，每层均应设置圈梁，此时，抗震横墙上的圈梁，还应比表 3-5 适当加密。

当设一道圈梁时，应设在顶层墙顶部位，当圈梁数量较多时，除在墙顶设一道圈梁外，可分别在基础顶部、楼板层部位设置圈梁。为了节省材料，楼板层部位的圈梁可与门窗过梁合并设置。当有抗震要求时，楼板层部位的圈梁宜与楼板上表面平齐或紧靠楼板层设置。

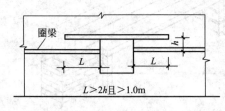

图 3-17 圈梁搭接补强

圈梁应设在同一水平面上，如被门窗洞口切断，应搭接补强，搭接长度不应小于错开高度的两倍或 1m（图 3-17）。

圈梁的具体做法有以下两种。

（1）钢筋混凝土圈梁 其高度不小于 200mm，宽度可与墙厚相同，但不小于 180mm，寒冷地区可比墙厚小些，但不宜小于墙厚的 2/3，纵向钢筋不宜少于 4ϕ8，箍筋间距不大于 300mm，当圈梁兼作过梁时，过梁处的钢筋应按过梁计算确定（图 3-18）。

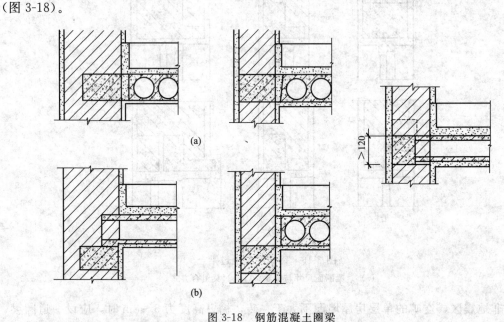

图 3-18 钢筋混凝土圈梁
（a）板边圈梁；（b）板底圈梁

（2）钢筋砖圈梁 钢筋砖圈梁高度一般为 4～6 皮砖，宽度与墙厚相同，砂浆标号不应低于 M5，在圈梁高度内要设置通长钢筋，数量不宜少于 4ϕ6，水平间距不宜大于 120mm，分上下两层布置（图 3-19）。

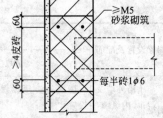

图 3-19 钢筋砖圈梁

7. 变形缝构造

变形缝包括伸缩缝、沉降缝和防震缝。设置目的是防止建筑物由于受到温度变化、地基不均匀沉降和地震等外界因素的影响而发生裂缝和破坏。因其功能不同，缝的宽度也不同。

（1）伸缩缝 伸缩缝又称温度变形缝，是为了防止或减少房屋由于温度变化而引起的变形，产生裂缝。伸缩缝从基础顶面开始，将墙体、楼板、屋顶等构建全部断开。基础因埋于地下，受气温影响较小，可不断开。

伸缩缝的缝宽一般取 20～30mm，缝内填塞经防腐处理的可塑材料，工程实践中常填塞浸过焦油的刨花板或沥青麻丝等弹性防水材料（图 3-20）。砖石墙体伸缩缝的最大间距可参考表 3-6 规定采用。

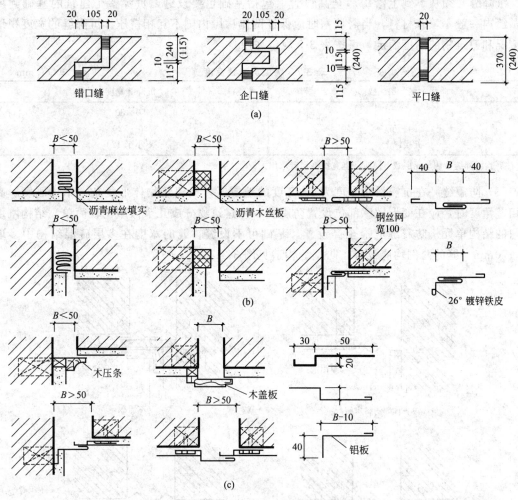

图 3-20　伸缩缝、沉降缝构造

(a) 缝的形式；(b) 外墙伸缩、沉降线；(c) 内墙伸缩、沉降缝

表 3-6　砖石墙体伸缩缝的最大间距　　　　　　　　　　单位：m

砌体类别	屋顶或楼层类别		间距
各种砌体	整体式或装配整体式钢筋混凝土结构	有保温层或隔热层的屋顶、楼层	50
		无保温层或隔热层的屋顶	30
	装配式无檩体系钢筋混凝土结构	有保温层或隔热层的屋顶、楼层	60
		无保温层或隔热层的屋顶	40
	装配式有檩体系钢筋混凝土结构	有保温层或隔热层的屋顶无温层或隔热层的屋顶	75
			60
普通黏土砖、空心砖砌体	黏土瓦或石棉水泥瓦屋顶		150
石砌体	木屋顶或楼层		100
硅酸盐砖、硅酸盐砌块和混凝土砌块砌体	砖石屋顶或楼层		75

（2）沉降缝　当建筑物各部分可能因沉降不均匀引起结构变形、破坏时，应考虑设置沉降缝。沉降缝把建筑物划分成若干个整体刚度较好，可自由沉降的独立单元。沉降缝的位置

一般在：平面形状复杂房屋的转折处；房屋高度的差异处；过长房屋的适当部位；地基土压缩性有明显差异处及房屋结构类型或基础类型不同处；分期建造的交接处等。

沉降缝必须从下到上沿房屋全高设置，包括基础也要设缝，贯穿整个建筑的基础到屋顶，缝内一般不填塞材料，当需填塞时应保证两侧房屋内侧不互相挤压。沉降缝的宽度视地基情况和建筑物的高度而定，可按表3-7规定采用。

表 3-7　房屋沉降缝宽度　　　　　　　　　　　　　　　　单位：mm

房 屋 层 数	沉降缝宽度
二～三	50～80
四～五	80～120
五层以上	不小于 120

注：当沉降缝两侧单元层数不同时，缝宽按高层者取用。

（3）防震缝　在抗震设防烈度为7～9度的地震区，当建筑物体形复杂，结构刚度、高度相差角度时，应在变形敏感部位设置防震缝，将建筑物分成几个体型比较简单、结构刚度均匀的结构单元。防震缝应沿全高设置，基础可不设缝，缝的宽度在多层砖混结构中多取50～70mm，缝的两例均应设墙，防震缝构造见图3-21。

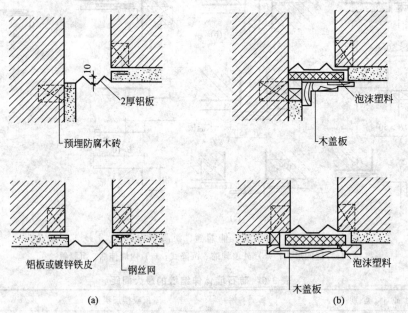

图 3-21　防震缝构造
(a) 外墙抗震缝；(b) 内墙抗震缝

下列情况应设防震缝：建筑物平面复杂，凹角长度过大或突出部分较多；建筑物立面高差在6m以上；建筑物毗邻部分结构刚度或荷载相差悬殊；建筑物有错层且楼板错开距离较大。

在具体设计时，这三种缝应统一加以考虑，因为沉降缝、防震缝均能起到伸缩缝的作用。

8. 构造柱

钢筋混凝土构造柱是房屋抗震的一个主要措施，一般设在房屋的四角、内外墙交接处、楼梯间等部位，构造柱应与圈梁、墙体紧密连接，圈梁在水平方向将楼板和墙体箍住，而构造柱则从竖向加强各层之间墙体的连接，并与圈梁形成一个空间骨架，从而增加了房屋的整体刚度，使墙体结构由脆性变为延性较好的结构，在抗震时起到裂而不倒的作用。

构造柱的最小截面尺寸为 240mm×180mm；构造柱的最小配筋是：纵向钢筋 4φ12，箍筋 φ6，间距不宜大于 200mm。7 度时超过 6 层、8 度时超过 5 层、9 度时主筋采用 4φ14，箍筋 φ6@200。构造柱下端应伸入地梁内，无地梁时应伸入底层地坪下 500mm 处。墙与构造柱应沿墙高每 500mm 设置 2φ6 水平拉结钢筋，每边伸入墙内不应小于 1m（图 3-22）。砖墙应砌成马牙搓，每一马牙搓沿高度方向的尺寸不宜超过 300mm（图 3-23）。

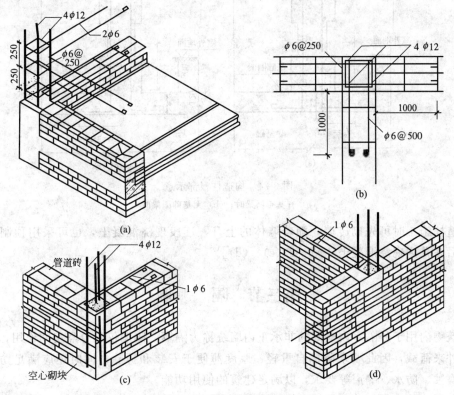

图 3-22　砖砌体中的构造柱

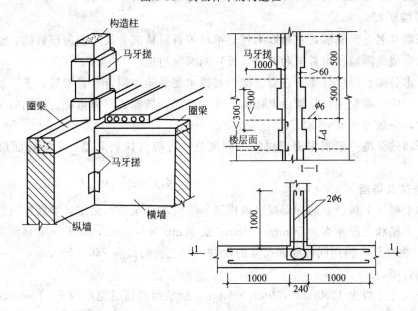

图 3-23　构造柱马牙搓示意

构造柱的下部可与基础顶部的圈梁连接，如无基础顶部圈梁时，可在构造柱根部加设混凝土座，其厚度不应小于120mm，并将柱的竖向钢筋锚固在该座内（图3-24）。

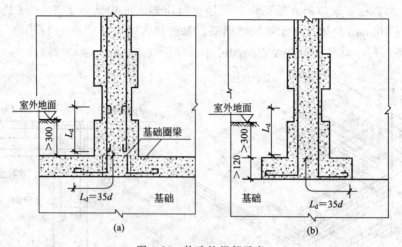

图 3-24　构造柱根部示意

(a) 有基础圈梁时；(b) 无基础圈梁时

构造柱施工时可先砌砖墙，随着墙体的上升，逐段现浇混凝土，也可采用预制空心砌块，然后在孔内现浇混凝土 ［图3-22(c)、(d)］。

第三节　隔　　墙

建筑物内用于分隔室内空间的非承重内墙统称为隔墙。隔墙仅起分隔房间作用，不能承受任何外来荷载，因此要求隔墙自重轻、厚度薄便于安装和拆除。同时还应满足防潮、防火、耐腐蚀、防水、隔声等要求，以满足建筑的使用功能。

在民用建筑中常用的隔墙有骨架隔墙、块材隔墙、板材隔墙等。

一、骨架隔墙

骨架隔墙又名立筋隔墙，它是以木材、钢材等材料构成骨架，把面层钉结、涂抹或粘贴在骨架上而形成的隔墙。由骨架和面层（板）两部分组成。

骨架有木骨架、轻钢骨架、石膏骨架、石棉水泥骨架、铝合金骨架等。不同的骨架有不同的优缺点，应区别使用。骨架由上槛、下槛、墙筋、横撑、斜撑组成。墙筋的尺寸取决于面板的尺寸，一般为400～600mm。

骨架隔墙的分类一般根据面层材料不同来分，有板条抹灰隔墙、人造板面层骨架隔墙两种。

1. 板条抹灰隔墙

先将由上槛、下槛、立筋和斜撑（或横筋）组成木骨架进行固定，然后钉以板条，抹灰而成。上、下槛和立筋断面为50mm×70mm 或 50mm×100mm，在上、下槛间每隔400～600mm 立一根立筋，再用同样断面尺寸的木方，在立筋间每隔750～1500mm 设一个斜撑或横筋，两端钉牢。

灰板条尺寸一般为1200mm×30mm×6mm，板条间的留缝宽度为7～10mm，便于抹灰时底灰能挤到板条背面，咬住板条。板条的接头要留出3～5mm的缝隙，以利于板条伸缩。

在同一立筋上连续接头的长度不宜超过 500mm，以免灰板条在一根立筋上接缝过长而使抹灰层开裂（图 3-25）。

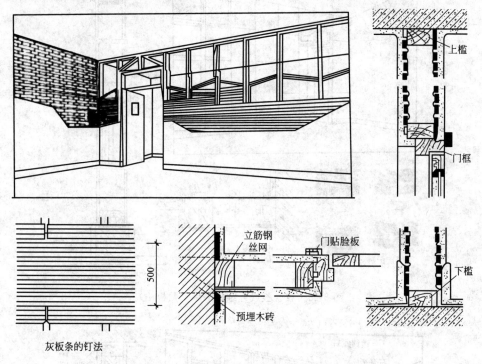

图 3-25　板条抹灰隔墙

板条墙抹灰多用纸筋灰或麻刀灰，在抹灰的底层中应加入适量的草筋、麻刀或其他纤维，以加强抹灰与板条的连接。

2. 人造板面层骨架隔墙

这类隔墙的木骨架同样由上槛、下槛、立筋、横撑等组成，其间距除满足受力要求外，还要与所用板材的规格相适应。常用板材有胶合板、纤维板、石膏板等。接缝处也应留有 5mm 左右的伸缩余地，并可用铝压条或木压条盖缝。

板材与骨架的关系有两种：一种是钉在骨架两面或一面，叫做贴面法；另一种则是镶在骨架中间，叫做镶板法（图 3-26）。

为节约木材，也可采用薄壁槽钢骨架，在其上用电钻钻孔后，用自攻螺钉固定面板（图 3-27）。

二、块材隔墙

块材隔墙是指用普通砖、空心砖、加气混凝土砌块等块材砌筑的隔墙。

1. 普通黏土砖隔墙

普通黏土砖隔墙有半砖厚（120mm）和 1/4 砖厚（60mm）两种形式。半砖厚隔墙标志尺寸为 120mm，采用普通砖顺砌而成。当砌筑砂浆为 M2.5 时，墙高不宜超过 3.6m，长度不宜超过 5m；当砌筑砂浆为 M5 时，墙高不宜超过 4m，长度不宜超过 6m。当墙高超过 4m 时，应考虑墙身的稳定与加固，在门过梁处设通长钢筋混凝土带，长度超过 6m 时，应设砖壁柱。由于墙体轻而薄，稳定性差，沿高度方向每隔 0.5m 砌入 2φ6 钢筋，钢筋两端应与承重墙拉结，伸入隔墙长度为 1m。隔墙顶部与楼板底部相接处，可用立砖斜砌或用对口木楔

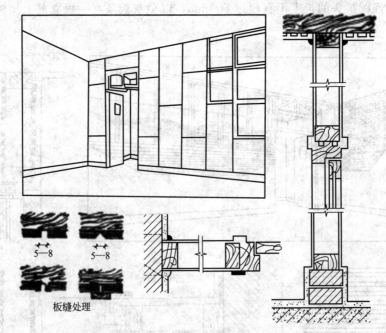

图 3-26　胶合板或纤维板隔墙（贴板法）

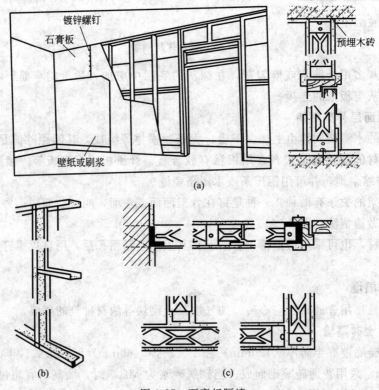

图 3-27　石膏板隔墙

（a）木或薄壁槽钢骨架石膏板隔墙；（b）薄壁槽钢骨架示意；（c）节点构造

使墙与楼板挤紧。隔墙上有门、窗时，要用预埋木砖或用带有木砖或铁件的预制混凝土块使木或钢门窗框固定在隔墙上（图 3-28）。1/4 砖厚隔墙构造如图 3-29 所示。

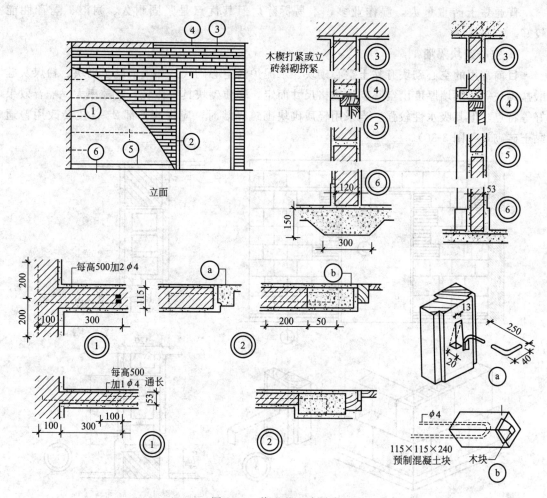

图 3-28　普通黏土砖隔墙

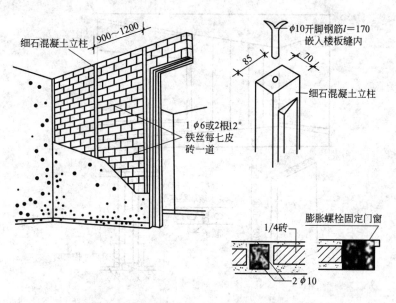

图 3-29　面积较大的 1/4 砖厚黏土砖隔墙

普通黏土砖重量大，湿作业多，不易拆除。但其优点是坚固耐久、耐湿、隔音性能较好。

2. 空心砌块隔墙

目前常用的空心砌块有黏土空心砌块、水泥炉渣空心砌块、加气混凝土砌块、粉煤灰硅酸盐砌块等。隔墙厚度由空心砌块规格尺寸而定，轻质砌块具有体轻、空隙率大、隔音效果好等特点，但其吸水性较强。当采用轻质砌块砌筑隔墙时，应将墙下部2～3皮砖改用普通黏土砖砌筑（图 3-30）。

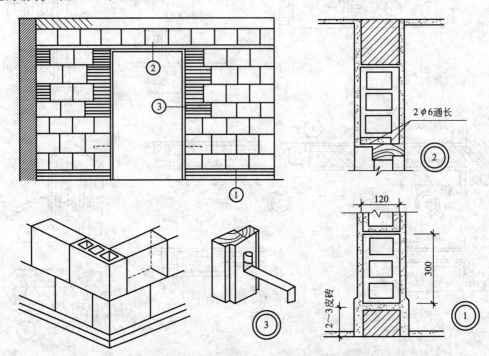

图 3-30　空心砌块隔墙

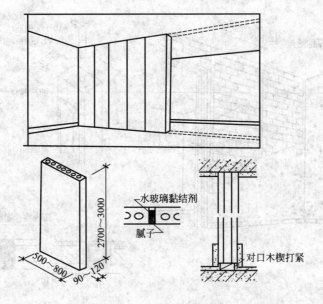

图 3-31　炭化石灰板隔墙

三、板材隔墙

板材隔墙是指采用与房间高度相当的单块轻质板材直接装配而成的隔墙，它不需要骨架。一般都是采用轻质材料制成的大型板材。

目前采用的板材有预应力钢筋混凝土薄板、炭化石灰板（图 3-31）、石膏板、加气混凝土板（图 3-32）等。

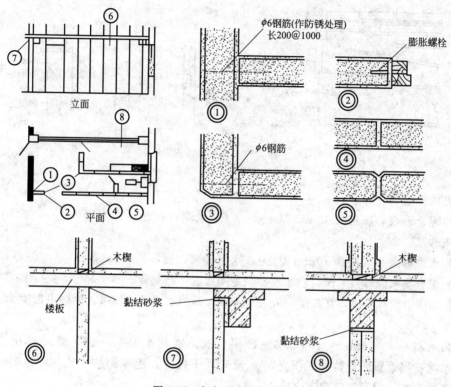

图 3-32 加气混凝土板隔墙

条板规格宽 600～1000mm，厚 60～100mm，长略小于房间净高。安装时，先将条板下部用一对对口木楔顶紧，然后用细石混凝土堵严，板缝用黏结砂浆或黏结剂黏结，并用胶泥刮缝。

第四节 墙面装修

墙面装修是建筑装修中的重要内容。其作用在于保护墙体、提高耐久性、改善墙体热工性能、光环境、音响条件、卫生条件等使用功能，以及美化环境，丰富建筑艺术形象。一般分为室内装修和室外装修两类。

一、外墙装修

外墙装修应选择强度高、耐水性好、抗冻性强、抗腐蚀、耐风化的建筑材料，其目的是为了保护墙体不受外界侵袭而破坏，提高墙体保温、防潮、隔音等物理性能，并满足卫生、美观等要求。外墙装饰有以下三大类。

1. 抹灰类

外墙抹灰分为一般抹灰和装饰抹灰两类。一般抹灰指石灰砂浆、混合砂浆、水泥砂浆等抹灰，常用水泥砂浆。装饰抹灰指水刷石、干黏石、斩假石等。为了保证抹灰层牢固和表面平整，避免脱落、开裂，施工时应分层进行。

底层：底层厚 5～15mm，主要作用是抹灰层与基层黏结和初步找平。

中层：厚 5～10mm，中层是进一步找平。

面层：厚 3～5mm，主要是装饰作用，应表面平整、色泽均匀、无裂纹［图 3-33（a）］。

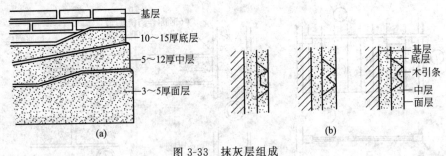

图 3-33　抹灰层组成
（a）抹灰层组成；（b）引条做法

常见的外墙抹灰如下。

（1）混合砂浆　底层为 10mm 厚 1：0.3：3 水泥石灰砂浆，面层为 8mm 厚 1：0.3：3 水泥石灰砂浆。

（2）水泥砂浆　底层为 10mm 厚 1：3 水泥砂浆，面层为 8mm 厚 1：3 水泥砂浆。

（3）聚合物水泥砂浆　聚合物水泥砂浆是用水泥、石灰膏、砂子和 107 胶按 1：1：4：0.2 的比例并加适量颜料配成，其底层一般为 3～5mm 厚的水泥砂浆找平。面层可以喷涂、滚涂和弹涂。

（4）水刷石　15mm 厚 1：2 水泥砂浆打底，刷素水泥浆一道，然后再用 10mm 厚 1：1.5 水泥石屑浆罩面，铁抹子压光，待至 60％ 干燥时，用棕刷沾水或用喷水器将面层中的水泥砂浆洗掉，使石屑露出 1/3 左右。

（5）干钻石　12mm 厚 1：3 水泥砂浆打底，然后用 6mm 厚 1：3 水泥砂浆做黏结层，再用木拍子将石子甩到黏结层上，再轻轻拍平，待面层有一定强度后，洒水养护。

（6）斩假石　又叫剁斧石，15mm 厚 1：1.5 水泥石屑罩面，结硬后用斧斩成天然石材纹样，这种墙面坚固耐久。具有天然石材效果，但费工，造价较高，可用于建筑物局部。

当外墙抹灰面积较大时，为了施工操作方便，可在抹灰面层嵌入木条分格，形成引条，待面层灰到一定强度后，将引条取出，引条的断面形式及分格形式见图 3-33（b）。

2. 贴面类

贴面类装修是指将各种天然石材或人造板、块，通过绑、挂或直接粘贴于基层表面的装修方法。它具有耐久性好、装饰性强、容易清洗等优点。常用的贴面材料有花岗岩板和大理石板等天然石材，水磨石板及面砖、瓷砖、锦砖等人造板材和陶瓷、玻璃制品。

（1）天然石板及人造石板墙面装修　常见的天然石板有花岗岩和大理石板两类。它们具有强度高、结构密实、不易污染、装修效果好等优点。但由于加工复杂、价格昂贵，故多用于高级墙面装修。

人造石材一般有白水泥、彩色石子、颜料等配合而成，常见的有水磨石板、仿大理石板等，造价较天然石材低。

天然石材与人造石材的安装方法基本相同。一般采用在墙内或柱内预埋 $\phi6$ 钢筋，在钢

筋内立 ϕ8~10 竖筋和横筋，形成钢筋网，再用铜线或镀锌铁丝穿过事先在板材上钻孔，将石材绑扎在钢筋网上。石板和墙之间留 30mm 缝隙，上部用定位木楔做临时固定，校正后缝隙内分层浇筑 1：2.5 水泥砂浆，每层高度不大于 200mm。石板贴面构造见图 3-34。

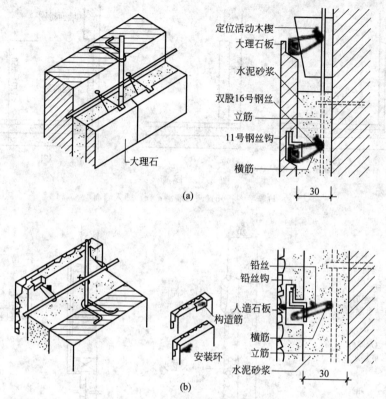

图 3-34　石板贴面构造

(a) 大理石板贴面构造；(b) 人造石板贴面构造

（2）陶瓷面砖墙面装修　面砖分挂釉和不挂釉、平滑和有一定纹理、凹凸质感等类型。面砖质地坚硬、防冻、耐腐蚀、色彩多样，尺寸规格多样，适应性强。

面砖类贴面材料一般直接用水泥砂浆粘贴在墙上。先将墙（柱）面清洗干净，抹 15mm 厚 1：3 水泥砂浆找平打底，在抹 5mm 厚 1：1 水泥细砂砂浆粘贴面砖。粘贴面砖须留出缝隙，面砖的排列方式和缝隙大小根据设计要求和立面效果确定。

3. 涂料类

（1）刷色浆　常用的色浆有红色、棕色、橘红色和青砖本色。用颜料、水、石灰膏、适量的皮胶和猪血配成。

（2）刷彩色水泥浆　是用颜料加水泥、无水氯化钙、皮胶加水配成。可用于砖石、混凝土、水泥砂浆等各种基层，一般刷两道。

（3）刷聚合水泥色浆　可在彩色水泥中加入适量 107 胶或二元乳液配制而成。一般刷两道，干燥后还应罩一道憎水剂，因为不易均匀故不宜大面积应用。

二、内墙面装饰

内墙面装修可归纳为四类，即抹灰类、贴面类、喷刷类和裱糊类。

1. 抹灰类

内墙抹灰常用的有纸筋灰、麻刀灰粉面、石膏粉面、混合砂浆、拉毛、拉条等。内墙抹灰中，对于容易受碰撞和有防潮、防水要求的墙面（如浴厕、门厅等），应做踢脚或墙裙，墙裙的高度一般不小于 1.2m（图 3-35 和图 3-36）。内墙阳角处还应做护角，以保护墙身。对于一些有装修要求或声学要求的房间，内墙抹灰也可做拉条抹灰等（图 3-37）。

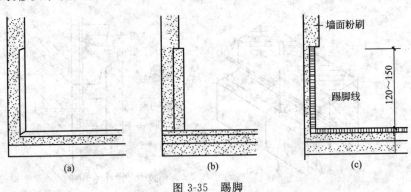

图 3-35　踢脚

（a）与墙平齐；（b）凸出墙面；（c）凹入墙面

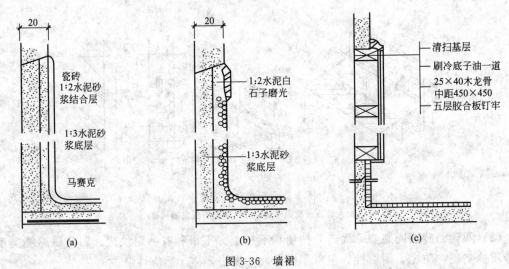

图 3-36　墙裙

（a）瓷砖墙裙；（b）水磨石墙裙；（c）木墙裙

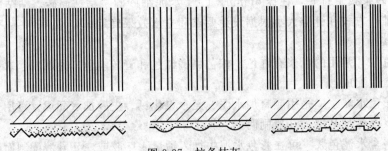

图 3-37　拉条抹灰

2. 贴面类

内墙贴面材料有大理石板、预制水磨石板、陶瓷面砖及陶瓷锦砖，主要用于装修要求较高或有特殊使用要求的房间，如门厅、实验室、厕所、浴室等，其铺贴方式同外墙。

随着塑料工业的发展，近年来出现了一些塑料贴面制品，如模压聚氯乙烯和聚苯乙烯墙面砖，同样具有美观、卫生的效果，虽然还存在耐久性和耐腐蚀性较差等缺点，但还是有发展前途的。

3. 喷刷类

（1）刷浆　刷浆分为普通刷浆、中级刷浆、高级刷浆。

（2）油漆　抹灰面漆分为中级漆和高级漆，中级漆的底层为干性油，面层为一道铅油和一道调和漆；高级漆底层为干性油，面层为一道铅油、一道调和漆和一道无光油。

（3）塑料涂料　用于内墙面的塑料涂料主要是过氯乙烯溶液涂料和聚苯乙烯色浆。适用于防潮、防水、卫生及装饰要求较高的房间。

4. 裱糊类

常用的裱糊材料是塑料壁纸和壁布，塑料壁纸和壁布色彩丰富，可印成各种图案，具有良好的装饰效果，粘贴壁纸、壁布的黏结剂采用聚醋酸乙烯乳液或 107 胶均可，而以 107 胶居多。

第五节　建筑热工设计的基本知识

一、建筑热工设计的任务和建筑热工设计分区

1. 建筑热工设计的任务

建筑热工设计的主要任务是保证建筑的热环境功能。提高建筑的使用质量，合理地解决建筑物的保温、防热、防潮问题，创造一个适宜的室内温湿度，以保证人们正常生活环境的需要，同时保证建筑物的耐久性。

在我国北方地区，冬季气候寒冷，室内需设置采暖设备（如火炉、暖气片等）供热。为不使室内温度波动过大，且尽可能地节约能源，所以要求围护结构（如外墙、屋顶等）应具有良好的保温性能。我国南方地区，夏季气候炎热，则要求围护结构应能起到良好的隔热和减少热辐射的作用，以减少夏季太阳辐射热和室外高气温、高湿度等对室内的影响。对于冬季采暖的房屋，其围护结构还应采取防潮措施，以避免在围护结构内部出现过量的冷凝水，而降低围护结构的保温性能和耐久性。

2. 建筑热工设计分区

以上仅仅是原则上讲我国北方地区建筑物的围护结构需要保温，而南方地区建筑物的围护结构则需要隔热。在具体设计中，则应按照《民用建筑热工设计规程》中有关建筑热工设计分区的规定，来确定建筑物的围护结构是保温还是防热，或是既保温又防热。

根据建筑热工设计分区的规定，我国可分为严寒地区、寒冷地区、温暖地区、炎热地区等四类。

寒冷地区（简称Ⅰ区）是指累年最冷月平均温度＞－10℃的地区。这类地区的建筑物应以满足冬季保温设计要求为主，适当兼顾夏季防热。

寒冷地区（简称Ⅱ区）是指累年最冷月平均温度＞－10℃且≤0℃的地区。这类地区的建筑物应以满足冬季保温设计要求为主，适当兼顾夏季防热。

温暖地区（简称Ⅲ区）是指累年最冷月平均温度＞0℃，最热月平均温度＜28℃的地区。这类地区的建筑物应兼顾冬季保温和夏季防热，并可结合本地区传统做法作适当处理。

炎热地区（简称Ⅳ区）是指累年最热月平均温度＞28℃的地区。这类地区的建筑物应以

满足夏季防热设计要求为主,适当兼顾冬季保温。炎热地区中的南京、合肥、芜湖、九江、南昌、武汉、宜昌、长沙、赣州、衡阳、株洲、重庆等城市,日平均温度>30℃,累年平均超过 15 天的可作为特热区,在建筑设计中应加强隔热措施。

二、围护结构保温

1. 围护结构的总热阻

在寒冷、严寒地区,冬季室外气温较低,通常在−10~40℃,这样室内的热量将通过外墙、屋顶甚至地面的某些部位等向外散失。为了不使室内过冷,就需要设置采暖设备来不断地向室内补充散失的热量,同时还要求围护结构本身应有一定的保温能力,以减少室内的热损失。如果围护结构的保温能力差,则室内通过围护结构传出去的热量就多,这不仅需要由采暖设备补充的热量增多而增加采暖费用,而且还由于围护结构内表面温度过低,会对人体产生强烈的冷辐射,使人感到不舒服,严重时,围护结构内表面还将产生结露、长霉等现象,影响室内卫生状况和正常使用。

围护结构的保温能力,是指当室内温度高、室外温度低时,室内热量通过围护结构传递到室外所需要的时间长短。如果室内热量在很短时间内就传递出去,我们就说它的保温能力差,如果在一段很长时间内才能传递出去,我们就说它的保温能力好。在建筑热工中,围护结构的保温能力是用热阻 "R" 来表示的,它的单位是 $m^2 \cdot K/W$。围护结构的热阻 "R" 可以理解为围护结构本身阻止热量通过的能力。显然,围护结构的 "R" 大,保温就好,"R" 小,保温则差。

在计算围护结构的热阻值 "R" 之前,应先了解围护结构的传热要经历结构吸热、结构透热、结构放热等三个过程 [图 3-38(a)]。

当围护结构内表面吸热时,将受到内表面热转移阻(热转移阻又称换热阻)"R_i" 的阻碍,由此产生的温度降落段为 $t_i - \tau_i$;当热量通过围护结构本身时,受到材料层热阻 "R_e" 的阻碍,由此产生的温度降落为 $t_i - \tau_e$;当围护结构外表面放热时,将受到外表面热转移阻 "R_e" 的阻碍,由此产生的温度降落为 $\tau_e - t_e$。

我们把围护结构传热过程中的这三部分热阻之和称为围护结构的总热阻,用 "R_o" 表示,即:

$$R_o = R_i + R + R_e$$

一般围护结构多是由多层材料组成的,见图 3-38(b),故上式可写成:

$$R_o = R_i + R_1 + R_2 + R_3 + R_e = R_i + \sum R + R_e$$

式中　　R_o——围护结构的总热阻,$m^2 \cdot K/W$;

　　　　　R_i——围护结构内表面热转移阻;

　　　　　$\sum R$——围护结构各材料层的热阻之和,$m^2 \cdot K/W$;

　　　　　R_e——围护结构外表面热转移阻。

围护结构的材料层,可分为匀质实体层(如实心砖墙、粉刷、钢筋混凝土实心板、加气混凝土块或板等)、封闭的空气间层和非匀质实体层(如空斗砖、空心砖、钢筋混凝土空心板等)等三类。匀质实体层的热阻 "R" 可用下式计算:

$$R = \frac{\delta}{\lambda}$$

式中　　δ——材料层的厚度,m;

　　　　　λ——该层材料的热导率,$W/(m \cdot K)$。

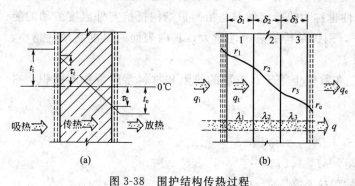

图 3-38 围护结构传热过程

（a）单层结构传热；（b）多层结构传热

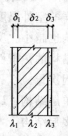

图 3-39 例1的外墙构造层次

封闭空气间层的热阻一般采用实验所得数据，非匀质体材料层的热阻计算公式同匀质实体材料层，但非匀质层材料的热导率，应取平均热导率，平均热导率用"$\bar{\lambda}$"表示。关于封闭空气间层的热阻及平均热导率的计算方法均可从《民用建筑热工设计规程》中查得，这里略去。

例1 如图 3-39 所示，有一外墙，采用 370mm 厚普通黏土砖墙，外表面抹 20mm 厚水泥砂浆，内表面抹 20mm 厚混合砂浆，求其总热阻为多少？

由各表查得：$\lambda_1=0.93$，$\lambda_2=0.81$，$\lambda_3=0.87$，$R_i=0.11$，$R_e=0.04$

则 $R_o = R_i + \sum R + R_e = R_i + \dfrac{\delta_1}{\lambda_1} + \dfrac{\delta_2}{\lambda_2} + \dfrac{\delta_3}{\lambda_3} + R_e$

$$= 0.11 + \frac{0.020}{0.93} + \frac{0.370}{0.81} + \frac{0.020}{0.87} + 0.04$$

$$= 0.65 (\text{m}^2 \cdot \text{K/W})$$

2. 围护结构的最小总热阻

在正常供暖、正常使用、室内维持正常温湿度的情况下，为保证围护结构内表面不致结露，并保证内表面温度满足卫生要求，围护结构的总热阻就必须不小于某个最低值，这个最低限度的总热阻值称之为"围护结构的最小总热阻"，用"$R_{o.min}$"表示，它是满足冬季保温要求的最小总热阻，其值可按下式计算：

$$R_{o.min} = \frac{(t_i - t_e)n}{[\Delta t]} R_i$$

式中 $R_{o.min}$——最小总热阻，$\text{m}^2 \cdot \text{K/W}$；

t_i——冬季室内计算温度，℃；

t_e——冬季室外计算温度，℃；

n——温差修正系数；

R_i——围护结构内表面热转移值，$\text{m}^2 \cdot \text{K/W}$，通常取 0.11；

$[\Delta t]$——室内空气温度与围护结构内表面温度之间的允许温差。

上式中的温差修正系数"n"，是因为围护结构受室外空气或室内供热管道的影响程度不同而采取的修正系数。

式中的 $[\Delta t]$ 为室内空气与内表面之间的允许温差，在这一温差条件下，对于居住建筑及一般公共建筑的外墙，当室温稳定，并且相对湿度不大于 60% 时，其内表面温度不仅能满足卫生要求，而且还能满足不结露的要求。

上式里，还值得指出的是，冬季室外计算温度"t_i"的取值，是和围护结构的热惰性指标"D"值有关。围护结构的热惰性也称为热稳定性，是指围护结构抵抗室外温度波动的能力。在同样的室外温度波动作用下，围护结构的热惰性越大，其内表面的温度波动就越小，对室内影响也越小。反之，则相反。

围护结构的热惰性指标"D"，在数值上等于材料层的热阻和材料蓄热系数的乘积，它是一个无因次量。

对于单层结构：$D=RS$

对于多层结构：　　　　$D=R_1S_1+R_2S_2+\cdots+R_nS_n=\sum R_nS_n$

　　　　R_n——某一材料层的热阻，$M=1,2,3,\cdots$；

　　　　S_n——某一材料层材料的蓄热系数，$n=1,2,3,\cdots$。

材料的蓄热系数，可以简单地理解为材料吸收、容纳和放出热量的能力。材料的蓄热系数愈大，吸收、容纳和放出的热量也就愈多，在温度波动的情况下，其表面的温度波动也就愈小。

在建筑热工设计时，把 $D>6$ 称为Ⅰ型结构，$D=4.1\sim6$ 的称为Ⅱ型结构，$D=1.6\sim4$ 的称为Ⅲ型结构，$D<1.5$ 的称为Ⅳ型结构。

3. 围护结构的保温措施

必要的围护结构热阻是建筑物保温的基本条件，除此以外，还应采取些保温措施来提高保温性能。这些保温措施如下。

(1) 采用轻质高效保温材料与其他材料复合使用，形成复合结构。复合结构内外壁采用较重质材料，中间填以轻质保温材料。当采用加气混凝土单一材料墙和屋顶时，内表面宜作抹灰层。这些措施可以提高围护结构的热稳定性（图 3-40）。

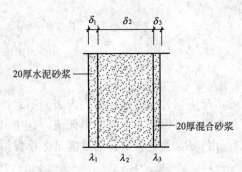

图 3-40　加气混凝土墙构造做法

(2) 采用一层或多层厚度不超过 50mm 的封闭空气间层，利用间层内静止空气层热性差的特点，可提高围护结构的热阻，如能在间层内高温一侧设置铝箔，则保温效果更佳。

(3) 门、窗框与墙体连接缝必须严密，外墙尽可能采用抹灰，如用清水墙时，则勾缝一定要注意密实，以减少室外冷空气的渗入和室内热量的损失。

(4) 严寒地区应采用双层窗，寒冷地区一般建筑的北向窗户应采用双层窗或单框双层玻璃窗，以减少室内热损失。

(5) 严寒地区采暖建筑的底层地面，当建筑物周边无采暖地沟时，在靠外墙脚 0.5～1.0m 范围内，应铺设保温材料，其热阻不少于外墙的热阻。

(6) 在围护结构中，经常设有热导率比主体部分大的嵌入构件，如砖墙中的钢筋混凝土过梁、圈梁、柱、预制保温墙板的肋等。这些部分的保温性能都比主体部分差，故热量容易从这些地方传出去 ［图 3-41(a)］。我们把这些传热异常部分称为"热桥"（也有称冷桥的）。热桥部分内表面温度一般都比主体部分低，为避免这里出现冷凝水，可做局部保温处理，如外墙采用人形断面过梁以减少热桥的贯通面积，如能在 L 形过梁外侧加保温材料则效果更好 ［图 3-41(b)］。柱子热桥处理见图 3-41(c)。

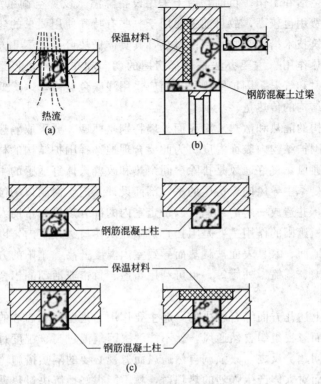

图 3-41　热桥及热桥处理

三、围护结构隔热

1. 室内过热的原因

在炎热地区，夏季气候炎热，且持续时间长，房屋在强烈的太阳辐射和室外高气温的共同作用下，通过屋顶、外墙、开敞的窗口等，把大量的热量传进室内，这是造成室内过热的主要原因。此外，生活余热（如炉灶、照明电器、人体散热等）及生产过程产生的热量在某种程度上也起了一定的作用（图 3-42）。

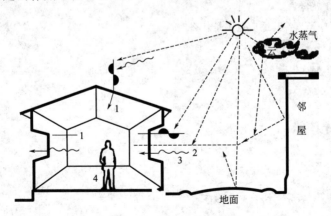

图 3-42　室内过热原因

1—屋顶、墙传热；2—窗口辐射；3—热空气交换；4—室内余热

2. 防热措施

为减少和防止室内过热；应采取一定的防热降温措施，来保证室内有一个适宜的温度，

以满足人们的正常生活和工作。目前，由于采用设备降温（设置空调系统），不仅投资费用大，而且经常维持费用也较高，故目前主要用于一些有特殊使用要求的建筑。对于一般的建筑，主要是依靠建筑技术措施来防止室内过热，其具体做法可从以下几方面入手。

（1）减弱室外热作用　主要办法是选择房屋的朝向和布局，防止西晒，同时要绿化环境，以降低环境辐射和气温。围护结构外表面应采用浅颜色装修，以降低对太阳辐射热的吸收，从而减少围护结构的传热量。

（2）外围护结构的隔热和散热　对屋面外墙特别是西墙，要采取隔热措施，以减少传进室内的热量和降低围护结构内表面温度。为此要合理地选择围护结构的材料和构造方式。

（3）房间自然通风，良好通风是排除房间余热和改善人体舒适感的主要途径。为此房屋的朝向要力求接近夏季主导风向，房屋的平、剖面设计及门、窗洞口的位置等都要力求做到利于组织自然通风，并造成一定的风速，以带走室内的部分热量和帮助人体蒸发散热。

（4）窗口遮阳　遮阳的作用主要是阻挡直射阳光从窗口透入室内，以减少对人体的辐射和防止室内墙面、地面、家具表面被晒热而导致室内温度升高。遮阳的方式很多，如可利用绿化或建筑物的出檐、雨篷、外廊等，也可利用布篷、竹帘或活动的铝合金百叶及设置专门的遮阳板等。

建筑防热是由上述几方面综合解决的，起主要作用的是屋面和西墙的隔热及房间的自然通风。只强调隔热而忽视组织自然通风，就不能解决因气温过高、湿度过大而影响人体散热和帮助室内散热的问题。反之，只强调自然通风而忽视必要的隔热措施，则会引起屋顶和外墙内表面温度过高而对人体产生强烈的热辐射，就不能很好地解决过热现象。所以说，在防热措施中，隔热和自然通风是主要的，如能加上遮阳与环境绿化，防热的效果就更加显著。

思　考　题

1. 墙体类型一般有哪些分类方式，按不同的分类方式将墙体分为哪些类别？
2. 为满足使用功能要求，墙体设计时应满足哪些设计要求？
3. 构造柱、圈梁的作用是什么？该如何设置？
4. 墙体的变形缝有哪些？该如何设置？
5. 隔墙的种类有哪些？
6. 墙面装修有哪些类型？其适应范围是什么？

第四章 楼板层与地面

本章主要讲述楼板层、地坪、地面、顶棚、阳台及雨棚的构造，从概念上搞清它们的区别，并着重弄清各部分的基本组成、特点、要求及构造方法。其中，还应重点掌握以下内容：

① 钢筋混凝土楼板的结构特点、结构布置；

② 钢筋混凝土楼板层的构造要求及其构造措施；

③ 顶棚的构造特点及要求；

④ 常见的各种地面的构造特征；

⑤ 阳台的类型、结构特点以及阳台栏杆、栏板构造；

⑥ 雨篷的构造要求。

第一节 楼地层的设计要求和构造组成

一、楼地层的作用与要求

1. 作用

楼地层包括楼板层和地坪层，楼板层是楼房层与层之间的水平分隔构件，是楼层的组成部分（图 4-1）。楼板除分隔楼层外，还要承担自重及人和家具、设备的重量，同时对墙体还起着水平支撑作用，以减少水平风力及地震产生的水平力对墙体产生的挠曲，增加了房屋的刚度和整体性。

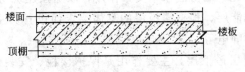

图 4-1 楼板层构造层次

2. 设计要求

（1）强度与刚度要求 为满足基本的使用要求，楼板除应有足够强度外，还应有一定的刚度。

（2）隔音要求 楼层和地层应有一定的隔音能力。

（3）热工及防火要求 一般楼层及地层应有一定的蓄热性，即地面应有舒适的感觉。楼层应根据建筑物的等级，对防火的要求等进行设计。建筑物的耐火等级对构件的耐火极限和燃烧性能有一定要求。

（4）防水、防潮要求 对于厨房厕所、卫生间等一些地面潮湿、易积水房间，应处理好楼地层的防渗问题。

（5）经济要求 一般楼板占建筑物总造价的 20%～30%，选用楼板应考虑其经济性。

二、楼板的类型

按楼板材料的不同，可分为砖拱楼板、钢筋混凝土楼板、木楼板等（图 4-2）。砖拱楼板省钢材、水泥，但结构所占空间大，顶棚不平整，且抗震性能差。木楼板自重轻，构造简单，保温性能好，但耐火性和耐久性较差，而且木材用量大，故目前很少采用。钢筋混凝土楼具有强度高、刚度好，既耐久又防火，且便于工业化生产等优点，是目前大量采用的一种楼板形式。

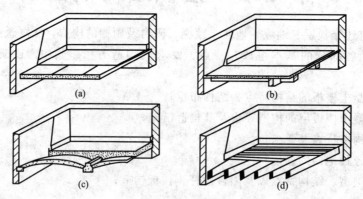

图 4-2 楼板类型

（a）预制钢筋混凝土空心楼板；（b）现浇钢筋混凝土楼板；（c）砖拱楼板；（d）木楼板

三、楼地层的组成

1. 楼板层的组成

楼板层主要由三部分组成：面层、结构层和顶棚，根据实际需要可以在楼板层里设置附加层。

（1）面层 又称楼面，起保护楼板、承受并传递荷载的作用，同时对室内有很重要的清洁及装饰作用。

（2）结构层 即楼板，是楼层的承重部分。主要功能是承受楼板层上的全部荷载并将这些荷载传给墙或柱；同时还对墙身起水平支撑作用，以加强建筑物的整体刚度。

（3）附加层 又称功能层，根据楼板层的具体要求而设置。主要是隔音、隔热、保温、防水、防潮、防腐蚀、防静电等。

（4）顶棚 位于楼板层最下层，主要作用是保护楼板、安装灯具、装饰室内、铺设管线等。

2. 地坪层的组成

地坪层一般由面层、垫层和基层三部分组成。基层为地坪层的承重层，一般为土壤。一般采用原土夯实或填土分层夯实。

垫层是基层和面层之间的填充层，一般起找平和传递荷载的作用。

第二节 钢筋混凝土楼板

钢筋混凝土楼板，按其施工的方法有现浇式、装配式、装配整体式三种。

一、现浇钢筋混凝土楼板

现浇钢筋混凝土楼板是在施工现场通过支模、绑扎钢筋、浇筑混凝土、养护等工序而成的楼板。现浇钢筋混凝土楼板，具有成型自由，整体性、防水性能好等优点。但需用大量模板，耗费木材和钢材，且施工工期长。

现浇钢筋混凝土楼板按受力和传力形式（结构方式）可分为板式楼板、肋梁楼板、井式楼板、无梁楼板四种。

1. 板式楼板

楼板内不设置梁，将板直接搁置在墙上的称为板式楼板。板有单向板和双向板之分（图4-3），当板的长边与短边之比大于2时，板基本沿短边方向传递荷载，这种板叫单向板，板内受力钢筋沿短边方向布置。当板的长边与短边之比不大于2时，荷载沿两个方向传递，这种板叫双向板。

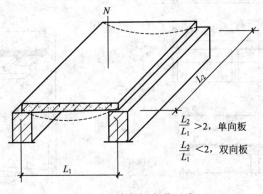

$$\frac{L_2}{L_1} > 2，单向板$$

$$\frac{L_2}{L_1} < 2，双向板$$

图4-3　单向板弯曲示意

2. 肋梁楼板

当房间跨度较大时，考虑经济和受力合理，应设次梁和主梁。这种由主梁、次梁、板三部分组成（图4-4）的楼板称为肋梁楼板。楼板荷载由板先传至次梁，再由次梁传至主梁，由主梁传至墙或柱，最后传给基础及地基。从采光角度考虑次梁宜平行进光方向布置（图4-5）。

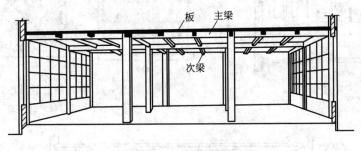

图4-4　现浇肋梁楼板

3. 井式楼板

井式楼板是肋梁楼板的一种特殊形式，由井字梁与双向板组成（图4-6）。当纵横两个方向的梁等间距布置且等高时，就形成井字梁（井字形的梁不分主次）。由于井字梁的受力性能较好，故梁跨可以做得大些，一般多用10m左右。井式楼板多用于正方形平面，也可用于长方形平面，但其长边与短边之比不宜大于1.5，此时井字梁宜采用斜向布置（图4-7）。

4. 无梁楼板

无梁楼板为一等厚的平板直接支承在柱上，楼板荷载由板直接传给柱子（图4-8）。无梁楼板分为有柱帽与无柱帽两种，当楼面荷载较大时，应采用有柱帽的形式，以提高楼板的承载能力和刚度并可减少板厚。

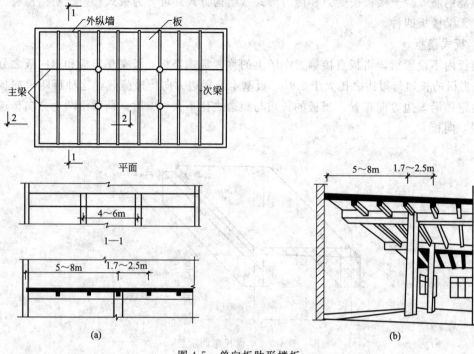

图 4-5 单向板肋形楼板

（a）肋形板结构布置示意；（b）局部透视

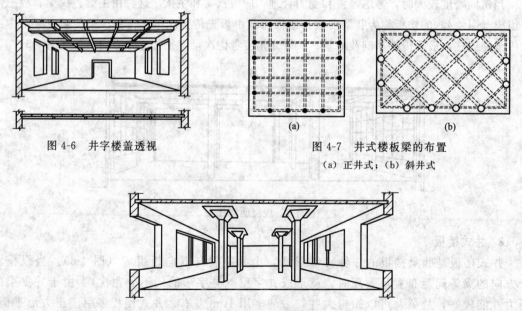

图 4-6 井字楼盖透视   图 4-7 井式楼板梁的布置

（a）正井式；（b）斜井式

图 4-8 无梁楼板透视

无梁楼板的柱，可根据建筑造型的需要设计成方形、矩形、圆形、多边形等多种形式，柱帽也可设计成各种形状。图 4-9 为三种常见的形式。

无梁楼板常用于正方形或接近于正方形的矩形平面，柱网以方形为好，柱距一般不超6m。当楼面有效荷载大于 $5kN/m^2$，跨度≤6m 时，较肋形楼板经济。故多用于工业或民用建筑的多层商店、书库及仓库等。

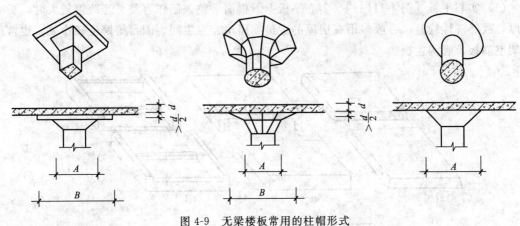

图 4-9　无梁楼板常用的柱帽形式

$A=0.2\sim0.31L$；$B\geqslant0.35L$；L 为板的计算跨度

二、预制装配式钢筋混凝土楼板

装配式钢筋混凝土楼板，是将楼板的梁、板在预制厂或施工现场预制，然后在施工现场装配而成。这种楼板可以节省模板、改善劳动条件、提高质量、加快施工进度、缩短工期，但楼板的整体性差。

预制楼板又有预应力和非预应力两种。预应力楼板是通过张拉钢筋的回缩，在受拉区对混凝土预先产生压应力（图 4-10），以抵抗受拉，防止裂缝的产生。这不仅保证了构件的刚度，而且还使钢筋的使用强度得到充分发挥。与非预应力构件相比，预应力楼板具有刚度好，抗裂、抗渗、耐久等性能好，以及构件断面小、重量轻、用料省等一些主要优点。预应力构件应优先采用。

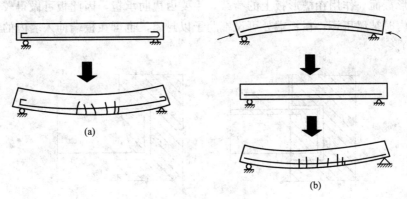

图 4-10　受弯构件非预应力和预应力受力状态示意

（a）非预应力；（b）预应力

预应力钢筋混凝土构件有先张法和后张法两种施工工艺。先张法是先张拉钢筋后浇注混凝土，待混凝土有一定强度后放松钢筋，使回缩的钢筋对混凝土加压。后张法是先浇注混凝土，并在混凝土中预留孔道，待混凝土达到一定强度后，往预留孔道内穿放钢筋并张拉钢筋，然后把钢筋锚固在构件上，同时往预留孔道内压力灌浆，也是利用回缩的钢筋对混凝土加压。

1. 预制钢筋混凝土楼板类型

常用的预制钢筋混凝土楼板，根据其截面形式可分为实心平板、槽形板和空心板三类。

（1）实心平板〔图4-11(a)〕 实心平板上下板面平整，制作容易。当跨度较大时，板亦较厚，故经济性较差。一般多用在房屋的走道、厨房、卫生间、阳台等跨度较小处，也常用作架空搁板及管沟盖板。

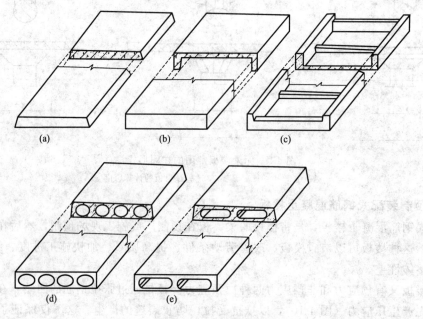

图 4-11 预制板类型

(a) 实心板；(b) 正槽形板；(c) 反槽形板；(d) 圆孔空心板；(e) 方孔空心板

（2）槽形板〔图4-11(b)、(c)〕 槽形板是一种梁、板结合的构件，即实心板两侧设纵肋，构成槽形截面。作用在槽形板上的荷载，主要由边肋承担，因此板可做得较薄。为避免板端伸入墙内时被墙压坏，在板端处可设端肋予以封闭，也可在板端伸入墙内的部分用砖填实（图4-12）。

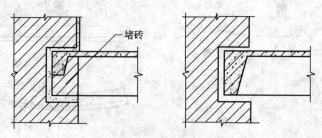

图 4-12 槽形板板端支承在墙上

槽形板具有自重轻、便于穿管打洞等优点，但其隔音能力较差。槽形板有正槽形与反槽形两种，反槽形受力不如正槽形合理，但可在反槽内设置隔音或隔热材料，以解决楼板的隔音或保温及隔热等问题，且能获得较平整的顶棚（图4-13）。

（3）空心板 空心板也是一种梁板结合的预制构件，其结构计算理论与槽形板相似，两者的材料消耗也相近。但空心板上、下两面平整，隔音效果优于槽形板，因此是目前广泛采用的一种形式。

空心板按其孔形不同有圆孔、椭圆孔、方孔等三种形状，见图4-11(d)、(e)。圆孔板制作最为方便，应用最广，方孔比较经济。

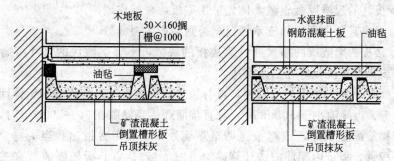

图 4-13 反槽形板的楼面及顶棚构造

空心板板面不能随意开洞。安装时，空心板孔的两端长用砖和混凝土填塞以免端缝浇注时漏浆，并保证板端的局部抗压能力。其规格尺寸，各地不尽相同，板厚多为 110～180mm，板宽多为 600～1200mm，非预应力空心板板跨多在 4800mm 以下，预应力空心板最大板跨多在 6600mm 左右。

（4）梁 当房间平面尺寸较大时，往往需要设梁来作为板的支承点（图 4-14），梁的断面形状有矩形、T 形、十字形、倒 T 形等（图 4-15）。矩形梁制作简单，T 形梁受力合理，当层高梁高已定时，十字梁可获得较大的净高（图 4-16）。

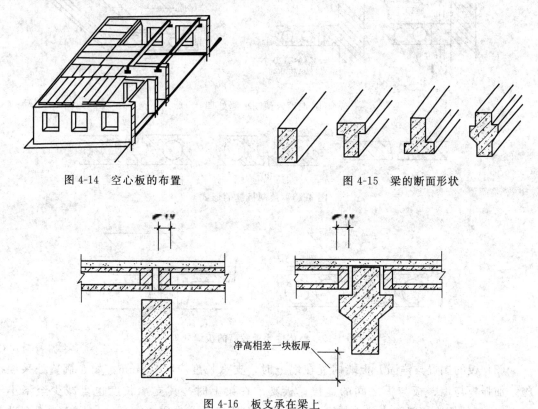

图 4-14 空心板的布置   图 4-15 梁的断面形状

图 4-16 板支承在梁上

2. 预制板的结构布置和连接构造

（1）结构布置 楼板结构布置，应先根据房间开间、进深的尺寸确定构件的支承方式，然后选择板的规格，进行合理的安排，应遵循以下原则。

① 尽量减少板的规格、类型。

② 为减少板缝的现浇混凝土量，优先采用宽板，窄板作调剂用。

③ 板的布置应避免出现三面支承情况，否则会产生裂缝。

④ 按支承楼板的墙或梁的净尺寸计算楼板的块数，不够整数块的尺寸可通过调整板缝或于墙边挑砖或局部现浇板等办法来解决。

（2）板缝处理　为了便于板的安装，板与板之间的板缝，为加强板的整体性，板缝内灌C20细实混凝土。当缝隙小于50mm时，可直接灌缝；当缝隙在50～200mm时，除灌缝外，应在板缝内按构造配置钢筋，或将板缝调至靠墙处，然后用砖挑出；当板缝≥120mm时，则应现浇一条板带，板带内配筋应按计算确定（图4-17）。空心板板缝通常有三种形式，如图4-18所示，"V"形缝制作简单，"U"形缝上部开口较大，这两者都便于灌缝，但连接不够牢固。"凹"槽缝连接牢固，但板边制作复杂，灌缝较难。为加强板与板之间的整体性，也可在板缝内配置钢筋或用短钢筋把预制板之间的吊钩焊牢（图4-19）。

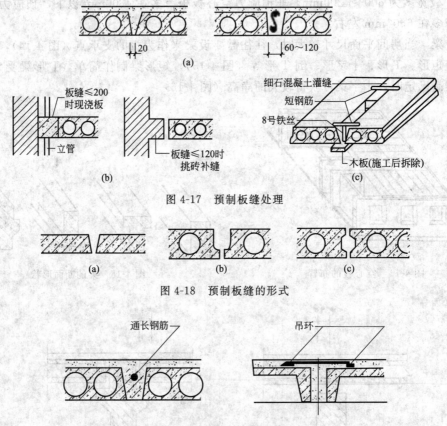

图 4-17　预制板缝处理

图 4-18　预制板缝的形式

图 4-19　整体性要求较高的板缝处理

（3）板的搁置与锚固　板端搁置在墙上时，支承长度应≥100mm，如在搁置处采取措施，加强板与墙、板与板之间的连接；板支承在梁上时，其支承长度也可减少至不小于80mm，板的侧边一般不应伸入墙内。铺板前，在墙或梁上先用10～20mm厚M5水泥砂浆找平（也称坐浆），然后再铺板，使板与墙和梁较好地连接，同时也使墙受力均匀。

为了加强房屋的整体性，板与墙之间，板端与板端之间应有一定的连接措施。常采用在楼板面设拉结钢筋或在板缝处设拉结钢筋两种形式（图4-20）。有抗震要求时，也可采用这种方式。但钢筋的数量、形式应满足抗震要求，具体做法可查阅有关标准图。

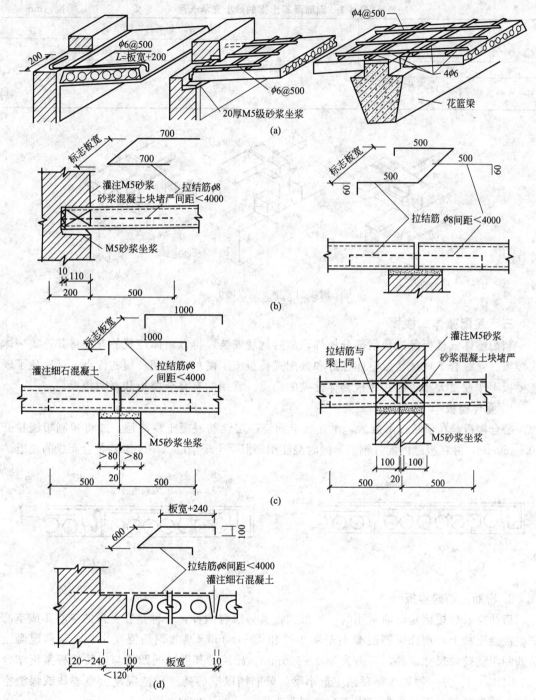

图 4-20　板的拉结措施

（a）板拉结轴测图；（b）、（c）版缝设拉筋；（d）板面设拉筋

3. 梁的支承与梁垫

钢筋混凝土梁支承在墙、柱上，其支承长度应满足表 4-1 规定。梁支承在墙上时应尽量搭满墙，以减少墙的偏心荷载。梁端传到墙上的集中荷载，若超过砖墙承压面的抗压能力时，应在梁端下部设置钢筋混凝土或混凝土的垫块（图 4-21）。垫块的厚度应不小于 180mm，长度应按计算确定。当梁为现浇时，垫块可同梁一起现浇，厚度可同梁高。

表 4-1　钢筋混凝土梁的最小支承长度　　　　　　　　　　　单位：mm

梁		支 承 结 构	
		砖 砌 体	钢筋混凝土柱（梁）
小梁、檩条		≥100	≥80
一般梁	梁高 h≤500	≥180	≥180
	梁高 h>500	≥240	≥180

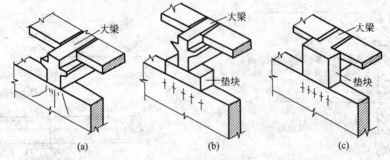

图 4-21　梁支承在墙上

三、装配整体式楼板

装配整体式楼板是先预制部分构件，然后现场安装，再以整体浇筑的方法将其连成一体的楼板。它综合了现浇楼板整体性好和装配式楼板施工简单、工期较短的优点，又避免了现浇楼板湿作业量大和装配式楼板整体性差的弱点。常用的有叠合楼板和密肋楼板。

1. 叠合楼板

叠合楼板是在预制板吊装后，再在板上面浇一层钢筋混凝土现浇层，或将预制板缝拉开60～150mm，并在板缝内配置钢筋，同时浇注钢筋混凝土现浇层（图 4-22）叠合而成的楼板。

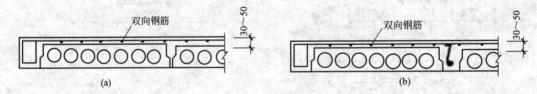

图 4-22　叠合楼板

2. 密肋空心砖楼板

密肋空心砖楼板是以前常用的一种形式，其做法有两种：一种是在密排的空心砖或空心矿渣混凝土块上，现浇钢筋混凝土密肋小梁和 40～50mm 厚的钢筋混凝土板。钢筋混凝土肋的间距随砖块尺寸而异，一般为 300～600mm。砖块借其周边的凹槽与密肋楼板紧密结合[图 4-23(a)]。另一种做法是预制⊥形小梁，梁间铺以空心砖、矿渣混凝土空心块或煤渣空心砖及拱形砖等，而后再在其上面现浇混凝土面层[图 4-23(b)]。

密肋空心砖楼板具有整体性好，顶棚平整，隔音、隔热性能较好，空心砖内可穿管线等优点。

四、隔墙在楼板上的处理

楼板上如有隔墙时，应尽量采用轻质墙体以减轻楼板荷载。当采用 120mm 厚黏土砖隔墙时，由于其重量较大，必须考虑隔墙在楼板上的搁置位置。

当为槽形板时，隔墙可搁置在槽形板的边肋上[图 4-24(a)]；当为空心板时，应尽量当避免隔墙搁置在一块板上，可在隔墙下作现浇板带或设置小梁[图 4-24(c)、(d)]；上、下

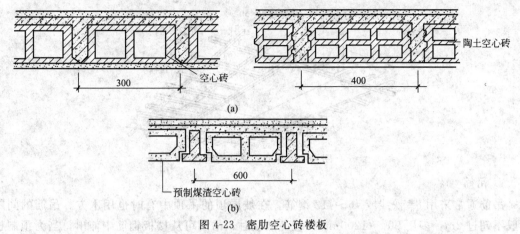

图 4-23　密肋空心砖楼板
（a）现浇密肋空心砖楼板；（b）预制小梁密肋空心砖楼板

层均有隔墙且对位时，可在楼板处用隔墙挑砖加钢筋或另设小梁 ［图 4-24（b）］。

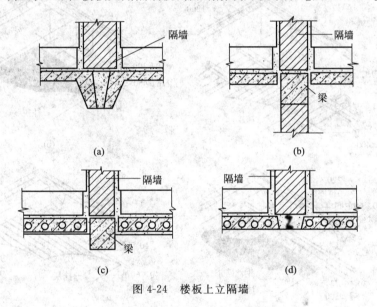

图 4-24　楼板上立隔墙

第三节　顶　　棚

顶棚又叫天花板，是楼板层下面的装修层。对顶棚的基本要求是光洁、美观，能通过反射光照来改善室内采光和卫生状况。对某些房间还要求防火、隔音、保温、隐蔽管线等功能。顶棚按构造方式不同可分为直接式顶棚和悬吊式顶棚两大类。

一、直接式顶棚

直接在钢筋混凝土楼板下作饰面层而形成的顶棚就是直接式顶棚。按使用的材料和施工方式的不同可分为直接喷涂涂料顶棚、抹灰顶棚、粘贴顶棚。

二、悬吊式顶棚

当楼板底部不平整而使用上又要求顶棚平整，或在楼板底部需隐蔽管道，或房间有隔音及吸音要求等几种情况时，可设悬吊式顶棚。悬吊式顶棚一般由吊筋、搁栅层、面层等三部分组成（图 4-25）。

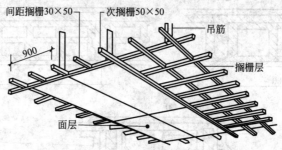

图 4-25　悬吊式顶棚的组成

1. 吊筋

吊筋通常采用 8# 铁线或 $\phi6\sim\phi12$ 钢筋，在坡屋顶的吊顶中有时也用木方。吊筋的间距一般不超过 2m，多用 900～1200mm。现浇楼板时，吊筋可从楼板钢筋中伸出，当为预制板时，吊筋则可设在板缝处（图 4-26）。

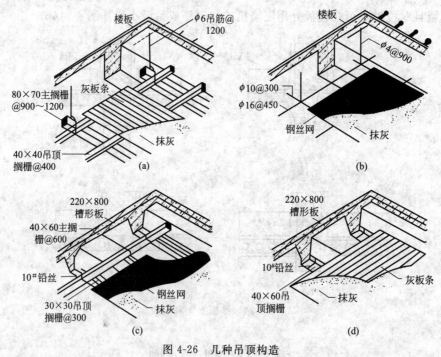

图 4-26　几种吊顶构造

2. 搁栅层（龙骨）

搁栅层是由主搁栅和次搁栅（也称主次龙骨）组成，主搁栅一般均单向布置，次搁栅可以单向或双向布置，视具体情况而定。搁栅通常采用木方或型钢组成。采用木方时，主搁栅断面为 50mm×（70～80）mm；次搁栅断面为 40mm×40mm 或 50mm×50mm。采用型钢时，断面形式较多，常用 〔形、L 形、T 形等，断面尺寸不尽相同，视具体情况而异。

主格栅的间距与吊筋的间距一致，多为 900～1200mm。木次格栅的间距，根据面板规格，一般为 400～600mm，型钢次格栅间距为 400～1200mm。主格栅与吊筋连接，可采用钉、螺栓、挂钩、焊等方式。

3. 面层

面层做法有抹灰和各种轻质板材，如胶合板、刨花板、纤维板、木丝板、矿棉板、石膏板、装饰吸音板、铝塑板、石棉水泥板、金属板等多种。

（1）抹灰面层　抹灰面层是在次搁栅上钉灰板条，或在灰板条上再钉钢板网及次搁栅上直接绑扎钢板网，然后再在其上抹灰，见图 4-27。

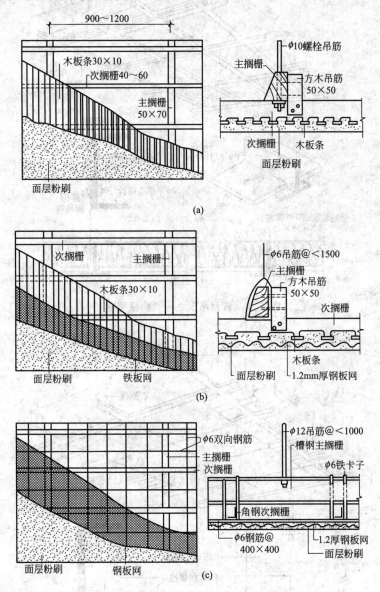

图 4-27　钢板网粉刷吊顶

（2）石棉水泥板面层　石棉水泥板具有强度高，耐久性、防火性好等特点，有防火、防潮要求的均可采用板的规格尺寸为 1200mm×800mm×（4～8）mm。

搁栅层的主搁栅采用槽钢，间距 2m，次搁栅一般用"T"形钢窗料双向布置，间距为 800～1200mm，吊筋采用钢筋或弯勾螺栓。

次搁栅有明露和不明露两种，明露时将板搁置在次搁栅的翼缘上，用开口销卡住，所有次搁栅外露，形成方格形顶棚（图 4-28），这种方式如用于坡屋顶吊顶时，可在板上放保温材料，以解决坡屋顶保温问题。不明露时，板材用平头机制螺钉固定在次搁栅上，形成整片顶棚（图 4-29）。

（3）石膏板、矿棉板、铝塑板面层　石膏板、矿棉板、铝塑板具有防火、质轻、吸音和易于加工等特点。石膏板规格为 3000mm×（800～900）mm×（8～9）mm，矿棉板、铝塑板多为

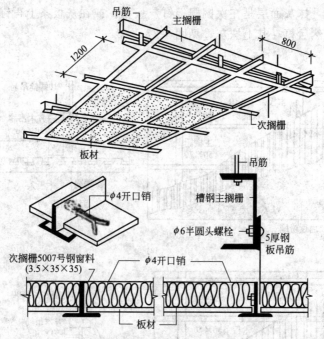

图 4-28 板材吊顶之一（搁栅明露）

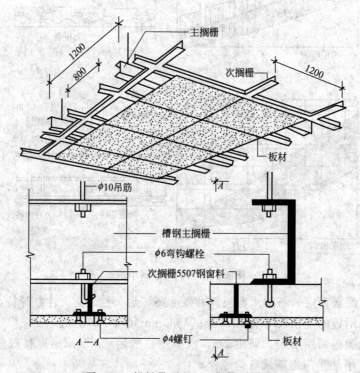

图 4-29 板材吊顶之二（搁栅不明露）

500~600mm。由于面层板质轻，其搁栅层采用 0.5mm 厚的冷轧钢板或钢带制成的薄壁型钢（也称轻钢龙骨）组成（图 4-30）。主搁栅都为 [形，次搁栅、小搁栅有 L 形和 T 形两种，前者用于石膏板、铝塑板面层，后者用于矿棉板面层。石膏板多用自攻螺钉固定于次、小搁栅上，铝塑板是用胶粘贴于次、小搁栅上，而矿棉板则浮置于次、小搁栅上（图 4-31）。

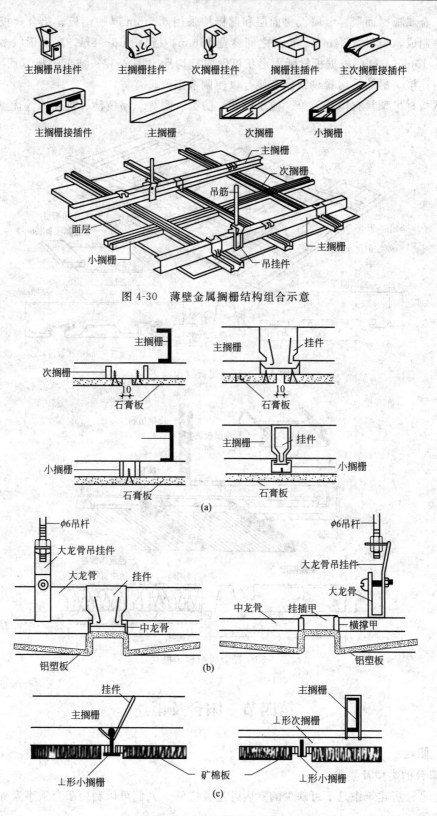

图 4-30　薄壁金属搁栅结构组合示意

图 4-31　几种面层的节点构造

（a）石膏板面层；（b）铝塑板面层；（c）矿棉吸音板面层

（4）金属板材面层　金属板材面层和搁栅均采用 0.5mm 厚的铝板、铝合金板或镀锌铁皮等材料制成，板材宽 84mm，板材之间缝宽 16mm，板材长 6～8m，断面形状多槽形，槽高约 12～16mm，搁栅根据板材断面形状可做成挂钩形（图 4-32）或夹齿形（图 4-33），以便于板材连接。吊筋采用螺纹钢丝套接，以便调节定位。

金属板材吊顶具有构造简单、便于拆装、防火、耐久、易清洁、抗腐蚀等优点。

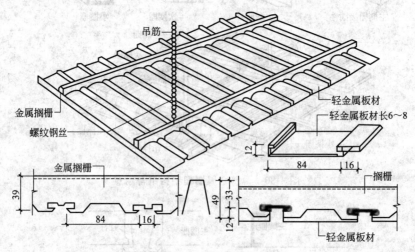

图 4-32　轻金属板材顶棚之一

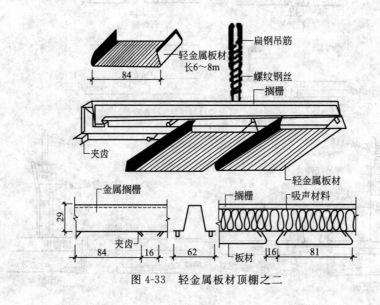

图 4-33　轻金属板材顶棚之二

第四节　阳台及雨篷

一、阳台

1. 阳台的类型及要求

阳台是楼房建筑中是不可缺少的室内外过渡空间。人们可以利用阳台从事家务活动或休息、眺望等。

阳台按其与外墙面的关系分为凸阳台、凹阳台和半凸半凹阳台（图 4-34），阳台设计时应满足安全适用、坚固耐久和美观的要求。阳台栏杆高度多层建筑应不低于1.05m，高层建筑应不低于1.1m，并应牢固的与阳台板和外墙连接。

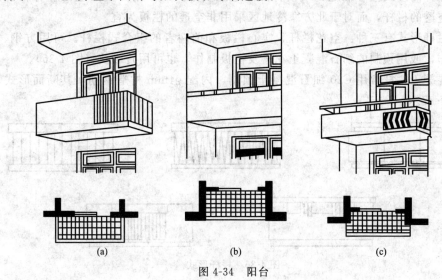

图 4-34 阳台

(a) 凸阳台；(b) 凹阳台；(c) 半凸半凹阳台

2. 阳台的结构布置

凹阳台实为楼板层的一部分，它的承重结构布置可按楼板层的受力分析进行，采用隔板式布置方法。而凸阳台的受力构件为悬挑构件，结构及构造上都应特别重视。其承重方案有挑梁式和挑板式两种。

(1) 挑梁式 如图 4-35(a) 所示，由横墙上（或纵墙上）挑梁，梁上搁板，这种布置构造简单，挑梁和板均可作成预制构件，并且板型与楼板一致，施工方便。

(2) 挑板式（悬臂板）如图 4-35(b) 所示，利用楼板向外挑出形成阳台板，另一种做法是将阳台板与墙梁（常为过梁或圈梁）整浇在一起，如图 4-35(c) 所示。

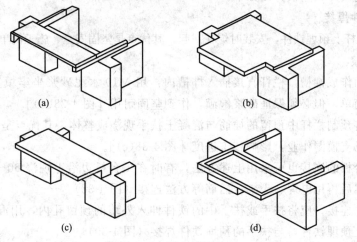

图 4-35 阳台结构布置

(a) 挑梁式阳台；(b) 挑板式阳台；(c) 挑板式阳台（由墙梁挑板）；(d) 预制梁板式阳台

二、阳台栏杆及扶手

栏杆是在阳台外围设置的垂直构件，其作用有：一是承担人倚靠的侧推力，以保证安全；二是对建筑物起装饰作用。

阳台栏杆的形式应考虑地区气候特点和造型要求，对于南方炎热地区应有利于空气对流，采用空透的栏杆，而对于北方寒冷地区采用非空透的栏板为宜。

阳台栏杆形式有三种：空花栏杆、实心栏板和前两者的组合式栏杆。可用方钢、圆钢、扁钢等制作，或用预制的细石混凝土花格及栏板制作，也可用砖砌筑（图4-36）。

钢筋混凝土栏杆常用C20细石混凝土预制，内配 $\phi4mm$ 构造钢筋，其断面形式及常用尺寸见图4-37。

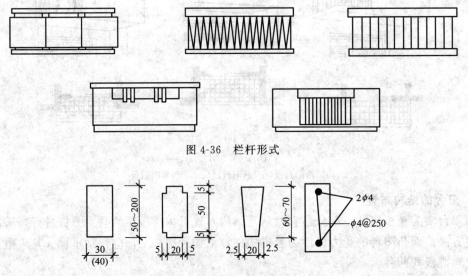

图 4-36 栏杆形式

图 4-37 栏杆断面形式

阳台扶手有 $\phi50mm$ 钢管扶手、混凝土扶手、不锈钢扶手。混凝土扶手断面形式多为矩形，其尺寸约为 $50mm \times 150mm$，面层可抹水泥砂浆或贴面砖等，如图4-38所示。扶手与栏杆必须牢固连接。其连接方法如下。

1. 预制铁件焊接

在扶手与栏杆上预埋铁件，安装时焊在一起，其优点是坚固安全、施工简单［图4-38(a)］。

2. 榫槽坐浆

将扶手底面作成榫槽，栏杆直接插入榫槽内，用M10水泥砂浆坐牢填实，其优点是整体性好、施工简单，但必须保证砂浆饱满，作到坚固耐用［图4-38(b)］。

此外也可将预制栏杆中预留的插筋与混凝土扶手现浇成整体，其优点是坚固安全，整体性好，但需现场支模湿作业，影响施工进度［图4-38(c)］。

栏杆与阳台板的连接也可采用上述方法，有时在阳台板边沿上现浇 $60 \sim 100mm$ 高的混凝土挡水条，然后再用电焊、坐浆、插筋等方法连接（图4-38）。

扶手与墙的连接，应将扶手或扶手中的铁件伸入外墙的预留孔内，用混凝土浇成整体，或在预制墙板上预埋铁件，与扶手的预埋铁件焊接（图4-39）。

对于预制钢筋混凝土栏板的安装，可将栏板中预埋铁件直接和阳台板上的预埋钢板焊接或利用钢筋将栏板焊接拼装成整体，钢筋同时与阳台板预埋件相焊接［图4-38(a)］。

金属栏杆及扶手具有构造简单、外形轻巧美观的优点，金属栏杆可与阳台板上的预埋钢板直接焊接。

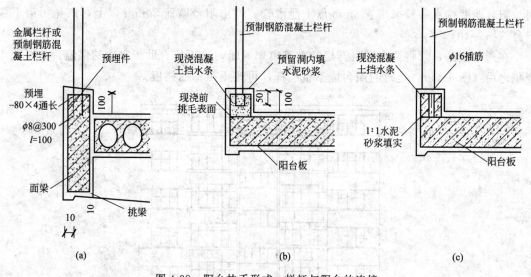

图 4-38　阳台扶手形式、栏杆与阳台的连接

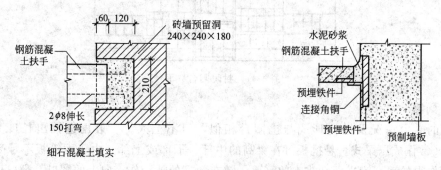

图 4-39　扶手与墙的连接

砖砌栏板及扶手的构造简单，施工方便，砖砌体厚度常作 60mm 或 120mm，用 M5 砂浆砌筑，为加强砌体的整体性，在其底部和中部各配 2ϕ6 通长水平钢筋一道，并伸进外墙，使之锚固。砖砌栏板内外均应作粉饰（图 4-40）。

阳台地面应作防水和有组织排水，阳台地面应低于室内地面 20mm，以免雨水流入房

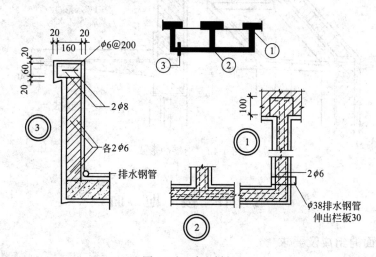

图 4-40　砖砌栏板

间。阳台地面排水一般采用φ38mm 以上泄水管，伸出阳台墙面 30mm 以上，以免污染下层阳台（图 4-40）。

在严寒地区，常将阳台用可开启的玻璃窗扇封闭，这不仅有助于室内的保温，并可兼作冷藏之用（图 4-41）。这时的阳台应不设栏杆，可改用砖砌的栏板。

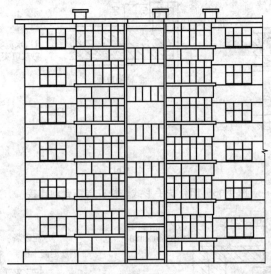

图 4-41　封闭阳台立面

三、雨篷

雨篷的受力情况及结构形式与挑阳台相似，但不上人。一般雨篷挑出长度为 700～1500mm，常作成压梁式。悬挑板可在梁高的中部、下部或上部。由于雨篷板不承受大的荷载，故可作得较薄，为立面和排水的需要，常在雨篷的外沿作一向上的翻口，翻口可用混凝土与梁、板一起捣制，雨篷板顶口应作 20mm 厚 1∶2 防水砂浆，防水砂浆须翻向墙面至少250mm（图 4-42）。当雨篷悬挑长度较大时，可由柱或墙上挑出梁作成挑梁式结构，考虑立面造型要求，也可作成反梁式，这种处理的板底表面平整，常为现浇整体式结构。

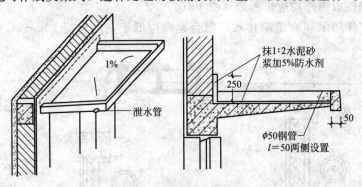

图 4-42　雨篷的形式

第五节　楼　地　面

一、楼地面的组成及要求

楼地面包括底层地面和楼层地面，统称为地面。地面是直接承受各种荷载、摩擦、冲击、清扫和冲洗的地方，因此它应满足的功能要求有：足够的坚固性，保温性能好，具有一定的弹性，隔音要求及其防水、防潮、防火等。

底层地面的基本组成依次为面层、垫层、地基。楼层地面的基本构造层次依次为面层、基层（楼板）。根据不同的使用要求，还可增设相应的构造层，如结合层、找平层、防水层、防潮层、隔热层或隔音层等。

面层应具有耐磨、不起尘、平整、防水、有弹性、吸热少等性能；垫层的材料按上部面层材料的不同，可分为刚性的和柔性的两种。刚性垫层受力后不产生塑性变形，用于要求较高和材料薄而脆的整体面层，如水磨石地面、瓷砖地面、硬木嵌花地面等；柔性垫层由松散的材料组成，无整体刚度，受力后产生塑性变形，用于平整要求不高的块料面层地面。柔性垫层多用于砖和石块等块料面层的下面。

底层地面的基层即为土壤，应当有一定的地耐力。

二、楼地面的种类及构造

地面是依据面层所用的材料来命名的，根据面层材料及施工方法的不同分为整体地面、块材地面、卷材地面、涂料地面等。

1. 整体地面

整体地面是指用现场浇注的方法做成整片的地面。

（1）水泥砂浆地面　水泥砂浆地面通常是以水泥砂浆抹压而成的，其常用做法如图4-43所示。大面积的水泥砂浆地面应设分格缝，以避免收缩开裂。

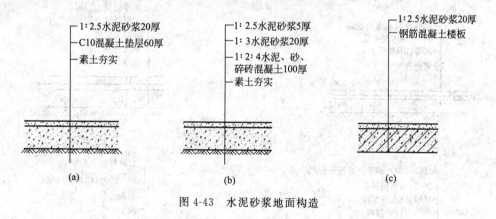

图 4-43　水泥砂浆地面构造

（2）水磨石地面　水磨石地面是用水泥作胶结材料，大理石、白云石等中等硬度的石屑作集料而形成的水泥石屑浆浇抹，硬结后，经磨光打蜡而成。水磨石地面坚固、耐磨、耐油碱、防火、防水、光滑、美观、易清洗，不起灰尘，故通常用于大厅、走廊、厕所等处。

水磨石地面一般分为两层制作，面层是 10～15mm 厚 1∶2～1∶2.5 水泥石屑浆，底层用 10～15mm 厚 1∶3 水泥砂浆打底、找平。

为了防止地面因气温变化而产生不规则裂缝和便于施工，在找平层上应设置分隔条（玻璃条或铜条）对地面进行分格（图 4-44）。

2. 块料地面

块料地面是借助胶结料将面层材料粘贴或铺砌在结构层或垫层上。胶结材料常用水泥砂浆、沥青玛蹄脂。块料面层种类较多，常用的有以下几种。

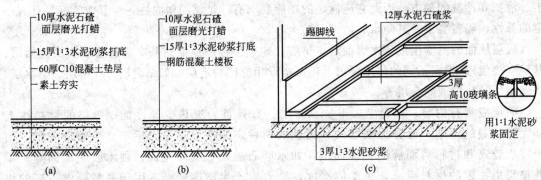

图 4-44　水磨石地面构造

(a) 底层地面；(b) 楼层地面；(c) 嵌分隔条

(1) 水泥砂浆预制块，尺寸为 200mm×200mm×(20～25)mm。

(2) 水磨石预制块，尺寸常为 400mm×400mm×(20～25)mm。

(3) 混凝土预制块，尺寸常为 600mm×600mm×50mm。

上述三种预制块与基层粘接有两种做法：当预制块尺寸较大且厚时，常在板块下干铺一层 20～40mm 厚砂子，待平整后，在板块间用砂或砂浆填缝（图 4-45），这种做法施工简单，造价较低，便于修换，但不易平整。当预制块小而薄时，则采用 12～20mm 厚 1∶3 水泥砂浆胶结在基层上，胶好后再用水泥砂浆嵌缝。

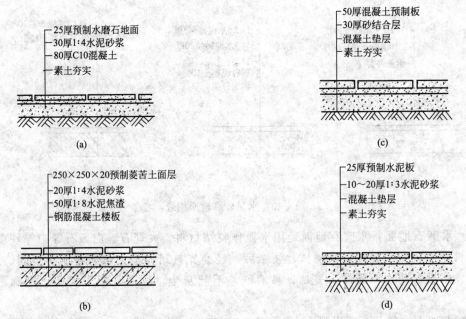

图 4-45　预制块地面构造

(a) 预制水磨石板地面；(b) 预制菱苦土板地面；(c) 预制混凝土板地面；(d) 预制水泥板地面

(4) 陶瓷板地面　陶瓷板地面的块材包括有缸砖、陶瓷锦砖（马赛克）、釉面陶瓷砖、瓷土无釉砖等，形状以方形为多，规格尺寸多样，质地细密坚硬、强度高、耐磨、耐水、耐腐蚀、易于清洁，应用广泛。其构造示意见图 4-46。

(5) 大理石、花岗石地面　大理石、花岗石地面多用于室内高级装修的地面，如宾馆及大型公共建筑的门厅、休息厅等处。其构造示意见图 4-47。

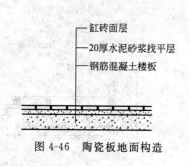

图 4-46　陶瓷板地面构造

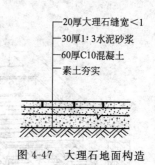

图 4-47　大理石地面构造

3. 卷材地面

卷材地面是用成卷的铺材铺贴而成。常见的卷材有软质聚氯乙烯塑料地毡、橡胶地毡以及地毯等。软质聚氯乙烯塑料地毡、橡胶地毡地面具有耐磨、耐腐蚀、防火、隔音、色彩鲜艳、外形美观、弹性较好等特点。可以干铺也可用黏结剂粘贴。

地毯的类型很多，按地毯面层材料不同，有化纤地毯、羊毛地毯、棉织地毯等。地毯柔软舒适、吸音、隔音、保温、美观，而且施工简便，是理想的装修材料。铺设方法有固定和不固定两种。固定式通常用黏结剂粘贴在地上或将地毯四周钉牢。

4. 木地面

木地面的主要特点是有弹性、保温好、不起尘、不返潮，但耐火性差。但其造价较高，一般用于高标准建筑及有特殊使用要求的建筑，如幼儿园、宾馆、体育馆、剧院舞台等。

木地面按其用材规格分为普通木地面、硬条木地面和拼花木地面三种，按其构造方法有空铺、实铺两种。

普通木地面常用的木材为松木、杉木、硬条木地面，拼花木地面常用柞木、榉木水曲柳等。

木地面拼缝形式有平口、企口、错口、销板等（图 4-48）。

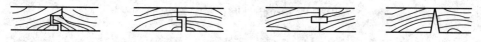

图 4-48　木地面接缝形式

（1）空铺木地面　空铺木地面常用于底层地面，其做法是用地垄墙将木地板架空，使地板下有足够的空间便于通风，以防止木地板受潮腐朽。

地垄墙为一砖厚，中距约 800mm，其上皮标高应不低于室外地坪。在地垄墙上放置 $50mm \times 100mm$ 的满涂沥青或其他防腐剂的压沿木。在压沿木上放木搁栅，在搁栅上钉松木企口板或 $50mm \times 20mm$ 的硬木长条地板，如图 4-49 所示。

空铺木地面外墙应留通风洞，在地垄墙上也应设通风洞。墙洞口上为防止虫鼠进入，要加铁丝网罩。在北方寒冷地区冬季应堵严保温。

（2）实铺木地面　实铺木地面有铺钉式和粘贴式两种做法。

铺钉式有单层做法和双层做法。单层做法就是将木地板直接钉在绑扎在刚性垫层上（楼面时在楼板上）满涂沥青或防腐油的木搁栅（断面为 $60mm \times 50mm$，中距为 $400mm$）上 [图 4-49(c)]。当采用拼花木地面时，可用双层木板铺钉。下层为松木毛地板，与搁栅成 30° 或 45° 方向铺设，在毛地板上面铺一层油纸，再铺硬木长条地板或硬木拼花（人字拼花或席纹拼花）地板。两层木板间的油纸可以防潮和防止两层木板间发出噪声（图 4-50）。

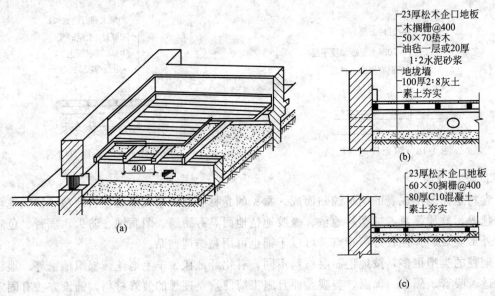

图 4-49　木地板构造

（a），（b）单层空铺木地板；（c）实铺木地板

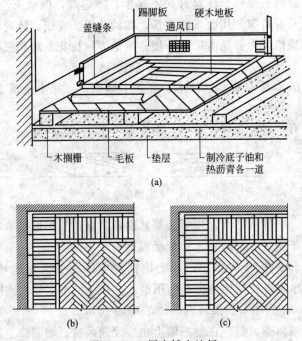

图 4-50　双层实铺木地板

　　为了底层地面防潮，须在垫层上涂刷冷底子油和热沥青各一道，为了保证木搁栅通风干燥，常在踢脚板处开设通风口。木搁栅在结构层上固定的方式见图 4-51。

　　（3）粘贴木地面　粘贴木地面的做法是在钢筋混凝土结构层上先用 15～20mm 厚水泥砂浆找平，铺上热沥青（用于较大房间时可加铺一层 20～30mm 厚沥青砂浆），然后将作成燕尾形断面的木板条直接粘贴在沥青层上（图 4-52）。粘贴式木地面省去木搁栅，较其他构造方式经济，但应保证粘贴质量，否则容易鼓起分离。

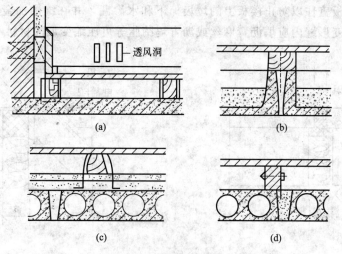

图 4-51　木搁栅固定方式

（a）现浇楼板预埋铅丝与木搁栅绑扎；（b）楼板预埋钢筋穿入木搁栅；
（c）板上设垫块预埋铁丝与木搁栅绑扎；（d）板缝预埋钢板用螺栓与木搁栅固定

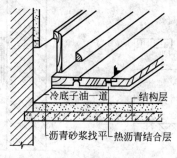

图 4-52　粘贴木地面

三、踢脚线构造

地面和墙体相交处的垂直部分，在构造上通常按地面的延伸部分构造处理，这部分叫踢脚线，也称踢脚板。其作用主要是保护墙面的清洁，以防清扫地面时弄脏墙面。踢脚板的材料，一般与地面面层材料相同。踢脚板的高度为 100~150mm（图 4-53）。

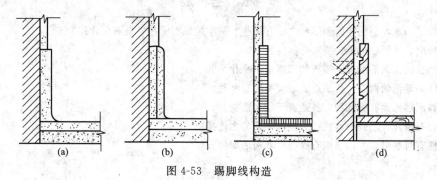

图 4-53　踢脚线构造

（a）水泥砂浆踢脚线；（b）水磨石踢脚线；（c）陶瓷砖踢脚线；（d）木踢脚线

四、地面变形缝构造

楼地面变形缝（沉降缝、伸缩缝、抗震缝）的设置应与建筑物其他部分的变形缝相一致，并且应贯通各层的楼地面。缝在楼板处时，为使断开处的面层不致碰坏，要用角钢将端头封挡，再用钢板盖住以防止楼板上的垃圾掉下和水渗漏，并在缝内加金属片或油毡封缝。当缝在地面时，变形缝内应填沥青麻丝或沥青玛蹄脂等可压缩变形的材料（图 4-54）。

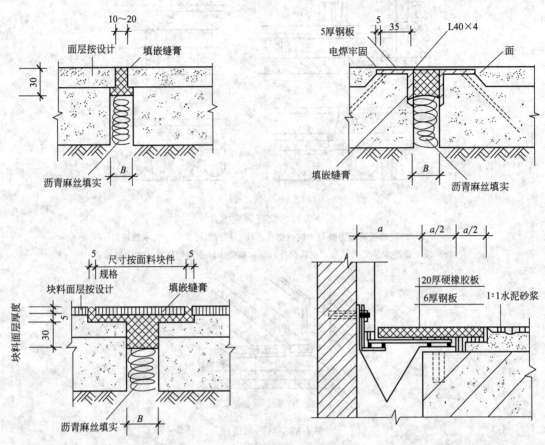

图 4-54　楼地面变形缝构造

为了美观和防止缝内积灰，在面层和顶棚处应加盖缝板，盖缝板应以允许构件能自由变形为原则。

思 考 题

1. 楼板层、地坪层的相同和不同之处有哪些？基本组成有哪些？各有何作用？
2. 楼板层、地坪层的设计要求有哪些？
3. 预制装配式钢筋混凝土楼板的细部构造是什么？
4. 整体类地面的做法、优缺点、适应范围有哪些？
5. 块料面层地面有哪几种？各适应于什么范围？
6. 阳台有哪几种形式？其栏杆、栏板如何与之连接？
7. 顶棚有哪些形式？吊顶棚有哪些？其构造如何？

第五章 屋　　顶

屋顶是房屋的重要组成部分。也是建筑构造的重点章节之一。屋顶的主要功能是防水，也是屋顶构造设计的核心。防水从两方面着手：一是迅速排除屋面雨水，二是防止雨水渗漏。屋顶排水设计集中反映在屋顶排水方案选择和屋顶平面图的绘制。防渗漏的原理和方法主要是在屋面构造层次与屋顶细部构造两个方面。除防水外，屋顶的另一个功能是保温与隔热，重点是保温隔热的基本原理和保温隔热的各种构造方案。归结起来，本章的重点有三点：①屋顶排水方案选择和屋顶排水组织设计；②各类屋顶的构造层次做法和细部构造；③保温隔热的原理和构造方案。

第一节　屋顶的类型、防水材料和坡度

一、屋顶的作用和要求

1. 屋顶的作用

屋顶是建筑物最上部起覆盖作用的承重和维护构件，它的主要作用是承受屋顶本身的自重，屋面上部风荷载、雪荷载，上人或检修屋面时的各种荷载，同时还起着对屋面上部的水平支撑作用；其次它与外墙共同形成了房屋的外壳，起到防止风、雪、雨、砂对房屋内部的侵袭和保温、隔热作用（也称围护作用）；再次，屋顶的形式在很大程度上影响到建筑物的整体造型，所以屋顶还有对建筑物美观的作用。常见的屋顶类型有平屋顶、坡屋顶，除此以外还有球面、曲面、折面等形式的屋顶（图 5-1）

2. 屋顶的设计要求

（1）强度和刚度要求　屋顶应有足够的强度来承受作用于其上的各种荷载的作用；应有足够的刚度来防止过大的变形导致屋面防水层开裂而渗水。

（2）防水排水要求　屋顶防水排水是屋顶构造设计应满足的基本要求。在屋顶构造设计中，主要是通过"防"和"排"的共同作用来完成防水作用的。

（3）保温隔热要求　屋顶为建筑物在上层的外围护结构，应具有良好的保温隔热的性能。即寒冷地区要保温，炎热地区要隔热。

（4）美观要求　屋顶的形式直接影响建筑物的造型与美观。

二、屋面的防水材料和排水坡度

屋顶的防水问题很重要，一般采用防与排两个措施来解决。所谓防，就是采用具有一定防水性能的材料来阻止水的渗漏；所谓排，就是设法将流落在屋面上的水尽快排走，以减少渗漏的可能。

1. 屋面防水材料

（1）瓦类　用瓦来做屋面防水材料的称为瓦屋面。常用的有平瓦与波形瓦。平瓦又有陶瓦与水泥砂浆瓦两种［图 5-2（a）］，其短边尺寸约为 230～250mm，长边尺寸约为 380～420mm，厚 20～25mm。波形瓦有石棉水泥波瓦、镀锌铁皮波瓦、钢丝网水泥大波瓦、玻璃钢波瓦等；平面尺寸有各自的规格，一般宽度为 660～1000mm，长度为 1800～2800mm

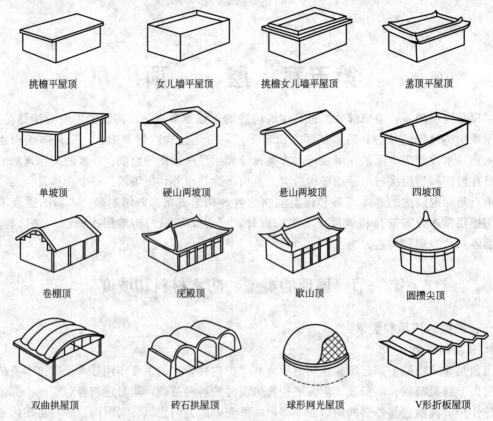

挑檐平屋顶　　　　女儿墙平屋顶　　　　挑檐女儿墙平屋顶　　　　盝顶平屋顶

单坡顶　　　　硬山两坡顶　　　　悬山两坡顶　　　　四坡顶

卷棚顶　　　　庑殿顶　　　　歇山顶　　　　圆攒尖顶

双曲拱屋顶　　　　砖石拱屋顶　　　　球形网光屋顶　　　　V形折板屋顶

图 5-1　屋顶类型

[图 5-2 (b)]。除此以外，还有小青瓦、筒板瓦、平板瓦、石片瓦等，但现已少用。

　　(2) 油毡　油毡又称卷材，用油毡作屋面防水材料的称为卷材屋面（也称柔性防水屋面）。卷材有沥青和塑料（高分子聚合物）两大类，后者有拉伸强度大的加硫合成橡胶系列品，如乙烯丙烯橡胶（即三元乙丙橡胶）、氯丁橡胶等制成的卷材，以及拉伸强度较大的合成树脂系列制品，如乙烯树脂及其共聚体制成的卷材等，但有待于进一步推广。

　　(3) 刚性防水　用 C20 细石混凝土或防水砂浆作屋面防水层的称为刚性防水，其中细石混凝土防水层应用较为广泛。刚性防水一般需和防水涂料或油膏配合使用 [图 5-2 (d)]。

　　(4) 金属薄板　采用 24# ～26# 镀锌铁皮（也称白铁皮）或 0.6～0.8mm 厚的铝合金板覆盖屋面 [图 5-2 (c)]。由于重量轻，多用于大跨度建筑物。

　　2. 屋面排水坡度

　　屋面的防水仅靠防水材料是不够的。为了迅速排除屋面雨水，保证屋面防水的可靠性，屋顶必须有适宜的排水坡度，使流落在屋面的雨水迅速地排走，以减少渗漏的可能。

　　屋面排水坡度的大小虽与多种因素有关，如屋面材料、当地的地理气候条件、屋顶结构形式、施工方法、构造组合方式、建筑造型要求以及经济条件等。但在大量民用建筑中，其排水坡度主要与屋面防水材料有关。一般地说，屋面防水材料防水性较好，单块面积大，搭接缝隙少，排水坡度则可小些。反之，则排水坡度可大些。屋面防水材料与屋面排水坡度的关系见图 5-3。

　　屋面的排水坡度常用三种方式表示：

　　(1) 用高度与长度的比来表示，如 $H : L = 1 : 1$、$1 : 2$、$1 : 3$ 等；

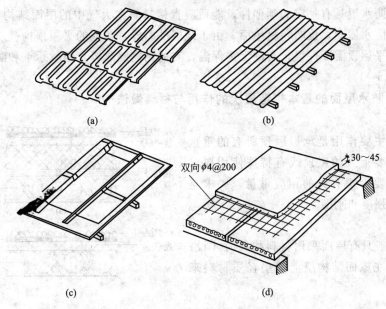

图 5-2　常用屋面防水材料

（a）平瓦；（b）波形瓦；（c）金属薄板；（d）细石混凝土

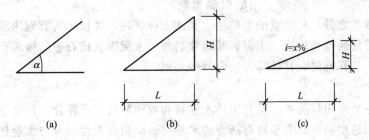

图 5-3　屋面排水坡度的表示方法

（a）角度法；（b）斜率法；（c）百分比法

（2）较大的坡度也可以用角度来表示，如 $\alpha = 26°$、$30°$、$45°$等；

（3）较平缓的坡度可用百分比来表示，如 1%、3% 等。

通常我们将坡度＞10%的称为坡屋顶，≤10%的称为平屋顶。目前平屋顶应用较为广泛。

第二节　柔性防水屋面

平屋顶的承重结构多用钢筋混凝土的梁、板。由于梁、板布置较灵活，所以当建筑物平面形状较复杂时，采用平屋顶可使屋顶构造较其他形式简化。

平屋顶排水坡度较小，一般不大于 5%，常用坡度为 $2\% \sim 3\%$，因此，屋顶可用来作为各种活动的场地，如屋顶花园、日光浴场、体育活动场、晾晒场甚至做蓄水池养鱼等。此时屋顶设计除满足第一节所述的几个要求外，还应分别满足上述各种活动的相应要求。

平屋顶防水屋面按其防水层做法的不同可分为柔性防水屋面和刚性防水屋面两大类。

一、柔性防水屋面构造组成

将柔性防水卷材或片材用胶结材料分层粘贴在屋面上，从而形成一个大面积的封闭防水覆盖层，这种防水层具有一定的延伸性，能适应直接暴露在大气中的屋面结构的温度变形，故称之为柔性防水屋面，也叫卷材屋面。由于地区的差异，各地的平屋顶构造层次也有所不同。有的地区平屋顶需要保温，有的无需保温，有的则需隔热等，但就承重和防水做法来说基本相似（图 5-4）。

二、柔性防水屋面的基本构造层次的作用与材料做法

1. 结构层

结构层的主要作用是承担屋顶所有的重量和雪荷载，如要上人的屋顶或有特殊使用要求的屋顶，则还要承担有关的相应重量。要求是必须有足够的强度和刚度。

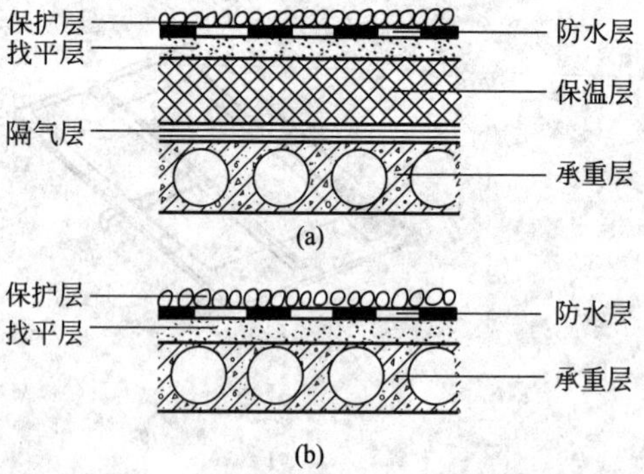

2. 找坡层

这一层一般只有屋面采用材料找坡时才设。通常的做法是在屋面结构层上铺垫轻质材料来形成屋面坡度。

3. 保温层

保温层的主要作用是保温。保温层一般设在承重层上，防水层下。各地常用的保温材料

图 5-4　平屋顶构造
(a) 有保温层的屋面构造；(b) 无保温层的屋面构造

有松散状和块板状之分，松散状的有炉渣之类的工业废料，块板状的有泡沫混凝土块、加气混凝土块、沥青膨胀珍珠岩块、水泥膨胀珍珠岩块、水泥膨胀蛭石板、聚苯乙烯板等。保温层厚度须经热工计算确定，其计算方法同外墙相似。

4. 防水层

防水层的主要作用是防水。就是由防水卷材和胶结材料交替黏合，且上下左右可靠搭接而形成的整体不透水层。防水卷材有沥青防水卷材、高聚物改性沥青防水卷材和合成高分子防水卷材等。

卷材的铺设方式与屋面坡度及主导风向有关，一般可由檐口至屋脊一层层向上平行于屋脊铺设，上下搭缝 70～120mm，左右搭缝 100～150mm。当屋面坡度较大时，油毡也可垂直于屋脊铺设，搭缝要求与油毡平行屋脊铺设相同。凡左右搭缝均应背向主导风向。油毡在屋脊处应交错铺设，搭缝也应背向主导风向（图 5-5）。

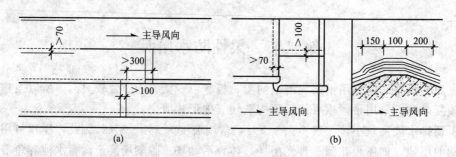

图 5-5　卷材的铺设
(a) 卷材平行屋脊铺设；(b) 卷材垂直屋脊铺设及屋脊处卷材铺设

5. 隔气层

隔气层的主要作用是阻止室内空气中的水蒸气向屋顶内部渗透。当室内温度较高时，空

气中的水蒸气将向屋顶内部渗透，由于卷材防水层的阻碍，因而水蒸气将聚集在吸湿能力较强的保温层内。冬季室外温度较低时，接近屋顶外表面的保温层就会出现凝结水，降低保温层的保温性能。夏季室外温度较高时，积聚在保温层内的水分会变成水蒸气，水蒸气蒸发膨胀时可使卷材防水层起鼓、皱折以至破裂。为避免上述现象，凡是设有保温层的屋面，必须设置隔气层。

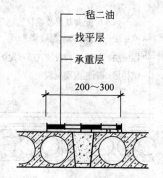

图 5-6　隔气层在板缝处的构造

油毡防水屋面隔气层的做法有两种。一种是在屋面板上刷冷底子油一道，热沥青两道。如结构层为预制板时，在板缝处应贴 200～300mm 宽一毡二油（图 5-6），另一种做法为满铺一毡二油。当室内外温差较大，空气湿度也较大时可采用后者。

6. 找平层

卷材防水层对其基层有两个要求：一是要有一定的强度能承受施工荷载；二是要求其表面平整，以便于粘贴卷材。而一般情况下，无论承重层还是保温层都不能同时满足上述两个要求，这就需要在卷材层下设找平层。

一般做法是采用 15～20mm 厚水泥砂浆找平层。当保温层材料为松散状材料（如炉渣）时，为方便施工，找平层厚度可增至 30mm 左右。也可在松散状保温层与水泥砂浆找平层之间设 50mm 厚的 1：8 水泥焦渣层，使卷材基层具有一定的整体强度。此时找平层厚度仍为 15～20mm 厚。

7. 保护层

保护层的目的是为了延长防水层的使用耐久年限。其材料、做法，应根据防水层所用材料和屋面的利用情况而定。不上人屋面的保护层做法是：若屋面为油毡防水层时，采用满粘一层 3～6mm 粒径的无棱石子，俗称绿豆砂保护层。上人屋面可在防水层上浇筑 30～40mm 厚的细石混凝土面层，或预制成 400mm×400mm×30mm 的细石混凝土板块，然后用沥青胶粘贴于防水层上，也可用 20mm 厚 1：3 水泥砂浆或 25mm 厚粗砂铺贴于防水层上（图 5-7）。

三、卷材屋面易出现的质量问题及改进措施

下面以油毡防水屋面为例来了解卷材防水屋面易出现的质量问题及改进措施。

1. 油毡鼓泡

造成油毡鼓泡的主要原因，是防水层以下各层内有水分形成蒸汽蒸发膨胀所致（图 5-8）。这些水分主要来自两个方面：一是室内空气中的水蒸气渗透过屋面结构层，进入屋顶内部；二是施工过程中，保温层和找平层内有残留水分。对于前者，可采用设隔气层的办法解决。对于后者，在施工过程中应保证各层次必须干燥。雨季施工或温湿度较大地区要做到这一点，困难较大，此时可采用花油法（点状沥青）或条油法（条状沥青）粘贴防水层的第一层油毡，使防水层下留有一定的空气扩散空隙，以利于气体流动。也可在找平层内设排气道，将气排出（图 5-9）。

2. 油毡开裂

通常可以见到有规则的开裂和无规则的开裂两种形式。

有规则开裂的裂缝位置，多出现在屋面板的板端部位。原因是：在温差作用下，屋面板热胀冷缩；在荷载作用下，屋面板后期挠度引起板端挠曲；或者支座不均匀沉陷引起上部构

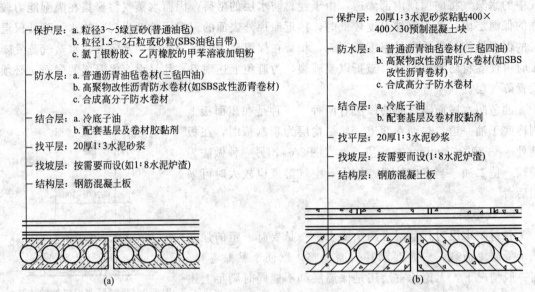

图 5-7 屋面构造实例

（a）无保温不上人屋面；（b）无保温上人屋面

件变形等。当这些变形的综合值超过油毡的极限延伸值时，油毡就会被拉裂以至拉断。

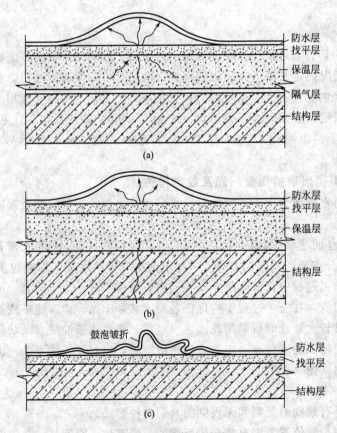

图 5-8 油毡鼓泡原因

（a）隔气层以上的材料湿气蒸发形成鼓泡；（b）太阳照射下，室内透入的水汽蒸发形成鼓泡；（c）鼓泡的皱折和破裂

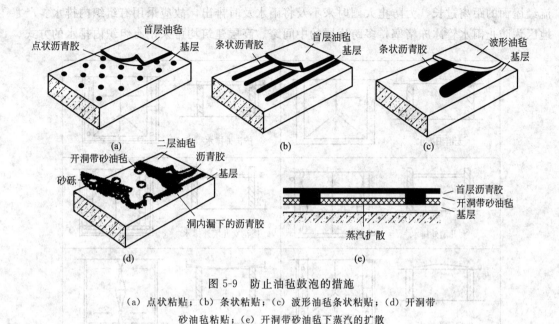

图 5-9　防止油毡鼓泡的措施

（a）点状粘贴；（b）条状粘贴；（c）波形油毡条状粘贴；（d）开洞带

砂油毡粘贴；（e）开洞带砂油毡下蒸汽的扩散

　　无规则的开裂，没有固定位置，形状也无规律，一般是由于下部找平层开裂引起的，或由于绿豆砂保护层脱落，又未能及时刷油补砂，天长日久，油毡也会出现开裂。

　　为防止油毡开裂，可以采用以下两种方法：一种方法是采用延伸率较大的特种油毡；另一种方法是油毡在板端的板缝处局部空铺，使板端由于变形引起且传到防水层上的外力得以扩散（图 5-10）。

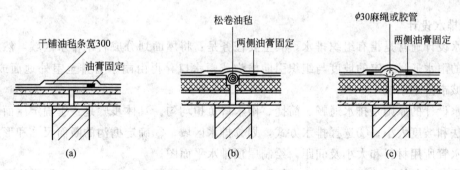

图 5-10　油毡局部空铺

（a）干铺毡条法；（b）埋设毡卷法；（c）抽心空腔法

四、屋面排水方式及排水设计

1. 排水方式

　　屋顶排水方式有无组织排水和有组织排水两大类（图 5-11）。

　　（1）无组织排水　无组织排水又称自由落水。其特点是屋面的雨水经檐口自由落至室外地面。这种做法的构造简单、经济。

　　（2）有组织排水　有组织排水就是屋面雨水通过排水系统，有组织地排至室外地面或地下管沟的一种排水方式。又可分为外排水和内排水两种，一般民用建筑多采用外排水，视其檐口做法又可分为檐沟外排水和女儿墙外排水。由于某些大型公共建筑的屋顶面积大，雨水流经屋面的距离过长，为防止大雨时来不及将雨水及时排出，故应采用有组织内排水。严寒地区为防止雨水管冰冻堵塞，多跨房屋的中间跨、高层建筑均可采用有组织内排水的方式。

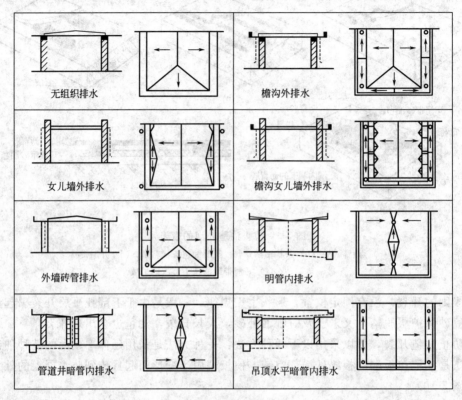

无组织排水　　　　檐沟外排水

女儿墙外排水　　　　檐沟女儿墙外排水

外墙砖管排水　　　　明管内排水

管道井暗管内排水　　　　吊顶水平暗管内排水

图 5-11　屋面排水方式

2. 排水设计

排水设计通常是指有组织排水，其主要任务是：将屋面划分成若干排水区域，然后每个排水区的雨水通过一定的坡度与组织引向檐沟或雨水口，再由雨水管排至室外地面或明沟，并通往城市排水系统。

排水设计的原则是排水通畅、简捷、雨水口负担均匀。具体步骤是：①确定屋面坡度的形成方法和坡度大小；②选择排水方式，划分排水区域；③确定檐沟的断面尺寸和形式；④确定落水管所用材料和大小及间距，绘制屋顶排水平面图。

当降雨量与檐口高度符合表 5-1 条件时，宜采用有组织排水。另外，临街建筑无论檐口多高，为防止雨水冲击行人，均应采用有组织排水。

表 5-1　檐高与有组织排水的关系

地区/mm	檐口离地/m	相邻屋面
年降雨量≤900	8～10	高差≥4m 的高处檐口
年降雨量>900	5～8	高差≥3m 的高处檐口

五、屋面找坡

平屋顶的坡度形成分为材料找坡和结构找坡两种方式（图 5-12）。所谓材料找坡，是在水平的屋面板上面，利用材料厚薄不一形成一定的坡度，找坡材料多用炉渣等轻质材料加水泥或石灰形成，一般设在承重屋面板与防水层或保温层之间。当保温材料为松散状时，也可不另设找坡层，利用保温材料本身形成一定的坡度，材料找坡可使室内获得水平的顶棚面，但材料找坡将会增加屋面自重。

所谓结构找坡，是把支承屋面板的墙或梁作成一定的坡度，屋面板铺设在其上后就形成了相应的坡度。结构找坡省工省料，较为经济，适用于平面形状较为简单的建筑物，否则施工较为复杂。但结构找坡后，室内顶棚为小坡倾斜面，故不适于室内顶棚要求平整的建筑物。

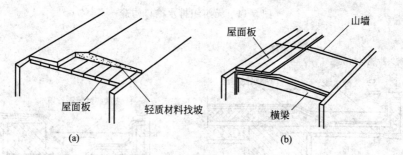

图 5-12　屋面找坡方式
（a）材料找坡；（b）结构找坡

六、卷材防水屋面的细部构造

1. 檐口构造

屋面板伸出墙外部分称为挑檐。按施工形成方式分为现浇与预制两种（图 5-13）。自由落水檐口处的油毡收头为避免开口渗漏，均应采用沥青胶或油膏嵌实（图 5-14）。挑檐沟处的油毡收头可用压砂浆、嵌油膏或插铁卡等方法处理（图 5-15）。

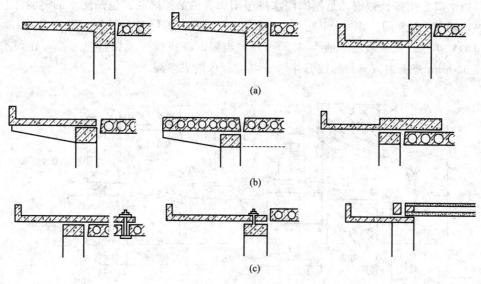

图 5-13　挑檐结构类型
（a）现浇式；（b）预制搁置式；（c）预制螺栓固定式

2. 雨水口构造

雨水口有铁丝罩或铸铁盖雨水口和侧向雨水口之分。前者用于檐沟内，后者用于女儿墙

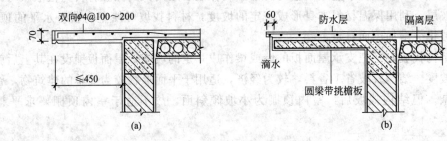

图 5-14 无组织排水檐口构造

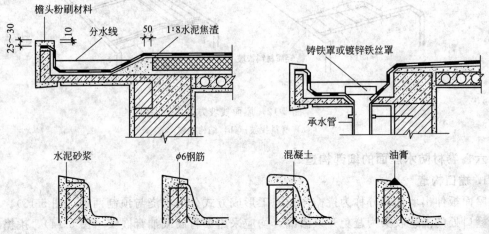

图 5-15 檐沟排水檐口构造

根部。雨水口多用铸铁做成，是屋面雨水排至雨水管的必经之路，也是防水的薄弱环节，处理不好，易造成渗漏。雨水口处应加铺油毡一层，连同防水层一并塞入承水管内（图 5-16），雨水口周围坡度一般为 2‰～3‰，当屋面有找坡层或保温层时，可在雨水口周围直径 500mm 范围内减薄，形成漏斗形，以防有水造成渗漏。

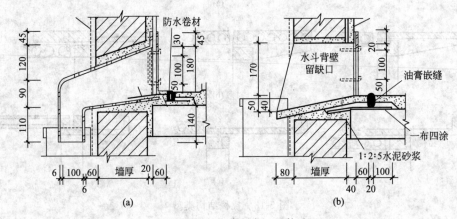

图 5-16 女儿墙雨水口处构造

3. 泛水构造

泛水构造是指屋面与垂直墙面交接处的防水处理，如屋面与女儿墙、高低屋面间的立墙、出屋面的烟道或通风道与屋面的交接处，屋面变形缝处等均应做泛水处理。其方法如下：首先应将防水层下的找平层做至墙面上，转角处做成八字角或圆角，使屋面油毡铺至垂直墙面上时能够贴实，且在转折处不易折裂或折断，油毡卷起高度（也称泛水高度）不少于250mm，以免屋面积水超过油毡而造成渗漏。最后，在垂直墙面上应把油毡上口压住，防止油毡张口，造成渗漏。其做法见图5-17～图5-19。

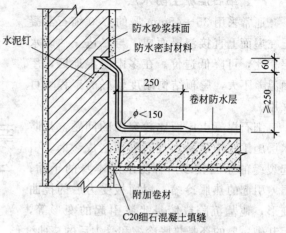

图 5-17　泛水构造（一般的泛水构造）

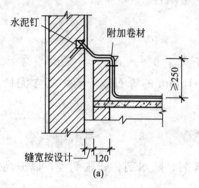

(a)

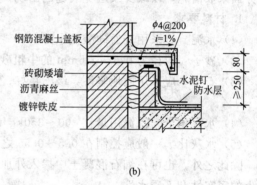

(b)

图 5-18　泛水构造（高低屋面变形缝处泛水构造）

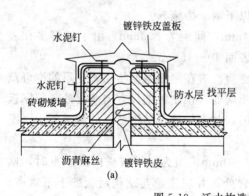

(a)

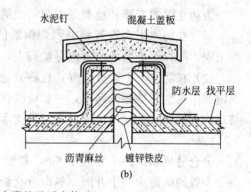

(b)

图 5-19　泛水构造（等高屋面变形缝处泛水构造）

第三节　刚性防水屋面

刚性防水屋面是指以刚性材料作为防水层的屋面，目前常用的刚性防水层有防水砂浆和细石混凝土和配筋细石混凝土等。其原理都是利用材料本身的憎水性和密实性来达到防水目的，其构造层次见图5-20。由于防水砂浆防水层应用范围局限性较大，故这里不作详细介绍。

一、细石混凝土防水层

通常采用 35～45mm 厚的 C20 细石混凝土在屋面上直接浇捣而成,与二毡三油防水层相比,可降低造价。在多雨温湿地区,屋面温差不大,屋顶结构刚度较好的工程均可采用。

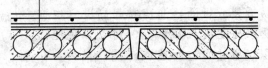

防水层:40厚C20细石混凝土内配φ6.5@100～200双向钢筋网片

隔离层:纸筋灰或低标号砂浆或干铺油毡

找平层:20厚1:3水泥砂浆

结构层:钢筋混凝土板

图 5-20　刚性防水屋面构造层次

细石混凝土屋面比较突出的问题,是防水层施工完毕后易出现裂缝而造成渗漏。引起裂缝的原因较多:有防水层本身的干缩;温差引起的热胀冷缩;屋面板受力后的挠曲变形;地基沉陷或墙身坐浆引起的变形等,但其中主要的还是热胀冷缩和受力后的挠曲变形。针对上述原因,一般可从材料本身与构造两方面采取措施,以减少或避免裂缝的出现,确保防水的可靠性。

1. 材料要求

(1) 水泥　宜采用普通硅酸盐水泥。

(2) 砂子　粒径为 0.3～0.5mm 的中粗砂,含泥量不大于 3%。

(3) 石子　应采用质地坚硬、级配良好、粒径为 5～15mm 的砾石或碎石,其含泥量不大于 1%。

(4) 水泥用量　水泥用量在 300～350kg/m³ 之间。

(5) 水灰比　一般应控制在 0.5～0.55 之间。

除此之外,也可在细石混凝土中掺入外加剂,如加气剂、防水剂、膨胀剂等,以提高混凝土的密实性和不透水性。

2. 防水层内设钢筋网和分仓缝

为防止温差变形和挠曲等引起的裂缝,可采取以下两个措施。

(1) 在防水层内设置钢筋网,钢筋的直径为 φ4mm,间距为 200mm。由于裂缝多在表面出现,所以钢筋网的位置应尽量偏上,一般距上表面 10～15mm。

(2) 在防水层上设分格缝,也称分仓缝。分仓缝应设置在屋面温度年温差变形的许可范围内和结构变形敏感的部位,一般可设在预制板的板端处;预制板铺设方向变化处;预制板与现浇板的相接处;两边支承与三边支承相接处;因这些部位均是结构变形的敏感部位(图5-21)。

分仓缝纵横间距不宜大于 6m,宽度一般为 20～40mm。当为横墙或横向梁承重时,横向分仓缝的间距为一个开间。纵向分仓缝可设在屋脊处,并应注意与结构层板缝上下对齐。所有分格缝都应纵横对齐,不应错缝,以免在错缝处由于变形不一致时产生裂缝(图5-22)。

3. 设浮筑层

为减少结构层变形及温度变化对防水层的不利影响,除蓄水屋面和屋面防水层采用自应力混凝土外,在结构层与防水层之间应设浮筑层(也称隔离层),其目的是使结构层与防水层脱开,以利于适应各自的变形。其做法有两种:一种是在屋面板上先做水泥砂浆找平层,再在找平层上刷一道热沥青或废机油或铺一层废纸等,然后再做防水层;另一种做法是在屋面板上做一可以滑动的黏土或石灰较多的砂浆,或松散材料层(也可用保温层或找坡层代替),然后再在其上面做防水层(图5-23)。

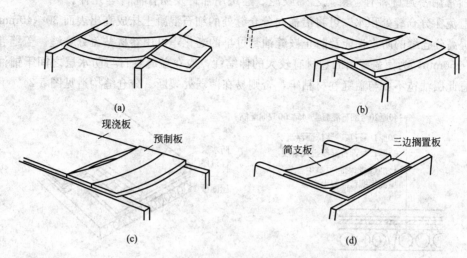

图 5-21　结构变形敏感部位

（a）屋面板支承端的起挠；（b）屋面板搁置方向不同挠度不同；

（c）现浇板与预制板挠度不同；（d）简支与三边搁置挠度不同

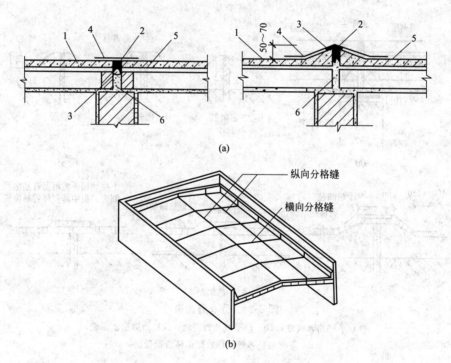

图 5-22　刚性防水屋面分格缝

（a）分隔缝构造；（b）分隔缝的位置

1—刚性防水层；2—密封材料；3—背衬材料；4—防水卷材；5—隔离层；6—细石混凝土

二、细石混凝土防水屋面的细部构造

1. 分仓缝处理

为了适应变形，应将缝内防水层的钢筋网片断开，然后用弹性材料填底，密封材料嵌填缝上口，最后在密封材料的上部铺贴一层防水卷材。

目前常用密封材料有：聚氯乙烯胶泥、建筑用油膏及沥青油膏等几种。

为避免在分仓缝处积水，可将沿横向分仓缝处的细石混凝土抹成高出表面 30～40mm 的凸边。为提高分仓缝的防水性能及防止嵌缝油膏过早的老化，可用卷材贴盖分仓缝。盖缝卷材宽约 100～150mm，为使盖缝用的卷材有较大的伸缩性，应在盖缝卷材与防水层之间干铺油毡一层，注意此层油毡不要与盖缝卷材粘牢，否则易在薄弱处裂断。分仓缝构造见图 5-24。

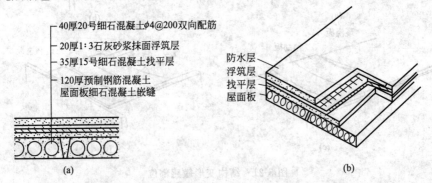

图 5-23　刚性防水屋面设置浮筑层构造

（a）刚性防水屋面浮筑层示例；（b）浮筑屋面构造层次

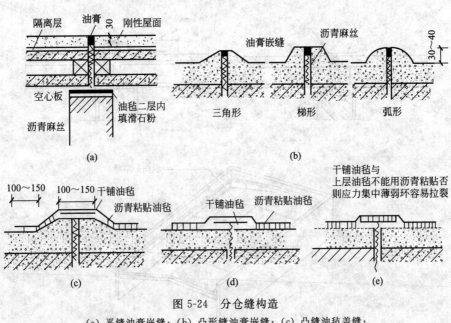

图 5-24　分仓缝构造

（a）平缝油膏嵌缝；（b）凸形缝油膏嵌缝；（c）凸缝油毡盖缝；

（d）平缝油毡盖缝；（e）贴油毡错误做法

2. 泛水处理

最简单的做法是将细石混凝土防水层直接浇在垂直墙面上，应尽量使泛水与防水层一起浇成，不留施工缝，上面用砖挑出 60mm 盖缝 [图 5-25 （a）]。 为了防止建筑物变形而影响泛水处的防水性能，可在与墙连接处填沥青麻丝 [图 5-25 （b）、（c）]。变形缝处泛水做法详见图 5-26。

3. 挑檐做法

自由落水的挑檐，可利用细石混凝土防水层直接现浇而成，挑出长度一般为 450mm。

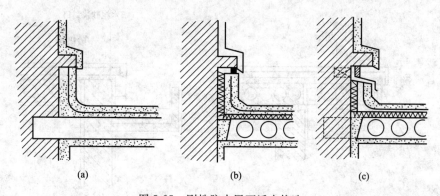

图 5-25　刚性防水屋面泛水构造

（a）挑砖抹滴水线；（b）油膏嵌缝；（c）铁皮盖缝

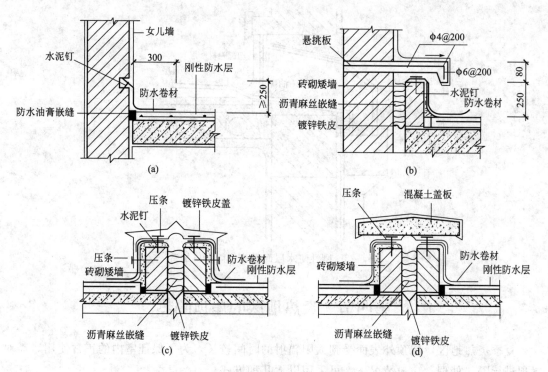

图 5-26　刚性防水屋面变形缝泛水构造

（a）女儿墙泛水；（b）高低屋面变形缝泛水；（c）横向
变形缝泛水之一；（d）横向变形缝泛水之二

如挑出长度需较大时，也可采用挑梁铺屋面板或其他结构方式，同时应将细石混凝土防水层做至檐口处［图 5-27（a）］，并注意处理好檐口滴水。

带檐沟的挑檐，宜采用图 5-27（b）的形式。当屋面板上设有浮筑层时，防水层应伸至檐沟内不少于 60mm，且用 1∶2～1∶3 水泥砂浆封口。

4. 女儿墙雨水口构造

女儿墙雨水口处应加铺油毡一层，油毡伸入雨水口内不少于 100mm，雨水口与防水层的接缝处应采用聚氯乙烯胶泥等优良材料嵌缝（图 5-28）。

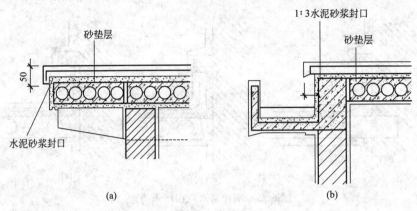

(a)　　　　　　　　　　　　　(b)

图 5-27　刚性防水屋面檐口构造

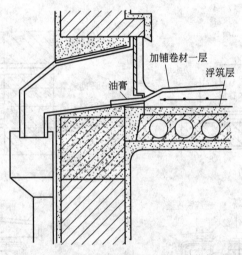

图 5-28　刚性防水屋面女儿墙雨水口构造

第四节　炎热地区的屋顶隔热

夏季炎热地区，屋顶外表面受到太阳辐射的时间较长，为了保证室内的正常使用，需对屋顶进行隔热处理，一般情况下，可采用以下几种方式。

1. 通风隔热屋面

其原理是利用设置在屋顶部分的通风间层，利用风压和热压的作用，带走进入间层中的热量，以减少传入室内的热量（图 5-29）。根据结构层和通风层的相对位置的不同可分为以下两种。

（1）架空通风隔热屋面　这种通风屋面是将通风层设在结构层的上面，一般为架空预制混凝土水平板、大阶砖、混凝土Ⅱ形板、钢丝网水泥折板、钢筋混凝土半圆拱等（图 5-30）。为保证通风降温效果，夏季主导风向较稳定的地区，通风

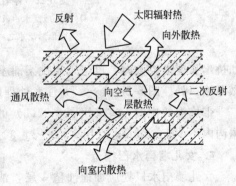

图 5-29　架空屋面通风隔热原理

间层的开口应尽量迎向主导风向，并采用带形定向通风层。带形定向通风层可用砖砌成，也可由架空板自身形成［图5-31（b）］。

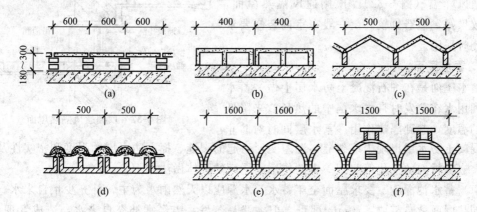

图 5-30　架空通风隔热屋面类型

（a）架空大阶砖或细石混凝土板；（b）架空Π形混凝土板；（c）架空钢丝网水泥折板；

（d）倒槽板上铺小青瓦；（e）架空钢筋混凝土半圆拱；（f）1/4厚砖拱

　　当开口不能迎向夏季主导风向时或主导风向不稳定地区，可用 120mm×120mm×180mm 砖垛架空盖板，此时通风不定向，易形成紊流，影响通风效果［图5-31（c）］。

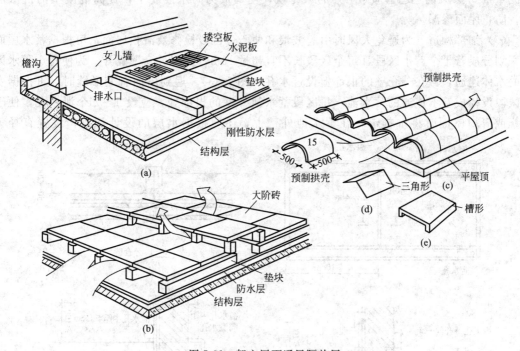

图 5-31　架空屋面通风隔热层

（a）预制水泥板架空隔热层；（b）大阶砖中间出风口；（c）预制拱壳放置在平屋顶上；（d）三角形预制件；（e）槽板形预制件

　　架空层高度 H 值大，隔热效果好，但不宜超过 360mm，否则隔热效果反而降低。一般情况在 120～240mm 之间，屋顶坡度小或房屋进深大时，H 值宜大。当房屋进深大于 10m，应在中部设通风桥。

（2）顶棚通风隔热屋面　利用结构层与室内顶棚形成通风隔热层，并在檐墙处开设通风孔，以利通风降温（图 5-32）。顶棚通风隔热屋面，通风效果好，但造价较高，一般在室内装修要求吊顶棚时采用。

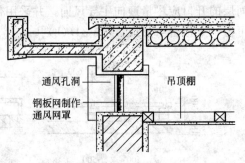

图 5-32　顶棚通风隔热屋面

2. 蓄水屋面

蓄水屋面是在细石混凝土防水层上做一蓄水层，利用水在蒸发时带去水层中的热量，来降低屋面的温度，起到隔热作用。蓄水层同时对防止细石混凝土防水层出现干缩裂缝、温差变形引起的裂缝、提高防水层的强度和密实性及延缓沥青类嵌缝材料的老化等起到一定的作用。屋面的具体做法如下。

（1）蓄水池深度　要求屋面全年蓄水，水源应以天然雨水为主，补充少量自来水。水层厚度如从屋面散热需要，50mm 即可。但太浅易蒸发，需经常补充自来水，造成管理麻烦。为避免水层成为蚊蝇滋生地，需在水中饲养浅水鱼及种植浅水水生植物，这就要求水层应有一定深度。但水层过深，将会过多地增加结构荷载。因此，综合上述因素，一般选用 150～200mm 左右的深度为宜。

（2）防水层　做法同前面所述的细石混凝土防水层，但同时也可在细石混凝土中掺入占水泥重量 0.05% 的三乙醇胺或 1% 的氧化铁，使其成为防水混凝土，提高混凝土的抗渗能力，防止屋面渗漏。

（3）细部构造　为避免大风时引起波浪和便于分区段检修及清扫屋面，可根据蓄水屋面面积划分成若干个蓄水区段，每个区段长不宜超过 10m，且用分仓壁隔开。为使每个蓄水区段的水体连通，可在分仓壁的根部上设过水孔（图 5-33）。遇到屋面有变形缝时，可根据变形区段设计成互不连通的蓄水池。每区段蓄水池外壁的根部处，应设 1～2 个泄水孔，便于检修或清扫屋面时将水排干。在蓄水池外壁上，还应根据水层的设计深度，设置直径为

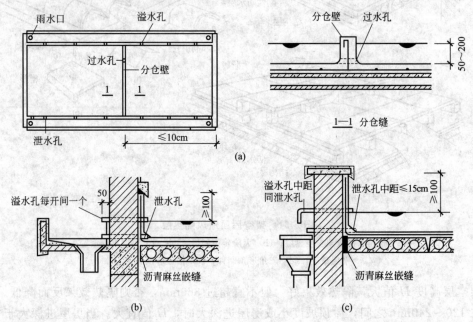

图 5-33　蓄水屋面构造

50mm 的溢水孔，以便排除过多的雨水。当屋面面积较大或降雨较大地区，溢水孔间距宜为 3～4m，而且在檐部应设檐沟，使过多雨水先流入檐沟，再排至雨水管，也可将多余的雨水通过溢水孔直接排入雨水管，此时溢水孔位置应同雨水口相对应。蓄水屋面泛水高度应比水面高出 250mm。

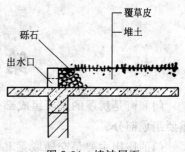

图 5-34　植被屋面

3. 植被屋面

植被屋面是在屋面防水层上用土或其他培养基种植各种绿色植物，利用植物的蒸腾和光合作用，吸收太阳辐射热，以达到隔热作用（图5-34）。植被屋面的防水层做法与前述屋面刚性防水层做法相同，但应进行防腐处理，避免水和肥料渗入混凝土中，腐蚀钢筋。植被屋面增加了结构荷载，并需要有专人管理，否则达不到应有的效果。

思 考 题

1. 屋顶可分为哪些形式？各有何特点？各适用于什么情况？
2. 屋顶设计应满足什么要求？
3. 影响屋顶坡度的因素有哪些？形成坡度的方法有哪些？各有何优缺点？
4. 屋面的排水方式有哪些？各适用于什么条件？
5. 卷材防水屋面有哪些构造层？其做法与要求有哪些？
6. 刚性防水屋面为什么要设隔离层？
7. 刚性防水屋面分格（分仓）缝如何设置？
8. 屋顶的隔热方式有哪些？适用条件是什么？

第六章 门 窗

门和窗是房屋的重要组成部分，是建筑物的围护构件，也是建筑物的外观和室内装饰的重要组成部分。

门的作用主要是交通联系和安全疏散，同时兼有采光与通风作用。窗的作用主要是采光、通风和眺望。按照国家相应的规范要求，一般居住建筑的起居室、卧室的窗户面积不应小于地板面积的1/7；公共建筑方面，学校为1/5，医院手术室为1/2～1/3，辅助房间为1/12。在不同情况下，门和窗还有其他如分隔、保温、隔音、隔火、防水等特殊作用。在设计门窗时，必须根据建筑的使用要求和有关规范来确定其形式、尺寸大小及洞口位置等。造型要美观，构造要坚固、耐久，开启灵活，关闭严密，便于维修和清洁，规格类型尽量统一，并符合现行《建筑模数统一协调标准》的要求，以降低成本和适应建筑工业化生产的需要。

门窗按其制作的材料分有木门窗、钢门窗、铝合金门窗、塑料门窗、塑钢门窗等。门窗的构造各地均有标准图集，如中南建筑标准设计《建筑图集》88ZJ601（常用木门）、98ZJ641（铝合金门）、98ZJ681（高级木门）、88ZJ701（常用木窗）、98ZJ721（铝合金窗）等。

第一节 门

一、门的形式和尺度
1. 门的开启形式（图6-1）

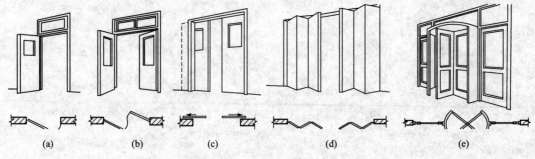

图 6-1 门的基本形式

(a) 平开门；(b) 弹簧门；(c) 推拉门；(d) 折叠门；(e) 转门

（1）平开门　水平开启的门。铰链安在侧边，有单扇、双扇，有向内开、向外开之分。平开门构造简单，开启灵活，应用普遍。

（2）弹簧门　形式同平开门，不同的是弹簧门的侧边用弹簧铰链或下面用地弹簧传动，开启后能自动关闭。应用于需自动关闭的场所，为避免逆向人流相撞，门上应装玻璃，保证通视。

（3）推拉门　可以在上下轨道上水平滑行的门。推拉门有单扇和双扇之分，可以藏在夹墙内或贴在墙面外，根据轨道所处位置的不同，分为上挂式（滑轮位于上面）和下滑式（滑轮位于下面）。推拉门占地少，受力合理，不易变形。需自动关闭的场所，可采用光电式或触电式自动启闭推拉门。

（4）折叠门　为多扇折叠，可以拼合折叠推移到侧边的门。分为门扇侧挂式折叠门和门扇上下设有滑轮和导向装置的推拉式折叠门。应用于两个空间需要扩大联系的门。

（5）转门　为三或四扇连成风车形，在两个固定弧形门套内旋转的门。可阻止内外空气对流，用于空气调节。一般在转门两旁另设平开门或弹簧门，用作疏散或不需空气调节时。

2. 门的尺度

（1）使用　应考虑到人体的尺度和人流量，搬运家具、设备等所需尺寸，以及一些其他特殊需要。例如门厅大门往往由于美观及造型需要，常常考虑加高、加宽门的尺度。

（2）符合门窗洞口尺寸系列　应遵守国家标准《建筑门窗洞口尺寸系列》。门洞口宽和高的标志尺寸规定为：1000mm 以下按 1M 数列（700mm、800mm、900mm、1000mm），1200mm 以上按 3M 数列（1200mm、1400mm、1500mm、1800mm…）。有时门的宽度不符合 3M 数列，而是根据门的实际需要确定。

一般卧室门的门洞宽度为 900mm，厨房、厕所等辅助房间门洞的宽度为 800mm。门洞较窄时（1000mm 以内）可开一扇；1200～1800mm 的门洞，应开双扇；大于 2100mm 时，则应开三扇或多扇。门洞口高度一般应不小于 2000mm。门洞口高度大于 2400mm 时，应设上亮窗。

二、木门的构造

1. 木门的组成

门由门框、门扇、亮子、五金零件及附件组成。木门框由上框、边框、中横框、中竖框组成，一般不设下框；有时设下框，以防风、隔雨、挡水、保温、隔音等。门扇有镶板门、夹板门、拼板门、玻璃门、百叶门和纱门等。亮子又称腰窗，它位于门的上方，起辅助采光及通风的作用。有时有贴脸板和筒子板等附件（见图 6-2）。

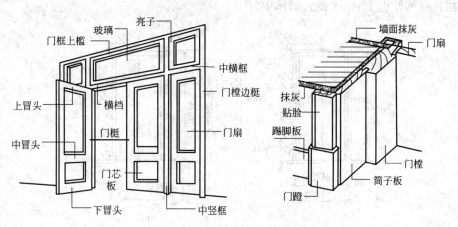

图 6-2　平开木门的构造组成

2. 平开木门的构造

（1）门框　门框断面尺寸与门的总宽度、门扇类型、门扇层数、厚度、重量及门的开启方式等有关，如图 6-3 所示为门的边框、中横框、中竖框尺寸，其中单层门边框为（42～

55)mm ×（90～105）mm，双层门边框为（52～55）mm×（120～132）mm。

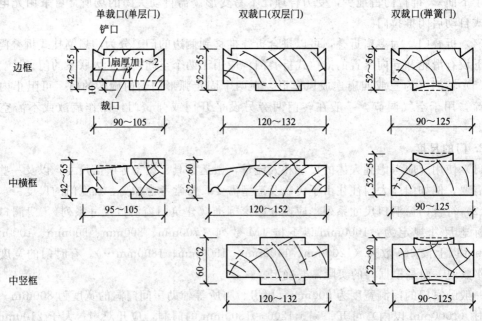

图 6-3　平开木门的门框断面形式和尺寸

　　为了保证门扇与门框的密闭，门框上要裁口，裁口宽度比门扇厚 1～2 mm，裁口厚度一般为 8～10 mm；为便于门框的嵌固和门框与墙体抹灰层的密闭性，在靠墙的一侧常做 1～2 道铲口。门框的安装按施工方法分塞樘（塞口）和立樘（立口）两种，如图 6-4 所示。塞口是将门洞口留出，完成墙体施工后再安装门框，塞口时门的实际尺寸要小于门的洞口尺寸；立口是先将门框立起来，临时固定，待其周边墙身全部完成后，再撤去临时支撑，立口时门窗的实际尺寸与洞口尺寸相同。门框与墙体的连接可采用每边不少于三个、每隔 500～600mm 的预埋木砖（需满涂防腐油）或铁脚，预埋木砖用圆钉与门框固定，立口还可将门的上横框各向外伸出 120mm 砌入墙体中。

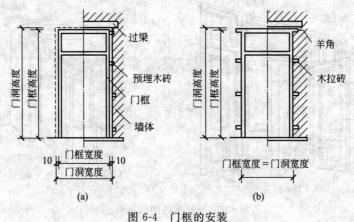

图 6-4　门框的安装
(a) 塞口；(b) 立口

（2）门扇

① 夹板门（图 6-5）夹板门的骨架一般用厚 30mm、宽 30～60mm 的木料做边框，中间

的肋条用厚约 30mm、宽约 10~25mm 的木条，可以是单向排列、双向排列或密肋形式，间距一般为 200~400mm，为使门扇内通风干燥，避免因内外温湿度差产生变形，在骨架上需设通风孔。门扇面板常用胶合板。门扇的构造简单，加工制作方便，应用于一般民用建筑的内门。

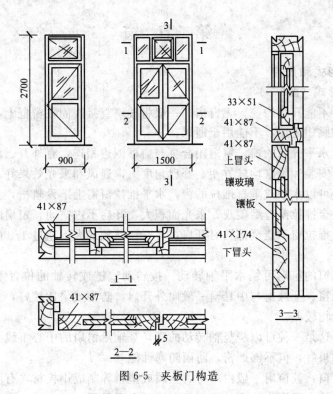

图 6-5 夹板门构造

② 镶板门（图 6-6）镶板门的骨架由边梃、上冒头、中冒头、下冒头组成，在骨架内镶

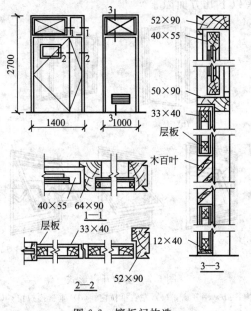

图 6-6 镶板门构造

门芯板，门芯板可为木板、胶合板、硬质纤维板、玻璃、百叶等。门扇的构造简单，加工制作方便，应用于一般民用建筑的内门和外门。

（3）五金零件　木门所用五金零件有：合页（铰链）、插销、撑钩、门锁、拉手和铁三角等。采用品种根据门的大小和装修要求而定。

第二节　窗

一、　窗的形式和尺度

1. 窗的开启形式（图6-7）

（1）固定窗　不能开启的窗，无窗扇。一般将玻璃直接嵌固在窗框上，构造简单，密闭性好，只供采光和眺望之用，不能用于通风。

（2）平开窗　水平开启的窗，窗扇用合页与窗框侧边相连，有外开、内开之分。平开窗构造简单，制作、安装和维修均较方便。开启角度大，通风和采光效果好。

（3）推拉窗　可以水平或垂直推拉的窗。水平推拉窗需上下设轨槽，垂直推拉窗需设滑轮和平衡重。铝合金推拉窗造型美观、采光面积大、开启不占空间，窗扇的受力状态好，适宜安装大玻璃，但推拉窗不能全部同时开启，可开窗面积最大不超过1/2的窗面积，通风面积受限制。

（4）悬窗　悬窗的窗扇可绕水平轴转动。按转动铰链或转轴的位置不同可以分为上悬窗、中悬窗和下悬窗。上悬窗与中悬窗一般向外开启，防雨效果比较好，多用于外墙；而下悬窗通风防水性能均较差。

（5）立转窗　这是一种可以绕竖轴转动的窗。竖轴沿窗扇的中心垂线而设，或略偏于窗扇的一侧。通风效果好，但不够严密，防雨防寒性能差。

此外还有百叶窗，其窗扇一般由木材、金属或塑料等制成小板材，有固定式和活动式两种，其采光效率低，主要用作遮阳、遮视线、防雨和通风等。

2. 窗的尺度

窗的尺度应综合考虑以下几方面因素。

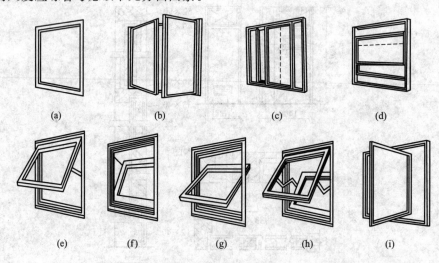

图 6-7　窗的开启形式

（a）固定窗；（b）平开窗；（c）左右推拉窗；（d）垂直推拉窗；（e）上悬窗；

（f）下悬窗；（g）中悬窗；（h）双层悬窗；（i）立转窗

（1）采光　从采光要求来看，根据建筑功能使用要求的不同，窗的面积与房间面积有一定的比例关系。

（2）节能　在《民用建筑节能设计标准（采暖居住建筑部分）》中，明确规定了寒冷地区及其以北地区各朝向窗墙面积比。该标准规定，按地区不同，北向、东西向以及南向的窗墙面积比，应分别控制在 20%、30%、35%左右。窗墙面积比是窗户洞口面积与房间的立面单元面积（即建筑层高与开间定位轴线围成的面积）之比。

（3）符合窗洞口尺寸系列　为了使窗的设计与商业化生产以及施工安装相协调，国家颁布了《建筑门窗洞口尺寸系列》这一标准。窗洞口的高、宽标志尺寸一般应符合 3M 数列，但考虑到某些特殊情况，有时对尺寸也作出适当调整，如以 1400mm、1600mm 作为窗洞高度。

（4）美观　窗是建筑物造型的重要组成部分，窗的尺寸和比例关系对建筑立面感观影响较大。

二、铝合金窗的构造

铝合金窗因其重量轻、密闭性能好、耐腐蚀、色泽美观，目前被广泛应用。

1. 铝合金窗框料系列及产品的命名

铝合金窗产品系列名称是以窗框的厚度构造尺寸来区分的，常用的有 40、50、55、70、90 系列。例如窗框厚度构造尺寸为 90mm，称 90 系列铝合金窗；如中南地区建筑标准设计建筑图集 98ZJ721 中 ATLC90-17，"A"表示"带纱窗扇"、"TCL"表示"推拉铝合金窗"、"90"表示"90 系列"，"17"表示"窗编号为 17"。图 6-8 所示为 55 系列推拉铝合金型材截面图。

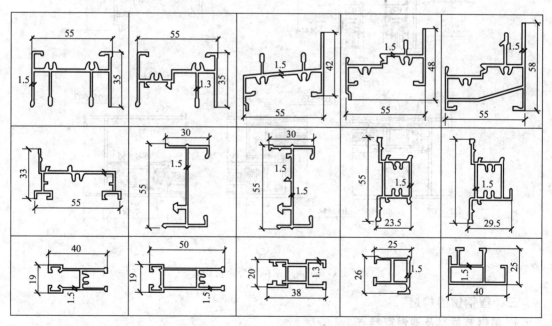

图 6-8　55 系列推拉铝合金型材截面

2. 铝合金窗窗框的安装

铝合金窗安装时宜采用塞口法的施工程序。在抹灰前将窗框立于窗洞处，与墙内预埋件对正，然后用木楔将三边临时固定。校正窗框水平、垂直、无翘曲后用焊接、膨胀螺栓和射钉固定，其固定点不得少于两点。窗框安装好后与窗洞口的缝隙，一般采用软质材料如泡沫塑料条、泡沫聚氨酯条、矿棉毡条和玻璃丝毡条等堵塞，不得将窗外框直接埋入墙体，防止碱对窗框的腐蚀。

3. 铝合金窗的节点构造

铝合金窗的开启方式有平开窗、推拉窗、固定窗、旋转窗等。推拉铝合金窗常用的有55系列、70系列、90系列等。图6-9所示为55系列推拉铝合金窗的构造。

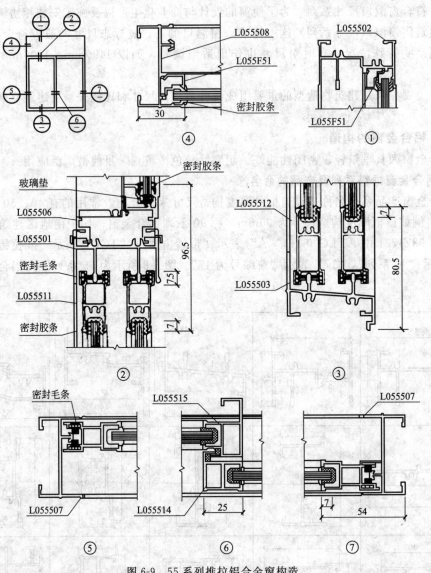

图6-9　55系列推拉铝合金窗构造

三、塑钢窗的构造

1. 塑钢窗框料及塑钢窗特点

塑钢窗是以硬质聚氯乙烯（简称UPVC）为原料，挤压成各种中空异型材，内腔衬以型钢加强筋，并焊接成型。

塑钢窗因其强度高，耐腐蚀，耐冲击性强，气密、水密性好，隔音性能好，电绝缘性好，具有阻燃性，热膨胀低，耐候性佳，隔热性能好，节约能源，美观大方，目前应用普遍，尤其在节能窗中被广泛应用。

2. 塑钢窗的构造和安装

塑钢窗的构造与铝合金窗的构造基本相似。塑钢窗亦采用塞口法安装，塑钢窗在安装前先核准洞口尺寸、预埋木砖位置和数量。安装时必须校正前后、左右的平直度，并按设计要求调整高度和墙面距离，做到横平竖直、高低一律、里外一致，然后用木楔塞紧临时固定。塑钢窗与墙体的固定可采用金属固定片，固定片的位置应距窗角、中竖框和中横框150～200mm，固定片之间的间距应不大于600mm，而且窗框每边固定点不应少于三个。塑钢窗型材系中空多腔，壁薄材质较脆，因此应先钻孔后用塑料膨胀螺钉连接，安装固定检查无误后，在窗框和墙体间的缝隙处填入毛毡卷或泡沫塑料，注意要分层填塞，填塞不宜过紧，以保证塑钢窗安装后可以自由胀缩。对于保温、隔音等级要求较高的工程，应采用密封保温材料、隔音材料填塞。最后在窗框四周内外侧与窗框之间用1∶2水泥砂浆或麻刀白灰浆嵌实、抹平，用嵌缝膏进行密封处理。安装完毕后72h内防止碰撞震动。塑钢窗的构造如图6-10所示。

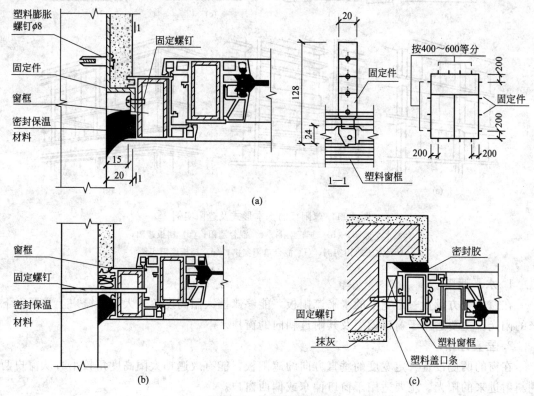

图 6-10　塑钢窗的构造
(a) 连接件法；(b) 直接固定法；(c) 假框法

第三节　遮　阳　构　造

一、遮阳的作用

遮阳是为了防止直射阳光照入室内，减少太阳辐射热，避免夏季室内过热产生眩光以及保护室内物品不受阳光照射而采取的一种保护措施。

二、遮阳的方式

窗帘、百叶窗、窗前绿化、雨篷、挑檐、外廊、阳台等都可以达到一定的遮阳效果。但对一般建筑而言，当室内气温在 29℃以上，太阳辐射强度大于 240kcal/m² · h，阳光照射室内超过 1h，照射深度超过 0.5m 时，应采取遮阳措施。

三、遮阳板的基本形式

窗户遮阳板按其形状和效果可分为：水平遮阳、垂直遮阳、混合遮阳、挡板遮阳等，如图 6-11 所示。

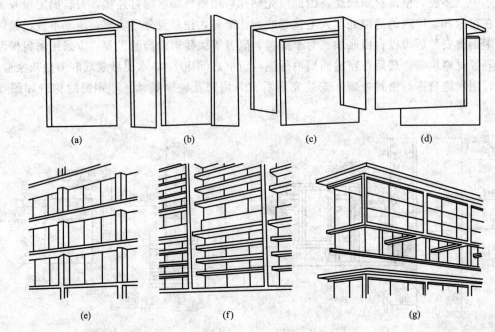

图 6-11　遮阳板的基本形式及遮阳实例
(a) 水平遮阳；(b) 垂直遮阳；(c) 混合遮阳；(d) 挡板遮阳；
(e) 水平遮阳实例；(f) 混合遮阳实例；(g) 挡板遮阳实例

1. 水平遮阳

在窗的上方设置一定宽度的水平遮阳板，能够遮挡太阳高度角较大时从窗户上方照射下来的阳光。主要适用于窗口朝南及其附近朝向的窗户。

2. 垂直遮阳

在窗的两侧设置一定宽度的垂直方向的遮阳板，能有效遮挡太阳高度角较小时从窗户两侧斜射进来的阳光。主要适用于窗口偏东或偏西窗户。

3. 挡板遮阳

在窗户的前方离窗户一定距离设置与窗户平行方向的垂直的遮阳板，能够有效地遮挡太阳高度角较小时从窗户正前方照射进来的阳光。适用于窗口朝东、西及其附近朝向的窗户。挡板遮阳板遮挡了视线和风，为此，可做成百叶式或活动式的挡板。

4. 混合遮阳

由水平遮阳和垂直遮阳综合，既能遮挡太阳高度角较大时从窗户上方照射下来的阳光，也能遮挡太阳高度角较小时从窗户两侧斜射进来的阳光。适用于南向、东南向及西南向的窗户。

思 考 题

1. 门和窗有什么作用?
2. 门和窗按开启方式不同分为哪几种? 门窗的尺度要求是什么?
3. 平开木门的组成和门框的安装方式是什么? 门框的几种安装方式有何不同?
4. 铝合金窗的特点? 各种铝合金窗系列的称谓是如何确定的? 简述铝合金门窗的安装要点。
5. 塑钢窗的特点? 塑钢窗的构造与安装如何?
6. 遮阳的作用是什么? 常用的有哪几种遮阳形式?
7. 现行建筑中应用最多的门窗类型是什么?

第七章 楼 梯

本章主要介绍楼梯的组成、类型、钢筋混凝土楼梯的类型和构造、电梯和自动扶梯、台阶及坡道的形式和构造等。在学习中重点掌握楼梯的组成及类型，现浇钢筋混凝土楼梯的特点及构造。熟悉台阶、坡道与电梯井道的设计要求及构造要求，了解电梯与自动扶梯的组成。

第一节 楼梯的类型、组成与设计要求

一、楼梯的组成

在建筑中，凡布置楼梯的房间称楼梯间。楼梯一般由楼梯段、楼层平台和中间平台、栏杆（或栏板）和扶手三部分组成。图 7-1 是楼梯组成示意。

1. 楼梯段

设有踏步供楼层间上下行走的通道段落，称梯段。楼梯段又称楼梯跑，是楼梯的主要使用和承重部分。它由若干个踏步组成。为使人们上下楼梯时减少疲劳和适应人行的习惯，规范规定每段楼梯的踏步数应不少于 3 步，不多于 18 步。

2. 楼层平台

平台是指联系两个相邻楼梯段之间的水平构件。有楼层平台、中间平台之分。其主要作用在于缓解疲劳，让人们在连续上楼时可在平台上稍加休息，故又称休息平台。同时，多数平台还起梯段之间的转向作用。

3. 栏杆和扶手

栏杆是楼梯段的安全设施，一般设置在梯段的边缘和平台临空的一边，要求坚固可靠，并保证有足够的安全高度。栏杆有实心栏杆和漏空栏杆之分。实心栏杆又称栏板。栏杆上部供人们倚扶的配件称扶手。扶手高度是指踏面中心到扶手顶面的垂直距离。其高度的确定要

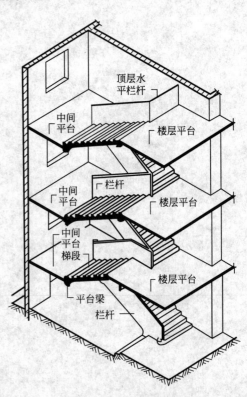

图 7-1 楼梯的组成

考虑人们通行梯段时依扶的方便。一般室内楼梯扶手高度为 900mm，顶层平台的水平安全栏杆扶手高度应适当加高一些，一般不宜小于 1000mm。室外楼梯扶手高度也应适当加高一些，一般不应小于 1050mm。

二、楼梯的类型

楼梯的分类如下。

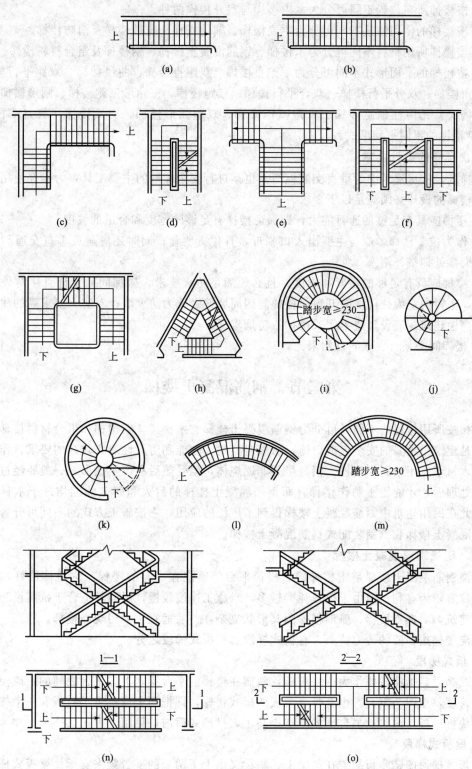

图 7-2　楼梯的平面形式

（a）单跑直楼梯；（b）双跑直楼梯；（c）曲尺楼梯；（d）双跑平行楼梯；（e）双分转角楼梯；（f）双分平行楼梯；

（g）三跑楼梯；（h）三角形三跑楼梯；（i）圆形楼梯；（j）中柱螺旋楼梯；（k）无中柱螺旋楼梯；

（l）单跑弧形楼梯；（m）双跑弧形楼梯；（n）交叉楼梯；（o）剪刀楼梯

① 按楼梯所在位置不同可分为室内楼梯与室外楼梯两种。

② 按楼梯的使用性质不同可分为主要楼梯、辅助楼梯、疏散楼梯及消防楼梯。

③ 按楼梯所用材料不同可分为木楼梯、钢筋混凝土楼梯、钢楼梯及组合材料楼梯。

④ 按楼梯的平面形式不同可分为单跑直楼梯、双跑直楼梯、曲尺楼梯、双跑平行楼梯、双分转角楼梯、双分平行楼梯、双合平行楼梯、三跑楼梯、三角形三跑楼梯、圆形楼梯、中柱螺旋楼梯、无中柱螺旋楼梯、单跑弧形楼梯、双跑弧形楼梯、交叉楼梯、剪刀楼梯等。图 7-2是楼梯的不同平面形式。

三、楼梯的设计要求

楼梯既是楼房建筑中的垂直交通枢纽，也是进行安全疏散的主要工具，为确保使用中的安全，楼梯的设计必须满足以下要求。

① 楼梯应具有足够的通行能力，即保证楼梯有足够的宽度和合适的坡度。

② 作为主要楼梯，应与主要出入口临近，且位置明显；同时还应避免垂直交通与水平交通在交接处拥挤、堵塞。

③ 楼梯应具有足够的强度和刚度，且必须满足防火要求，楼梯间除允许直接对外开窗采光外，不得向室内任何房间开窗；楼梯间四周墙壁必须为防火墙；对防火要求高的建筑物特别是高层建筑，应设计成封闭式楼梯或防烟楼梯。

④ 楼梯间必须有良好的自然采光。

第二节　钢筋混凝土楼梯

楼梯按所用材料的不同，可分为钢筋混凝土楼梯、木楼梯、钢楼梯和组合材料楼梯。由于楼梯是建筑中重要的安全疏散设施，所以对其耐火性能和防火性能有较高的要求。作为燃烧体的木材不宜用来制作楼梯。钢材虽是非燃烧体，但受热后易产生变形，一般要经过特殊的防火处理后，才能用于制作楼梯。而钢筋混凝土楼梯的耐火和耐久性能均好于木材和钢材，因此在民用建筑中钢筋混凝土楼梯得到了广泛的应用，它按施工方式的不同可分为现浇式钢筋混凝土楼梯和预制装配式钢筋混凝土楼梯。

一、现浇钢筋混凝土楼梯

现浇钢筋混凝土楼梯是指楼梯段、楼梯平台等整浇在一起的楼梯。它整体性好，刚度大，对抗震较为有利。但由于模板耗费较多，且施工速度较慢，因而较适合于抗震设防要求较高的建筑，对螺旋楼梯、弧形楼梯因其形状复杂，一般适宜于采用现浇楼梯。

现浇楼梯按梯段的传力特点，有板式梯段和梁板式梯段之分。

1. 板式梯段

板式梯段是指楼梯段作为一块整板，斜搁在楼梯的平台梁之上。平台之间的距离便是这块板的跨度，见图 7-3(a)。也有带平台板的板式楼梯，即把两个或一个平台板和一个梯段组合成一块折形板，这时，平台下的净空提高了，且形式简洁，见图 7-3(b)。

2. 梁板式梯段

梁板式梯段的踏步板搁置在斜梁上，斜梁又由上下两端的平台梁来支承。梁板式梯段在结构布置上有双梁布置和单梁布置之分。双梁式梯段是将梯段斜梁布置在梯段踏步的两端，这时踏步板的跨度便是梯段的宽度。因此这样板跨小，对受力有利，见图 7-4(a)。这种梯梁在板下面的称正梁式梯段。有时为了让梯段底表面平整或者为避免洗刷楼梯时污水沿踏步板

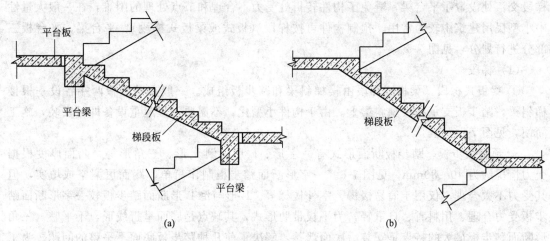

图 7-3　现浇钢筋混凝土板式梯段

(a) 不带平台板的梯段；(b) 带平台板的梯段

端头下淌，弄脏楼梯，常将梯梁反向上面，称反梁式梯段，见图 7-4(b)。

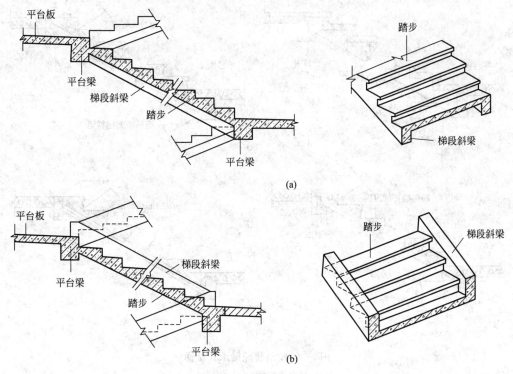

图 7-4　现浇钢筋混凝土梁板式梯段

(a) 正梁式梯段；(b) 反梁式梯段

二、预制装配式钢筋混凝土楼梯

预制装配式钢筋混凝土楼梯有利于节约模板、提高施工速度，在非抗震地区使用较为普遍。预制装配式钢筋混凝土楼梯按其构造方式可分为梁承式、墙承式和墙悬臂式等类型。

1. 梁承式楼梯

梁承式钢筋混凝土楼梯是指梯段由平台梁支承的楼梯构造方式。由于在楼梯平台与斜向梯段交汇处设置了平台梁，避免了构件转折处受力不合理和节点处理的困难，在一般大量性中小型民用建筑中较为常用。预制构件可按梯段（板式或梁板式梯段）、平台梁、平台板三部分进行划分，见图 7-5。

（1）梯段

① 梁板式梯段。梁板式梯段由楼梯斜梁和踏步板组成。一般在踏步板两端各设一根楼梯斜梁，踏步板支承在楼梯斜梁上。由于构件小型化，不需要大型起重设备即可安装，施工简便，见图 7-5(a)。

a. 预制踏步板。踏步板断面形式有一字形、L 形、倒 L 形、三角形等，断面厚度根据受力情况约为 40～80mm，见图 7-6。一字形断面踏步板制作简单，踢面可漏空或填实，但其受力不太合理，仅用于简易楼梯、室外楼梯等。L 形与倒 L 形断面踏步板较一字形断面踏步板受力合理、用料省、自重轻，为平板带肋形式，其缺点是底面呈折线形，不平整。三角形断面踏步板最大的特点是安装后底面严整，解决了前几种踏步板底面不平整的问题。为了减轻踏步自重，常将三角形断面的踏步板抽孔，形成空心构件。

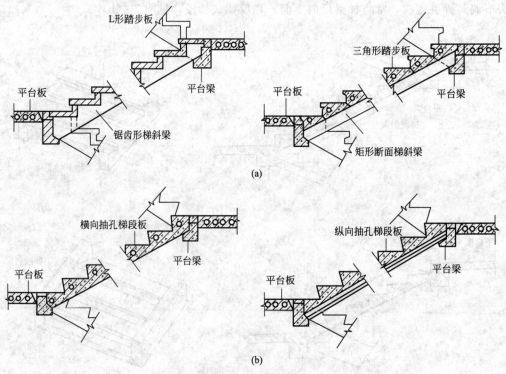

图 7-5 预制装配梁承式楼梯
(a) 梁板式梯段；(b) 板式梯段

b. 楼梯斜梁。楼梯斜梁一般为矩形断面，为了减少结构所占空间，也可做成 L 形断面，但构件制作较为复杂。用于搁置一字形、L 形、倒 L 形断面踏步板的楼梯斜梁为锯齿形变断面构件。用于搁置三角形断面踏步板的楼梯斜梁为矩形等断面构件，见图 7-7。楼梯斜梁一般按 L/12 估算其断面有效高度（L 为楼梯斜梁水平投影跨度）。

② 板式梯段。板式梯段为整块或数块带踏步条板，其上下端直接支承在平台梁上，见图 7-5(b)。由于没有楼梯斜梁，梯段底面平整，结构厚度小，其有效断面厚度可按 L/20～

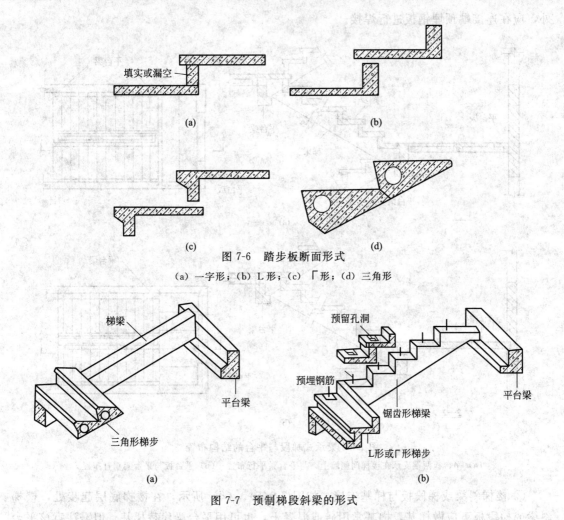

图 7-6　踏步板断面形式

（a）一字形；（b）L 形；（c）「形；（d）三角形

图 7-7　预制梯段斜梁的形式

$L/30$ 估算，由于梯段板厚度小，且无楼梯斜梁，使平台梁位置相应抬高，增大了平台下净空高度。

为了减轻梯段板自重，也可做成空心构件，有横向抽孔和纵向抽孔两种方式。横向抽孔较纵向抽孔合理易行，较为常用，见图 7-5（b）。

（2）平台梁　为了便于支承楼梯斜梁或梯段板，平衡梯段水平分力且减少平台梁所占结构空间，一般将平台梁做成 L 形断面。其构造高度按 $L/12$ 估算（L 为平台梁的跨度）。

（3）平台板　平台板可根据需要采用钢筋混凝土空心板、槽形板或平板。需要注意的是，在平台板上有管道井处，不宜布置空心板。平台板一般平行于平台梁布置，以利于加强楼梯间的整体刚度，当垂直于平台梁布置时，常用小平板，见图 7-8。

（4）构件连接构造　由于楼梯是主要交通部件，对其坚固耐久、安全可靠的要求较高，特别是在地震区建筑中更需引起重视。并且梯段为倾斜构件，必须加强各构件之间的连接，提高其整体性。

① 踏步板与楼梯斜梁的连接。如图 7-9（a）所示，一般在楼梯斜梁支承踏步板处用水泥砂浆坐浆连接。如需加强可在楼梯斜梁上预埋插筋，与踏步板支承端预留孔插接，再用高标号水泥砂浆填实。

② 楼梯斜梁或梯段板与平台梁连接。如图 7-9（b）所示，在支座处除了用水泥砂浆坐浆

外，应在连接端预埋钢板进行焊接。

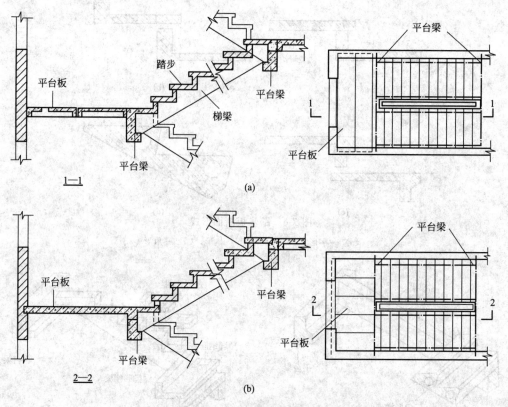

图 7-8　梁承式梯段与平台的结构布置

(a) 平台板两端支承在楼梯间侧墙上、与平台梁平行布置；(b) 平台板与平台梁垂直布置

③ 楼梯斜梁或梯段板与梯基连接　如图 7-9(c)、(d) 所示，在楼梯底层起步处，楼梯斜梁或梯段板下应做梯基，梯基常用砖或混凝土，也可用平台梁代替梯基。但需注意该平台梁无梯段处与地坪的关系。

2. 墙承式楼梯

墙承式楼梯是将预制的踏步板直接搁置在两侧的墙上，如图 7-10 所示。其踏步板一般采用一字形、L 形或倒 L 形断面。

预制装配墙承式钢筋混凝土楼梯由于踏步两端均有墙体支承，不需设平台梁和楼梯斜梁，也不必设栏杆，需要时设靠墙扶手，可节约钢材和混凝土。但由于每块踏步板直接安装在墙体上，对墙体砌筑和施工速度影响较大。这种楼梯由于在梯段之间有墙，搬运家具不方便，同时也阻挡视线，上下人流易相撞。因此通常在中间墙上开设观察口，如图 7-10(a) 所示，以使上下人流视线流通。也可将中间墙两端靠平台部分局部收进，如图 7-10(b) 所示，以使空间通透，有利于改善视线和搬运家具物品。但这种方式对抗震不利，施工也较麻烦。

3. 墙悬臂式钢筋混凝土楼梯

墙悬臂式钢筋混凝土楼梯是指预制钢筋混凝土踏步板一端嵌固于楼梯间侧墙上，另一端凌空悬挑的楼梯形式。

墙悬臂式钢筋混凝土楼梯用于嵌固踏步板的墙体厚度应不小于 240mm，踏步板悬挑长度一般应≤1800mm，以保证嵌固端稳固。

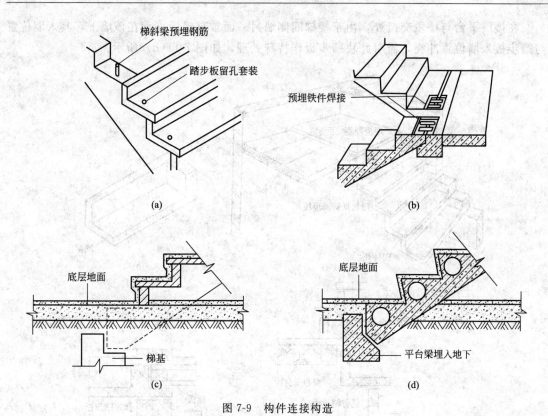

图 7-9　构件连接构造

（a）踏步板与梯斜梁连接；（b）梯段与平台梁连接；（c）楼段与梯基连接；（d）平台梁代替梯基

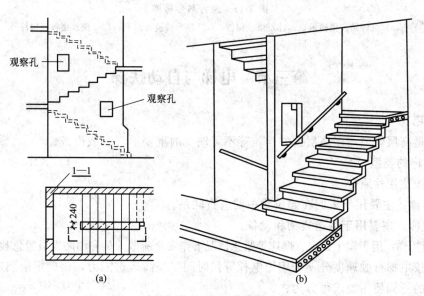

图 7-10　墙承式楼梯

踏步板一般采用 L 形或倒 L 形带肋断面形式，其入墙嵌固端一般做成矩形断面，嵌入深度≥240mm，砌墙砖的强度等级≥MU10，砌筑砂浆强度等级≥M5，如图 7-11（a）、（b）所示。在梯段起步或末步处，根据所采用的踏步断面是 L 形或倒 L 形，需用垫砖处理，如图 7-11（c）所示。

　　在楼层平台与梯段交接处，由于楼梯间侧墙另一面常有楼板支承在该墙上，其入墙位置与踏步板入墙位置冲突，需对此块踏步板作特殊处理，如图 7-11(d) 所示。

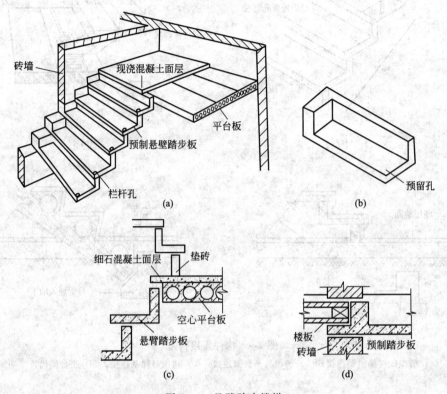

图 7-11　悬臂踏步楼梯
（a）悬臂踏步楼梯示意；（b）踏步构件；（c）平台转换处剖面；（d）预制楼板处构件

第三节　电梯与自动扶梯

一、电梯

电梯是高层住宅与多高层公共建筑等不可缺少的重要垂直运载设备。

1. 电梯的类型

（1）按使用性质分

① 客梯：主要用于人们在建筑物中的垂直联系。

② 货梯：主要用于运送货物和设备。

③ 消防梯：用于发生火灾、爆炸等紧急情况下作安全疏散人员和消防人员紧急救援使用。

（2）按电梯行驶速度分　为缩短电梯等候时间，提高运送能力，需确定恰当速度。根据不同层数的不同使用要求可分为：

① 低速电梯：运送食物电梯常用低速，速度在 1.5m/s 之内。

② 中速电梯：速度在 2m/s 之内，一般货梯按中速考虑。

③ 高速电梯：速度大于 2m/s，梯速随层数增加而提高，消防电梯常用高速。

（3）其他分类　有单台、双台之分，有交流电梯、直流电梯之分，有按轿厢容量分，有按电梯门开启方向分等。

（4）观光电梯 观光电梯是把竖向交通工具和登高流动观景相结合的电梯。透明的轿厢使电梯内外景观相互沟通。

2. 电梯的组成

电梯由下列几部分组成。

（1）电梯井道 电梯井道是电梯运行的通道，井道内包括出入口、电梯轿厢、导轨、导轨撑架、平衡锤及缓冲器等。不同用途的电梯，井道的平面形式不同。

（2）电梯机房 电梯机房一般设在井道的顶部。机房和井道的平面相对位置允许机房任意向一个或两个相邻方向伸出，并满足机房有关设备安装的要求。机房楼板应按机器设备要求的部位预留孔洞。

（3）井道地坑 井道地坑在最底层平面标高下≥1.4m，主要考虑电梯停靠时的冲力，作为轿厢下降时所需的缓冲器的安装空间，如图7-12所示。

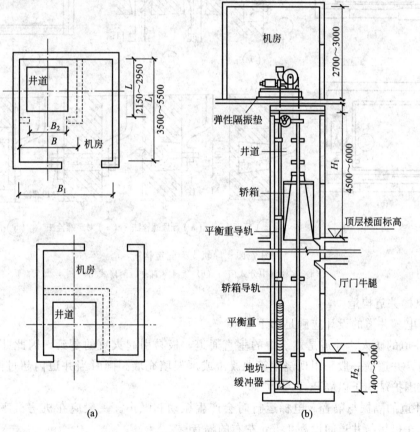

图 7-12 电梯组成
(a) 平面；(b) 通过电梯门剖面（无隔音层）

3. 电梯与建筑物相关部位的构造

（1）井道、机房建筑的一般要求

① 通向机房的通道和楼梯宽度应不小于1.2m，楼梯坡度应不大于45°。

② 机房楼板应平坦整洁，能承受6kPa的均布荷载。

③ 井道壁多为钢筋混凝土井壁或框架填充墙井壁。井道壁为钢筋混凝土时，应预留

150mm 见方、150mm 深的孔洞，垂直中距 2m，以便安装支架。

④ 框架（圈梁）上应预埋铁板，铁板后面的焊件与梁中钢筋焊牢。每层中间设圈梁一道，并需设置预埋铁板。

⑤ 电梯为两台并列时，中间可不用隔墙而按一定的间隔放置钢筋混凝土梁或型钢过梁，以便安装支架。

（2）电梯导轨支架的安装　安装导轨支架分预留插入式和预埋铁件焊接式。导轨支架固定构造如图 7-13 所示。

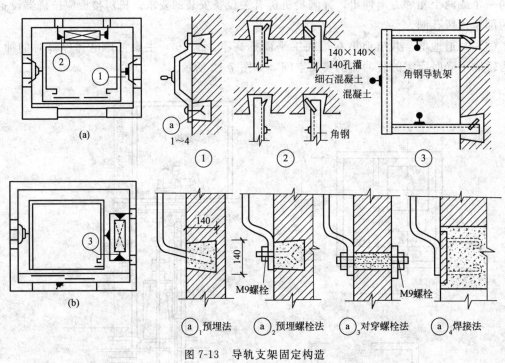

图 7-13　导轨支架固定构造
(a) 客梯（中分式门）；(b) 货梯（直分、两扇式门）

4. 电梯井道构造

（1）电梯井道的设计应满足如下要求

① 井道的防火。井道是建筑中的垂直通道，极易引起火灾的蔓延，因此井道四周应为防火结构。井道壁一般采用现浇钢筋混凝土或框架填充墙。同时当井道内超过两部电梯时，需用防火围护结构予以隔开。

② 井道的隔振与隔音。电梯运行时会产生振动和噪声。一般应在机房机座下设弹性垫层隔振；在机房与井道间设高 1.5m 左右的隔音层。

③ 井道的通风。为使井道中空气流通，火警时能迅速排除烟和热气，应在井道底部和中部适当位置（高层时）及地坑等处设置不小于 300mm×600mm 的通风口，上部可以和排烟口结合，排烟口面积不少于井道面积的 3.5%。通风口总面积的 1/3 应经常开启。通风管道可在井道顶板上或井道壁上直接通向室外。

④ 其他　地坑要注意防水、防潮处理；坑壁应设爬梯和检修灯槽。

（2）电梯井道细部构造　电梯井道的细部构造包括厅门门套装修及门的牛腿处理，导轨撑架与井壁的固结处理等。

　　电梯井道可用砖砌并设钢筋混凝土圈梁，但大多为钢筋混凝土结构。井道各层的出入口即为电梯间的厅门，在出入口处的地面应向井道内挑出一牛腿。

　　由于厅门系人流或货流频繁经过的部位，故不仅要求做到坚固适用，而且还要满足一定的美观要求。具体的措施是在厅门洞口上部和两侧装上门套。门套装修可采用多种做法，如水泥砂浆抹面、贴水磨石板、大理石板以及硬木板或用金属板贴面。除金属板为电梯厂定型产品外，其余材料均为现场制作或预制。各种门套的构造处理如图 7-14 所示。

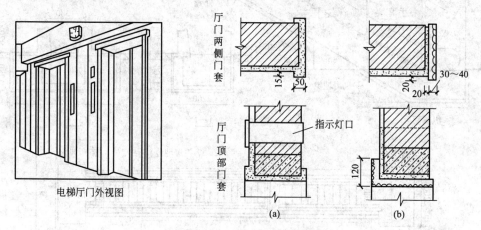

图 7-14　电梯厅门门套装修构造
(a) 水泥砂浆门套；(b) 水磨石门套

　　厅门牛腿位于电梯门洞下缘，亦即乘客进入轿厢的踏板处，牛腿出挑长度随电梯规格而变，通常由电梯厂提供数据。牛腿一般为钢筋混凝土现浇或预制构件，其构造如图 7-15 所示。

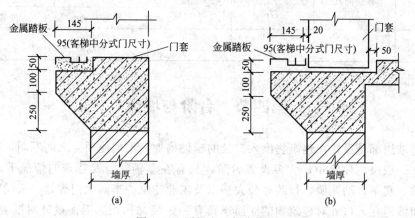

图 7-15　厅门牛腿部位构造

二、自动扶梯

　　自动扶梯适用于有大量人流上下的公共场所，如车站、超市、商场、地铁站等。自动扶梯可正、逆两个方向运行，可作提升或下降使用，机器停转时可作普通楼梯使用。

　　自动扶梯是电动机械牵动梯段踏步连同栏杆扶手带一起运转。机房悬挂在楼板下面，自动扶梯基本尺寸如图 7-16 所示。

　　自动扶梯的坡度比较平缓，一般采用 $30°$，运行速度为 $0.5 \sim 0.7\mathrm{m/s}$，宽度按输送能力有单人和双人两种。其型号规格见表 7-1。

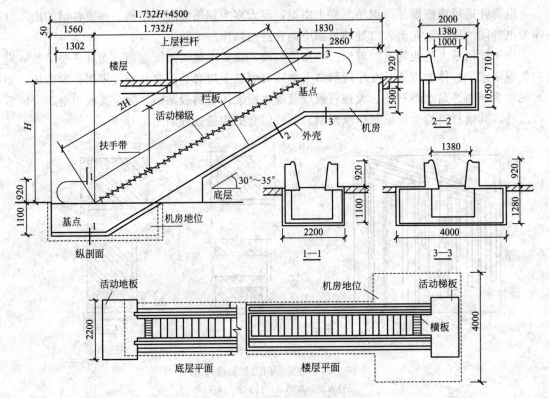

图 7-16　自动扶梯基本尺寸

表 7-1　自动扶梯型号规格

梯型	输送能力 /(人/h)	提升高度 H/m	速度 /(m/s)	扶梯宽度	
				净宽 B/mm	外宽 B_1/mm
单人梯	5000	3～10	0.5	600	1350
双人梯	8000	3～8.5	0.5	1000	1750

第四节　台阶与坡道

台阶与坡道都是设置在建筑物出入口处的辅助构件，根据使用要求的不同，在形式上有所区别。在一般民用建筑中，大多设置台阶，只有在车辆通行及特殊的情况下，才设置坡道，如医院、宾馆、幼儿园、行政办公大楼以及工业建筑的车间大门等处一般设置坡道。

台阶和坡道在入口处对建筑物的立面还具有一定装饰作用，因而设计时既要考虑实用，还要注意美观。

一、台阶与坡道的形式

台阶由踏步和平台组成。其形式有三面踏步式、单面踏步式等，见图 7-17 (a)、(b)。

台阶坡度较楼梯平缓，每级踏步高为 100～150mm，踏步宽为 300～400mm。当台阶高度超过 1m 时，宜做护栏设施。

坡道多为单面坡形式，极少三面坡的，坡道坡度应以有利推车通行为佳，一般为 1/10～1/8，也有 1/30 的，见图 7-17(c)。还有些大型公共建筑，为考虑汽车能在大门入口处通行，常采用台阶与坡道相结合的形式，见图 7-17(d)。

二、台阶构造

室外台阶的平台应与室内地坪有一定高差，一般为 40～50mm，而且表面需向外倾斜，以免雨水流向室内。

台阶构造与地坪构造相似，由面层和结构层组成。结构层材料应采用抗冻、抗水性能好且质地坚实的材料，常见的台阶基础有就地砌造、勒脚挑出、桥式三种。台阶踏步有砖砌踏步、石砌踏步、混凝土踏步、钢筋混凝土踏步四种。高度在 1m 以上的台阶需考虑设栏杆或栏板，见图 7-18。

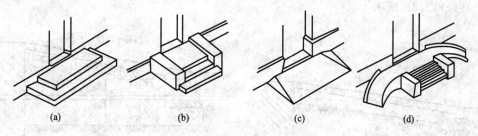

图 7-17　台阶与坡道的形式

（a）三面踏步式；（b）单面踏步式；（c）踏步坡道结合式；（d）台阶与坡道结合式

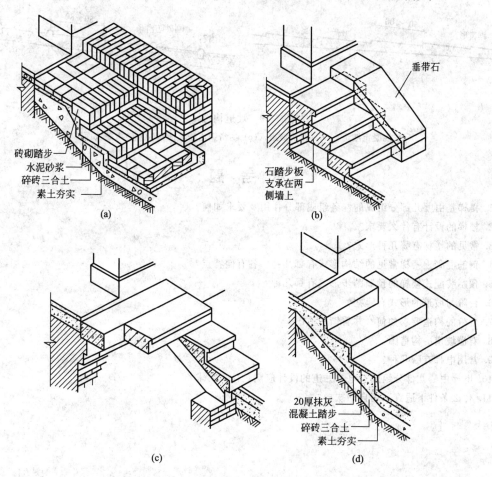

图 7-18　各式台阶构造示意

（a）砖台阶；（b）石台阶；（c）桥式台阶；（d）混凝土台阶

　　台阶面层应采用耐磨、抗冻材料。常见的有水泥砂浆、水磨石、缸砖以及天然石板等。水磨石在冰冻地区容易造成滑跌，故应慎用，若使用时必须采取防滑措施。缸砖、天然石板等多用于大型公共建筑大门入口处。

　　为预防建筑物主体结构下沉时拉裂台阶，应待主体结构有一定沉降后，再做台阶。

三、坡道构造

　　坡道材料常用的有混凝土或石块等，如图 7-19（a）、（b）所示。面层也以水泥砂浆居多。对经常处于潮湿、坡度较陡或采用水磨石作面层的，在其表面必须作防滑处理。其构造如图 7-19（c）、（d）所示。

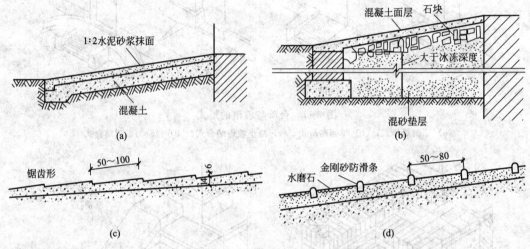

图 7-19　坡道构造
（a）混凝土坡道；（b）石块坡道；（c）防滑锯齿槽坡面；（d）防滑条坡面

思　考　题

1. 楼梯是由哪几部分组成的？各组成部分作用及要求如何？
2. 楼梯的设计有什么要求？
3. 常见的楼梯有哪几种形式？
4. 钢筋混凝土楼梯常见的结构形式有哪几种？各有何特点？
5. 预制装配式楼梯的预制踏步形式有哪几种？
6. 台阶与坡道的形式有哪些？
7. 台阶的构造要求如何？并看懂构造图。
8. 看懂坡道的构造图。
9. 常用电梯有哪几种？
10. 电梯由哪几部分组成？电梯井道的设计应满足什么要求？
11. 什么条件下适宜采用自动扶梯？

第八章 变 形 缝

由于温度变化、地基不均匀沉降和地震等因素影响，易使房屋产生裂缝和破坏，为此事先设置变形缝，将房屋划分成独立的变形单元自由变形，是防止房屋产生裂缝和破坏的有效措施。变形缝包括伸缩缝（温度缝）、沉降缝和防震缝三种，变形缝构造各地均有标准图集。

本章主要介绍变形缝（包括伸缩缝、沉降缝和抗震缝）的构造与设置原则、影响因素、基础沉降缝的构造处理方式，以及变形缝在实际中的作用。

第一节 伸 缩 缝

当建筑物长度超过一定限度时，为防止建筑物因温度变化引起胀缩变形，而产生开裂或破坏。这种因温度变化而设置的缝隙称为伸缩缝或温度缝。

一、伸缩缝的设置

由于基础部分埋于土中，受温度变化的影响相对较小，故伸缩缝是将基础以上的房屋构件全部断开。伸缩缝宽一般为 20～30mm，伸缩缝的间距与房屋的结构类型、房屋或楼盖的类别以及使用环境等因素有关，砌体结构与钢筋混凝土结构伸缩缝的最大间距分别如表 8-1、表 8-2 所示。

表 8-1 砌体结构伸缩缝的最大间距

屋盖或楼盖类别		间距/mm
整体式或装配整体式钢筋混凝土结构	有保温层或隔热层的屋盖、楼盖	50
	无保温层或隔热层的屋盖	40
装配式无檩体系钢筋混凝土结构	有保温层或隔热层的屋盖、楼盖	60
	无保温层或隔热层的屋盖	50
装配式有檩体系钢筋混凝土结构	有保温层或隔热层的屋盖	75
	无保温层或隔热层的屋盖	60
瓦材屋盖、木屋盖或楼盖、轻钢屋盖		100

表 8-2 钢筋混凝土结构伸缩缝的最大间距

单位：mm

结构类别		室内或土中	露天
排架结构	装配式	100	70
框架结构	装配式	75	50
	现浇式	55	35
剪力墙结构	装配式	65	40
	现浇式	45	30
挡土墙、地下室墙壁等类结构	装配式	40	30
	现浇式	30	20

二、伸缩缝的构造

1. 墙体伸缩缝构造

墙体伸缩缝一般做成平缝、错口缝、企口缝，如图 8-1 所示。平缝构造简单，但不利于保温隔热，适用于厚度不超过 240mm 的墙体，当墙体厚度较大时应采用错口缝或企口缝。

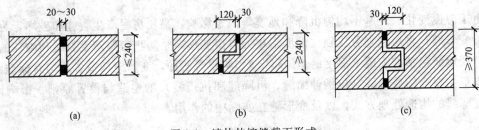

图 8-1 墙体伸缩缝截面形式

(a) 平缝；(b) 错口缝；(c) 企口缝

为防止自然界风霜雨雪等通过伸缩缝对墙体及室内环境的侵蚀，需对墙体伸缩缝进行构造处理，如图 8-2 所示，以达到防风霜、防雨雪、节能保温的要求。外墙缝内填塞可以防水、防腐蚀的弹性材料，如沥青麻丝、沥青木丝板、泡沫塑料条、橡胶条、油膏等弹性材料与金属调节片。外墙封口可用镀锌铁皮、铝皮做盖缝处理，内墙可用金属板或木盖缝板作为盖缝。在盖缝处理时，应注意缝与所在墙面相协调。所有填缝及盖缝材料和构造应保证结构在水平方向自由伸缩而不破坏。

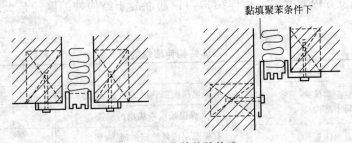

图 8-2 外墙伸缩缝构造

2. 楼地层伸缩缝构造

楼地层伸缩缝的位置和大小，应与墙体伸缩缝一致。大面积的地面还应适当增加伸缩缝。楼地层伸缩缝应从基层到面层全部断开，保证其自由伸缩，同时保证地面层和顶棚美观。缝内可堵塞嵌缝膏，上盖钢板或硬橡胶板，如图 8-3 所示。

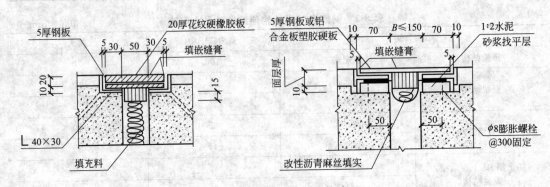

图 8-3 楼地层伸缩缝构造

3. 顶棚伸缩缝构造

顶棚的盖缝板以单边固定为宜，这样可以保证构件两端自由伸缩变形，如图 8-4 所示。

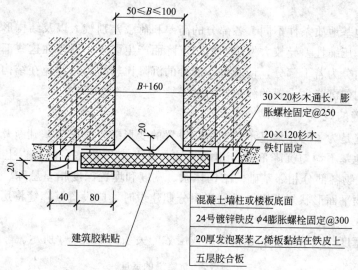

图 8-4　顶棚伸缩缝构造

4. 屋顶伸缩缝构造

屋顶伸缩缝分为高低屋面交接和平齐等高屋面交接两种情况。屋顶伸缩缝的构造要满足防水和变形要求，其防水构造常采用的是泛水处理和表面做盖缝板且盖缝板的构造要满足变形要求，如图 8-5 所示。

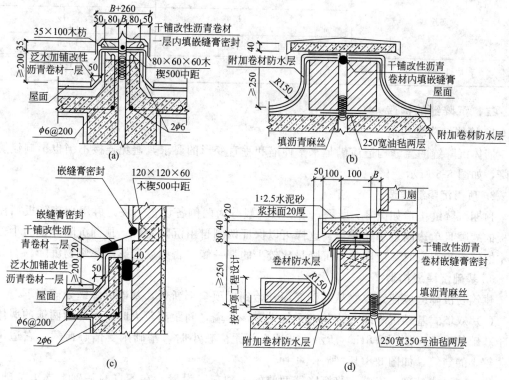

图 8-5　屋顶伸缩缝构造

（a）镀锌铁皮盖横缝；（b）钢筋混凝土板盖横缝；（c）镀锌铁皮盖纵缝；（d）钢筋混凝土板盖纵缝

第二节 沉 降 缝

当建筑物地基地质条件不同、各部分的高差和荷载差别较大以及结构形式不同时，为防止建筑物因地基压缩性差异较大发生不均匀沉降而产生裂缝，通常在这些部位设置缝隙将建筑物沿垂直方向分为若干部分，使其每一部分的沉降比较均匀，避免在结构中产生额外的应力。这种因不均匀沉降而设置的缝隙称为沉降缝。

一、沉降缝的设置

由于沉降缝是为了防止地基不均匀沉降设置的变形缝，故应从基础断开。如过长建筑物的适当部位、地基不均匀沉降部位、相邻建筑各部分高度相差在两层以上或部分高差超过10m、同一建筑物各部分相邻基础的结构体系、宽度和埋置深度相差悬殊、建筑物的基础类型不同、建筑物平面形状复杂以及毗邻房屋分期建设时，应设置沉降缝将房屋平面划分成几个独立的单元。

沉降缝的宽度与地基情况和建筑高度或层数的关系，如表 8-3 所示。

表 8-3　沉降缝的宽度

地基性质	房屋高度	沉降缝宽度/mm
一般地基	$H<5m$	30
	$H=5\sim10m$	50
	$H=10\sim15m$	70
软弱地基	2~3 层	50~80
	4~5 层	80~120
	6 层及 6 层以上	>120
湿陷性黄土地基	.	30~70

二、沉降缝的构造

1. 墙体沉降缝构造

墙体沉降缝的盖缝构造应满足水平伸缩和垂直变形的要求，避免连接不当也影响建筑物沉降，如图 8-6 所示。

2. 顶棚沉降缝构造

顶棚沉降缝构造如图 8-7 所示，盖缝板一般分为两侧各设置一块，再用小盖缝板挡住两侧板的缝隙且单边固定小盖缝板，这样可以保证两侧自由沉降变形。顶棚沉降缝中的小盖缝板木螺钉单边固定时，应固定在沉降量比较少的那一侧，否则就会影响建筑物沉降。

3. 基础沉降缝构造

建筑物沉降缝应使建筑物从基础底面开始到屋顶全部断开，基础沉降缝处理如下。

（1）双墙式基础沉降缝　将基础平行设置，两墙之间距离较大时，沉降缝两侧的墙体均位于基础的中心，如图 8-8(a) 所示。两墙之间距离较小时，基础则受偏心荷载，它适用于荷载较小的建筑，如图 8-8(b) 所示。

（2）交叉式基础沉降缝　将沉降缝两侧的基础交叉设置，在各自的基础上支承基础梁，墙砌筑在基础梁上，它适用于荷载较大的建筑，如图 8-9 所示。

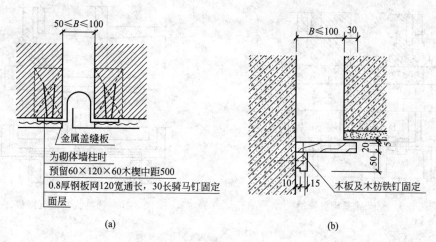

图 8-6　墙体沉降缝构造

（a）外墙；（b）内墙

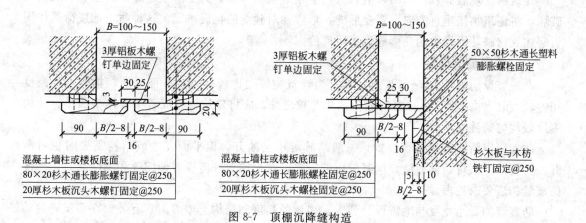

图 8-7　顶棚沉降缝构造

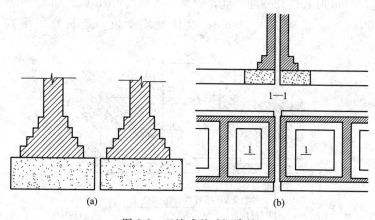

图 8-8　双墙式基础沉降缝

（3）悬挑式基础沉降缝　沉降缝一侧采用挑梁支承基础梁，在基础梁上砌墙，如图8-10所示。

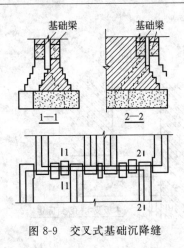

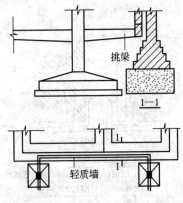

图 8-9 交叉式基础沉降缝   图 8-10 悬挑式基础沉降缝

第三节 防 震 缝

建筑物受地震荷载作用的影响，会产生裂缝甚至破坏。为了防止裂缝的发生和建筑物的破坏，将建筑物按垂直方向设置变形缝，形成相对独立的抗震单元。这种防止地震荷载作用引起建筑物破坏而设置的变形缝称为防震缝。

一、防震缝的设置

在地震设防烈度为7～9度的地区，当建筑物体型比较复杂或各部分的结构刚度、高度相差较大时（高差在6m以上）或荷载相差较悬殊，应将建筑物分成若干个体型简单、结构刚度较均匀的独立单元。

防震缝应沿建筑物全高设置，一般基础可不必断开，但平面复杂或结构需要时也可断开。防震缝一般可与伸缩缝、沉降缝协调布置，在地震地区需设置伸缩缝和沉降缝时，须按防震缝构造要求处理。

防震缝的最小宽度与地震设计烈度、房屋的高度和结构类型等因素有关。在多层砖混结构中，缝宽一般为50～70mm。在多层钢筋混凝土框架结构中建筑物高度在15m以下时，取70mm；当超过15m时，设计烈度7度，建筑物每增高4m，缝宽加大20mm；设计烈度8度，建筑物每增高3m，缝宽加大20mm；设计烈度9度，建筑物每增高2m，缝宽加

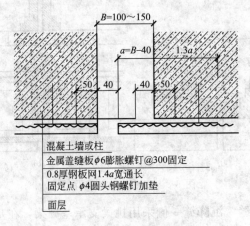

图 8-11 墙体抗震缝构造

大 20mm。

二、防震缝的构造

防震缝与伸缩缝和沉降缝的构造基本相同，但不应做错口或企口缝，防震缝一般只作盖缝处理，缝内一般不填充任何材料以免影响变形要求。图 8-11 所示为墙体抗震缝构造。

思 考 题

1. 变形缝的作用是什么？有哪些类型？
2. 伸缩缝如何设置，其宽度一般为多少？伸缩缝的间距与哪些因素有关？
3. 沉降缝如何设置？沉降缝的宽度与哪些因素有关？
4. 防震缝如何设置？防震缝的宽度与哪些因素有关？
5. 基础沉降缝构造处理有哪几种？
6. 绘制墙体的伸缩缝、沉降缝、防震缝构造图，并指出它们的区别？
7. 查阅标准图集变形缝构造做法。
8. 调查了解现行建筑中各种变形缝的一些构造做法。

第二篇 工业建筑构造

第九章 工业建筑构造概述

工业建筑是指用于从事工业生产的各种房屋，一般称厂房。其中用于产品生产和制造的称为车间。工业建筑与民用建筑在设计原则、建筑用料和建筑技术等方面有许多共同之处，但在设计构造满足使用、生产荷载、室内采光、屋面排水、工艺要求等方面工业建筑又有自身特点。

第一节 工业建筑的特点、分类与结构组成

一、工业建筑的特点

工业建筑与民用建筑都有建筑共性，但由于工业建筑直接为工业生产服务，因此又具有自身的特点。

1. 厂房首先要满足生产工艺要求

为提高产品的质量和生产效率，并为工人创造良好的劳动卫生条件，厂房的设计是在工艺设计人员提出的工艺设计图的基础上进行的，首先要满足工艺流程的需要。由于工业生产类别繁多，各类工业生产都具有不同的生产工艺和特征，故对工业建筑也有不同的要求，相应厂房设计也不相同。

2. 厂房一般要求有较大的空间只能承受较大的荷载

厂房空间应能满足生产工艺流程的需要，并能容纳设置各种相关的生产设备。厂房内设备多、体量大、各部分生产联系紧密，有的有笨重的机器设备和起重运输设备（吊车）等。例如，有桥式吊车的厂房，室内净高一般均在 8m 以上；有些大型车间长达数百米甚至上千米；飞机装配车间跨度可达 36m 以上甚至 100m。同时厂房结构要求承受较大的静、动荷载及震动和撞击荷载。

3. 厂房的屋顶构造复杂

当厂房的宽度较大时，为满足室内采光和通风的需要屋顶往往设天窗。大屋面的防排水、各种伸缩缝及屋面支撑等，这些构造和设施均使屋顶构造复杂。

4. 厂房的物理环境要求

有的厂房为了保证生产正常，要求保持一定的温、湿度或要求具备一定的空气洁净度，有的厂房对防振、防爆、防生物和微生物、防辐射有要求。有的厂房在生产过程中会散发大量的余热、烟尘、有害气体，有侵蚀性的液体以及生产噪声。厂房设计必须考虑相应技术措施。

5. 设备工艺及流线复杂

厂房内一般均有设备、吊车等，生产过程需要上下水、热力、压缩空气、煤气、氧气和

电力供应，相应各种管道繁多。设计时应考虑管网的敷设、各管道管径和走向。生产过程中有大量的原料、加工零件、半成品、成品、废料均有各自流线。

二、工业建筑的分类

工业建筑分类可归纳为以下几种。

1. 按厂房的用途分

（1）主要生产厂房 是指工厂中加工产品的主要车间。一般建筑面积较大、职工人数较多，在全厂中占主要地位。如机械制造厂中机械加工车间和机械装配车间。

（2）辅助生产厂房 为主要生产厂房服务不直接加工产品的厂房建筑。如机械制造厂中工具车间、模型车间等。

（3）动力用厂房 为全厂提供能源和动力的场所，对全厂生产特别重要。如发电站、变电所、锅炉房、煤气站、压缩空气站等。

（4）仓储建筑 储存原材料、半成品、成品的建筑。不同储存物质对仓储建筑要求不同，如油料库要求防火，新鲜食品库要求保鲜，药品库要求防潮等。

（5）运输用建筑 管理、储存及检修交通运输的建筑，如汽车库、消防车库、起重车库等。

2. 按内部生产状况分

（1）洁净车间 为了保证产品质量，在生产过程中对室内空气洁净度要求很高的车间。要求控制单位体积中微尘的颗粒数，此类车间有严格的流线和通风排气设计，厂房的维护结构也要求保证严密，大部分在车间外另有一道维护结构。如制药车间、集成电路车间等。

（2）热加工车间 产品生产过程中散发大量的热量、烟尘，车间内部温度较高有的处于红热加工状态。如炼钢、锻工、轧钢车间等。

（3）冷加工车间 在正常的温、湿度条件下生产的车间。如机械加工车间、机械装备车间等。

（4）恒温恒湿车间 产品生产过程中对温度和湿度要求高，允许波动范围很小的车间。如酿造、精密仪器车间等。

（5）其他车间 如有腐蚀性介质的车间、易燃易爆车间、防辐射车间、防电磁波车间、防微震车间等各种有特殊要求的车间。

3. 按层数分

（1）单层厂房 主体建筑为一层的厂房（图9-1），在厂房中占大多数。这类厂房便于在地平面组织流线和工艺流程；有利于减少设备震动对建筑的破坏；各种荷载可直接传给地基；对地沟、地坑、设备基础有较大的适应性。但占地面积大，不利于土地集约使用，体型系数大不利于节能，各种工程管线过长。单层厂房又分单跨和多跨，对跨度要求不太高的情况下多跨厂房使用较多，跨度要求较高如飞机装配车间等一般采用大跨度的单跨厂房。

（2）多层厂房 主体建筑为两层及以上的厂房（图9-2）。这类厂房占地少，在用地紧张区及老厂房扩建时可优先考虑，并适用于垂直方向组织生产工艺流程的需要和荷载较轻的工厂，如电子、仪表等。

（3）层次混合的厂房 主体建筑内局部为单层局部为多层的建筑（图9-3）。

三、工业建筑的结构组成

厂房可分为承重墙结构与骨架承重结构，目前广泛采用骨架承重结构。骨架承重结构由柱子、梁、屋架等组成（图9-4）。根据屋架与柱子、柱子与基础的连接方式又分排架结构和刚架结构。

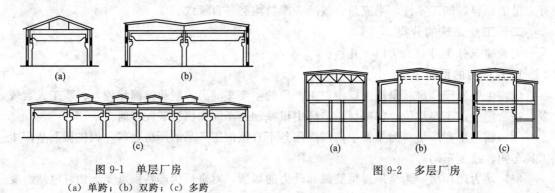

图 9-1 单层厂房
（a）单跨；（b）双跨；（c）多跨

图 9-2 多层厂房

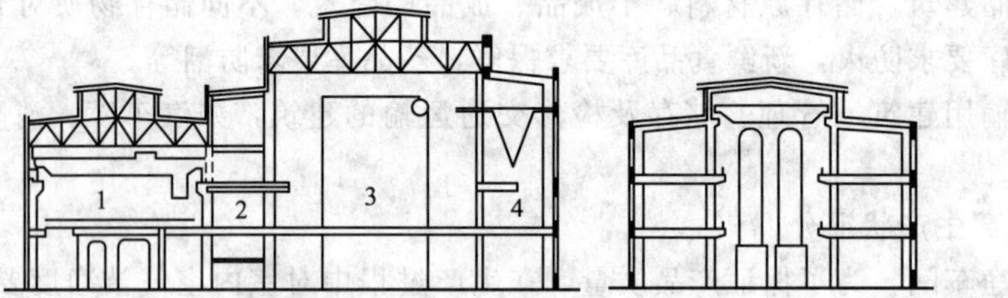

图 9-3 层次混合的厂房
1—汽机间；2—除氧间；3—锅炉房；4—煤斗间

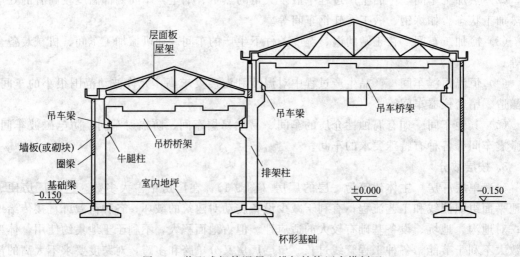

图 9-4 装配式钢筋混凝土排架结构厂房横剖面

1. 排架结构

排架结构是一种骨架承重结构，受力特点为柱子与基础之间为刚接，屋架与柱子间为铰接。排架结构是目前单层厂房中使用最多的形式。排架结构的构件可分开制作现场装配，有利于现代化的设计和施工，同时其刚度和抗震性能较好。一般又分为以下几种。

（1）装配式钢筋混凝土结构 是一种坚固耐久，可预制装配造价较低的结构形式，目前被广泛应用。与钢结构相比造价较低，但自重大抗震性能不如钢结构。可用于单跨、双跨、多跨等各种厂房建筑。

（2）钢结构 主要承重构件全部用钢材做成，抗震性能好，构件较轻，施工速度快。可用于吊车荷载重、高温环境、振动大的车间。但钢结构易腐蚀、耐火性差，使用时应采取相应的防护措施。

（3）砖石混合结构 由砖柱和钢筋混凝土屋架或屋面大梁组成，也有砖柱和木屋架或轻钢及组合屋架构成，构造简单，但承载力及抗震性能差，现在较少使用。仅使用于吊车吨位不超过 5t，跨度不超过 15m 的小型厂房。

2. 刚架结构

刚架结构的受力特点是屋架与柱子合并为同一构件，其连接处为整体刚接，柱子与基础为铰接。主要有装配式钢筋混凝土门式刚架结构和钢刚架结构。

第二节 单层工业厂房的平面设计与剖面设计

一、单层厂房的平面设计

单层厂房的平面设计要解决厂房的使用功能，包括生产工艺、交通运输、柱网的选择和生活间及其他辅助用房的关系等。

1. 平面设计与生产工艺的关系

常用的生产工艺流线形式有如下三种。

（1）直线式 原料由厂房的一端进入，加工后成品由厂房的另一端运出。常用的平面形式有矩形平面、方形平面。

（2）往复式 原料由厂房的一端进入，加工后成品由厂房的同端运出。常用的平面形式有矩形平面、方形平面。

（3）垂直式 原料由厂房纵跨的一端进入，加工后成品由厂房横跨的一端运出。常用的平面形式有 L 形、U 形、E 形平面。

直线式和往复式的特点是工段间联系紧密，运输线路和工程管线距离短，形状规整结构构造简单，但当跨数少时多呈长条形，体型系数较大，形式较单一。垂直式的特点是工艺流程紧促合理，运输及工程管线较短，但纵横跨间构造较复杂。

2. 平面设计与交通运输的关系

为了运送原材料、成品、半成品，厂房内部应设包括起重设备各种运输设备，这些运输设备包括各种吊车（单轨悬挂吊车、悬挂式梁式吊车、支撑式梁式吊车、桥式吊车）、悬挂吊链、轨道、运输皮带、风力输送管道等。地面上还有电瓶车、平板车、铲车等运输机械。这些运输设备影响着厂房的平面布置和平面尺寸。

3. 平面设计与柱网选择的关系

厂房承重结构柱在平面排列时形成的网格称为柱网，柱网由跨度和柱距组成（图 9-5）。柱网不仅关系到建筑的尺度，投资的经济性，而且对建成后的生产工艺布局以及生产设备的更换有很大影响。柱网的选择应根据生产工艺、建筑材料、结构形式、施工水平、经济效果等多方面因素确定。

（1）跨度尺寸的确定 首先跨度尺寸应根据设备大小、设备布置方式、加工部件运输时所需空间、生产操作及检修所需的空间等工艺要求确定（图 9-6）。其次跨度尺寸应根据《厂房建筑模数协调标准》的规定，当跨度 $L \leqslant 18m$ 时，采用 3M 的倍数增长，即 9M、12M、15M。跨度 $L > 18m$ 时，采用 6M 的倍数增长，即 18M、24M、30M、36M。除工艺布置有明显的优越性外，一般不宜采用21M、27M、33M跨度尺寸。

（2）柱距尺寸的确定　我国装配式钢筋混凝土结构的单层厂房，6m是基本柱距。6m使用的屋面板、吊车梁、板墙等构件和配件已经配套。12m的柱距也在机械、电力、冶金厂房中广泛使用，或与6m的柱距混合使用。

柱距的尺寸还与结构和材料有关，随着大型屋面板的应用，柱距尺寸也越来越灵活。

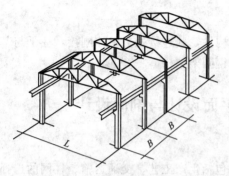

图 9-5　柱网尺寸示意
L—跨度；B—柱距

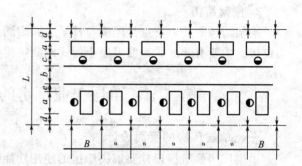

图 9-6　跨度尺寸与工艺布置关系示意
L—跨度；B—柱距；a—设备宽度；b—行车通道宽度；
c—操作宽度；d—设备与轴线间的距离；e—安全距离

4. 平面设计与生活间及其他辅助用房的关系

生活间由生产卫生用室和生活用室两类房间组成，前者包括存衣室、浴室、漱洗室、洗衣房等，后者包括厕所、休息室、进餐室等。生活室内设置房间要根据企业或车间的"生产性毒害或洁净程度"的卫生特征考虑。

《工业企业设计卫生标准》规定辅助用室的位置应避免受有害物质、病原体、高温等有害因素的影响。浴室、漱洗室、厕所设计人数一般按大班人数的93％确定，其设置应根据车间的卫生特征分级确定。工业企业根据生产特点和实际需要设置生活卫生用室、妇幼卫生用室、医疗卫生机构。

为了生产和管理上的方便及考虑经济效果，往往把车间的管理科组、技术室、小型库房、机修间等办公用房、辅助生产用房和生活间集中布置在同一栋建筑物内。

二、单层厂房的剖面设计

厂房的剖面设计是从厂房的建筑空间处理上满足生产对厂房提出的各种要求，具体任务是：合理选择剖面形式（厂房的承重结构及维护结构方案；处理车间的采光、通风及屋面排水等问题）；确定厂房的高度；考虑空间的合理利用。

1. 厂房剖面形式的选择

单层厂房的基本形式，常采用的有单跨、双跨等高、双跨不等高、三跨中高、多跨等高连片式、锯齿形等（图 9-7）。

单跨厂房、双跨厂房具有较好的天然采光和自然通风条件，一般无需设天窗。双跨不等高厂房一般跨度较大，可设置吊车，并可利用高低屋面高差处开设高侧窗代替天窗发挥通风采光作用。三跨中高式厂房，中跨较高，宜于设置吊车，两侧低跨可布置配套用房，屋面高低差处可设高侧窗代替天窗，以加强通风采光。锯齿形厂房剖面的特点是天窗开口一律朝北，可避免阳光直射，能满足通风采光的要求，单层连片式纺织车间常采用这种剖面。

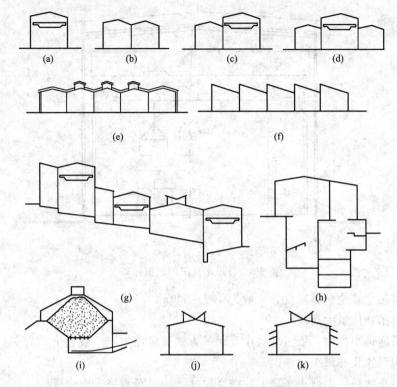

图 9-7　单层厂房剖面形式的选择

（a）单跨；（b）双跨等高；（c）双跨不等高；（d）三跨中高；（e）多跨等高连片式；（f）锯齿形；
（g）阶梯形连片式；（h）具有地下部分的剖面；（i）散料堆形剖面；（j）带 M 形排气天
窗的剖面；（k）开敞式剖面

2. 厂房高度的确定

厂房的高度指地面至柱顶（或下撑式屋架下弦底面）的高度。在剖面设计中将室内地面的相对高度定为±0.000，其他位置均以此为基准。厂房的高度必须根据生产设备、起重运输以及建筑统一化的要求来确定，同时还应综合考虑空间的利用、采光、通风、采暖、隔热等有关问题。

无吊车设备的厂房中，柱顶的高度主要取决于生产设备及其安装和检修时所需的净空高度。一般不低于 4m，且柱顶标高应符合《厂房建筑模数协调标准》的扩大模数 3M 数列的要求。

在有吊车设备的厂房，吊车的类型、分布的层数、生产设备的高度以及它们间最小的安全净空共同决定厂房的高度。以梁式吊车为例，其高度关系见图 9-8。

H——厂房高度。$H = H_1 + H_2 + H_3$，且标高应符合《厂房建筑模数协调标准》的扩大模数 3M 数列的要求。

H_1——柱顶标高。H_1 之值应符合《厂房建筑模数协调标准》的扩大模数 3M 数列的要求。

H_2——吊车轨顶至柱顶高度。

H_3——柱顶至屋架高度。

h_1——生产设备或检修高度。

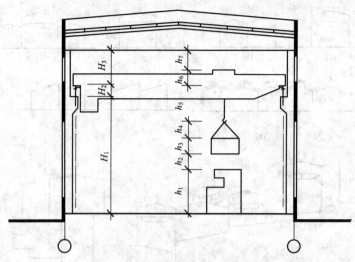

图 9-8　有吊车厂房的剖面标高

h_2——起吊中安全超越高度,一般为 $400\sim500\text{mm}$。

h_3——被吊物体最大高度。

h_4——吊绳最小高度,依工件大小和起吊方式决定而定,一般大于 1m。

h_5——钩至轨顶的最小距离。

h_6——吊车轨顶至上部小车顶面的净空尺寸,由吊车规格表中查得。

h_7——小车顶面至屋架下弦底面之间的安全距离,应考虑屋架的挠度、厂房可能不均匀沉陷等因素,最小尺寸为 220mm,湿陷性黄土地区一般不小于 300mm。

3. 厂房空间的合理利用

充分利用厂房的空间,可结合具体情况予以参考。在满足生产工艺要求的条件下,将某些大型设备或加工件放在低于地坪的地坑里,从而可降低厂房的设计高度。在具有少量高大设备而不宜将设备放在地坑车间的,在不影响吊车运行的情况下,可考虑部分利用两榀屋架之间不吊顶的空间,而不增高厂房的高度,合理处理厂房剖面也是对空间利用的另一方面。如对某些具有高大设备的工段,可局部提高相关的几个柱间的屋盖,以避免提高整个屋盖,某些操作平台可移到厂外,避免占用空间高度。

第三节　单层工业厂房内部的起重运输设备

为了运送原材料、成品、半成品,厂房内部应设包括起重设备等各种运输设备,常见的运输设备有单轨悬挂吊车、悬臂式吊车、梁式吊车、桥式吊车等(图 9-9～图 9-11)。各种吊车与厂房设计密切相关。

1. 单轨悬挂吊车

单轨悬挂吊车是将滑轮组安装在悬挂屋架下弦的单根钢梁上,或安装在单独架设的钢梁上,并沿单轨运行。单轨悬挂吊车起重较小,一般在 $0.1\sim10\text{t}$ 之间,它体积小、安装方便,有电动和手动两种。钢梁可转弯、分岔调度灵活。应用较广泛。

2. 悬臂式吊车

悬臂式吊车有移动式和固定旋转式两种。移动式又称壁行吊车、沿跨间运行,臂长可达

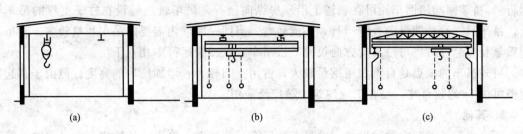

图 9-9　轻型吊车（$Q \leqslant 5t$）

（a）单轨悬挂吊车；（b）悬挂式梁式吊车；（c）支承式梁式吊车

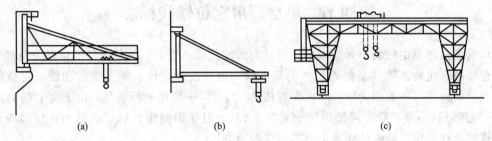

图 9-10　悬臂、转臂式吊车及龙门式起重机

（a）移动式悬臂吊车；（b）固定式转臂吊车；（c）龙门式起重机

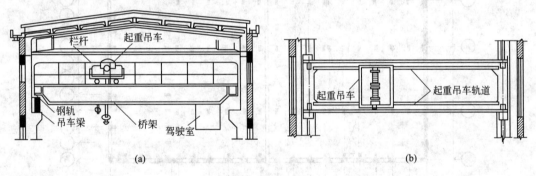

图 9-11　桥式吊车

（a）桥式吊车立面；（b）桥式吊车平面

10M，常在运输量较大的冶金、机械类厂房配合桥式吊车使用。固定旋转式悬臂式吊车可固定在厂房排架柱上或固定在独立的钢柱上。这种吊车只能绕固定地点旋转，回转范围不大，一台吊车只供 1～2 台车场使用，对跨间影响不大。

3. 梁式吊车

梁式吊车由起重行车和支撑行车的横梁组成。横梁断面为"工"字形，可以作为起重行车的轨道，横梁两端有行走轮，以便吊车运行。吊车轨道可悬挂在屋架下弦上或支撑在吊车梁上，后者通过牛腿支撑在柱上。同桥式吊车一样，梁式吊车也只能沿跨间纵向直线运行，不能转弯。梁式吊车有电动和手动两种，手动一般用于使用频率较低的场所，厂房一般多用电动。梁式吊车的起重量一般不超过 5t。

4. 桥式吊车

桥式吊车由起重运行车和桥架组成，桥架上铺有起重行车运行的轨道（吊车沿厂房横向运行），桥架两端借助车轮可在轨道上沿厂房纵向运行，吊车轨道铺设在柱子支撑的吊车梁上，吊车只能沿跨间纵向直线运行，不能转弯。当同一跨度内需要的吊车数量较多，且吊车起重量相差悬殊时，可沿高度方向设置双层吊车，以减少运行中相互干扰。

桥式吊车的缺点是自重和用钢量较大，占用空间较大，增加厂房的高度。但由于其起重范围可由 5t 到数百吨，而在工业建筑中被广泛应用。

5. 其他

厂房内部各种起重运输设备，除吊车外还有悬挂吊链、轨道、运输皮带、风力输送管道等；地面上还有电瓶车、平板车、铲车等运输设备。

第四节　单层厂房定位轴线标志

厂房平面都是由柱网单元组成的，而柱网尺寸及墙、柱和其他构配件的位置关系都是通过定位轴线标定的。轴线是标志尺寸的基准线，也是设计定位、施工放线和设备定位的依据。轴线的标注以平面图为准，从左至右按 1，2，3，…顺序进行编号；由下而上按 A，B，C，…顺序进行编号，规定同民用建筑（图 9-12）。但在横向定位轴线、纵向定位轴线、纵横跨连接处柱与定位轴线的联系上有其特殊的地方。

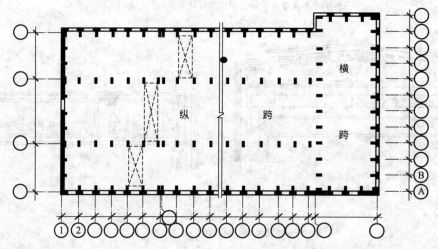

图 9-12　单层厂房平面柱网布置及定位轴线划分

1. 横向定位轴线

除横向伸缩缝处及端部排架柱外，一般柱的中心线与轴线重合，屋架支于柱子中心线处，连系梁、吊车梁、屋面板及外墙板等的标志长度均以柱子的中心线为准，柱距相同时，这些构件的标志长度也相同，连接方式也可统一。但以下几处有变化：

（1）横向伸缩缝　横向伸缩缝处一般采用双柱处理，伸缩缝的中线与定位轴线重合，柱中心轴线各离定位轴线 600mm，伸缩缝两侧柱距实际较其他少 600mm［图 9-13（b）］。但横向定位轴线间距离和其他柱距一样，这样连系梁、吊车梁、屋面板及外墙板等仍可采用一样规格，只是构件一端连接位置有变化，变为距标志端 600mm 处，构件呈悬挑状。这样不会改变屋面板规格，施工简单。柱子内移是因为双柱间有一定距离便于柱的吊装，另外同时排开的双柱应有各自的杯口基础，由于杯口基础截面较大，两个基础柱子必须移开。

（2）横向抗震缝　设置抗震缝时，根据抗震要求设两条定位轴线分别通过抗震缝两侧，两条定位轴线的距离为插入距 A，此时 A 在数值上等于抗震缝宽度 c，纵向采用标准构件。

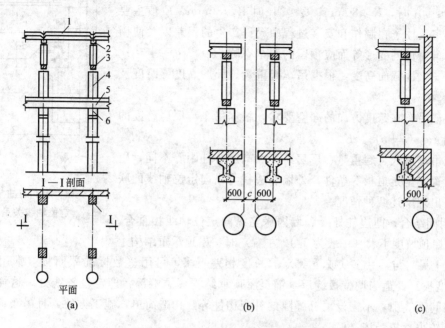

图 9-13　横向定位轴线与墙柱的关系

（a）纵向列柱的中间柱与横向定位轴线的联系；（b）纵向列柱温度伸缩缝双柱与横向定位轴线的联系；（c）非承重墙端部与横向定位轴线的联系

1—屋面板；2—屋架上弦；3—屋架下弦；4—柱；5—吊车梁；6—牛腿；c—变形缝宽度

（3）山墙处横向定位轴线　当山墙为非承重墙时，墙内缘与横向定位轴线重合，端部排架自定位轴线内移 600mm，端部柱距实际减少 600mm［图 9-13（c）］。这是因为山墙处设有抗风柱，600mm 空隙有利于抗风柱通至屋顶与屋架铰接。当山墙为承重墙时，墙内缘与横向定位轴线间的距离 λ，λ 可根据墙体块材的种类，分别取块材体的半块长，半块长的倍数或墙厚的一半。

2. 纵向定位轴线

确定墙、柱与纵向定位轴线应尽量使得建筑的构造简单，结构合理。纵向定位轴线通过横向构件的标志端部，即它的间距是横向构件的标志尺寸，墙、柱与纵向定位轴线的联系方式确定了横向构件与墙、柱的交接情况。

（1）有吊车的厂房　为使吊车的规格与结构相协调，要确定墙、边柱与纵向定位轴线关系，如图 9-14 所示。

L_k——吊车跨度，即吊车两条行车轨道中心线间的距离，$L_k = L - 2e$。

L ——厂房跨度，即纵向定位轴线间的距离。

e ——吊车轨道中心线至纵向定位轴线的距离。一般地，取 $e = 750$mm；当吊车起重量大于 75t 时，取 $e = 1000$mm。

H_1——吊车构造高度，详见吊车有关资料。

H_2——吊车安全运行所需上部净空，一般不小于 220mm。

b ——吊车桥架端头构造长度，即轨道中心线至吊车桥架端头外缘的尺寸，详见吊车有关资料。

K ——吊车桥架端头外缘至上柱内缘的安全净空，当吊车的起重量 $Q \leqslant 50t$ 时，$K \geqslant 80mm$；$Q \leqslant 75t$ 时 $K \geqslant 80mm$。K 值主要是考虑吊车及柱子在制作和安装过程中允许产生的误差以及使用过程中不可避免的变形等而应预留的安全空隙。

h ——上柱截面高度，根据吊车起重量、厂房高度、跨度及柱距等变。

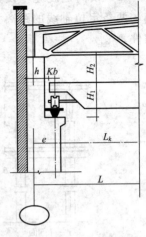

图 9-14 墙、边柱与纵向
定位轴线关系

为保证吊车在跨度方向的净空要求，根据吊车与厂房跨度的关系，则 $e-(h+b) \geqslant K$。

由于吊车形式、起重量、厂房跨度、高度、柱距等不同，以及是否设置安全走道板等条件，外墙、边柱与纵向定位轴线的联系方式可出现下述两种情况。

① 封闭结合。即边柱外缘和墙内缘与纵向定位轴线相重合。工业建筑屋顶坡度不大（一般为 1/12 左右）时，屋顶承重结构上弓玄（或上翼）与下弓玄（或下翼）的长度相差不多，可用整数标准屋面板（常用1.5m×6.0m 大型板）经适当调整板缝后，铺至屋顶承结构标志端部，即定位轴线处。这样，屋面板与外墙间无缝隙，不需设填补缝隙的补充构件等，构造简单，施工方便，且吊车荷载对柱的偏心距较小，较经济。

② 非封闭结合。当 $Q \geqslant 30t$ 时，$b=300mm$；吊车较重，$h \geqslant 400mm$ 不设安全走道板，$e=750mm$

则：$e-(h+b) = 750-(400+300) = 50$ （mm）$\leqslant K_2 = 80mm$。

显然采用封闭结合不能满足吊车安全的净空要求，为了保证吊车的安全运行，边柱外缘与纵向定位轴线之间加设联系尺寸 D，即边柱向外缘自定位轴线向外推移联系尺寸 D，边柱外（经常也是外墙内缘）离开定位线，在一般的屋顶坡度下，用整数块标准屋面板只能铺至定位轴线处，离开外墙内缘尚有一段空隙，形成非封闭结合。该段空隙或须挑砖封平，或须增设屋面板补充构件以及结合外墙构造加设挑檐板、檐沟板等予以填盖，故施工麻烦，吊车荷载对柱的偏心距也相应增大，厂房占地面积也略有增加。

（2）无吊车或只有悬挂式吊车的厂房 当采用带有承重壁柱的外墙时，如壁柱足够支撑屋顶承重构件，则墙内缘与纵向定位轴线相结合重合；如壁柱较小，不够支撑屋顶承重构件，则内墙缘与纵向定位横线的距离 λ 应为墙边半块或其倍数。

3. 高低跨距定位轴线

当不等高跨间设纵向伸缩缝时，一般应设置双柱。此时，高跨处封墙附于高跨上柱牛腿上，依外纵墙的定位轴线确定方法进行高跨部分处理，也就是封闭结合的处理方法，低跨部分则另沿低跨柱外缘另设一轴线，这样两个定位轴线之间应该加入一段尺寸，这个尺寸叫"插入距"。

高低跨处亦可以采用单柱处理，其纵向伸缩通常采用滚动支座，滚动支座又称"滚轴支座"。滚动支座的上端与屋架（屋面梁）进行焊接，下端与柱头预埋铁件焊牢。由于滚轴可以在允许的范围内滚动，起到了适应伸缩变形的作用（图 9-15）。

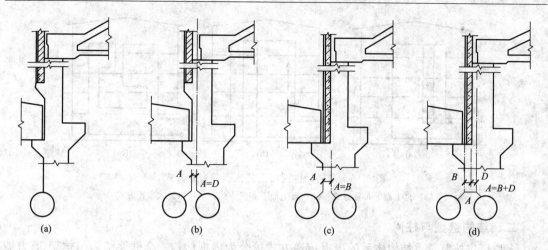

图 9-15　无变形缝平行不等高跨中柱纵向定位轴线

（a）单轴线封闭结合；（b）双轴线非封闭结合（插入距为联系尺寸）；（c）双轴线封闭结合

（插入距为墙体厚度）；（d）双轴线封闭结合（插入距为联系尺寸加墙度）

4. 纵横跨相交的定位轴线

纵横跨相交处的定位轴线，一般认为，纵跨部分属于横向定位轴线，横跨部分属于纵向定位轴线，轴线间应该插入距。插入距的宽度一般为墙厚加缝隙（用于封闭结合时）或墙厚尺寸加上联系尺寸（用于非封闭结合时）。

第五节　多层工业厂房的概述

我国的工业厂房建筑，重工业建设单层厂房较多。随着轻工业生产的发展，多层厂房建造的数量有显著的增长，多层厂房的各种结构形式和各类施工方法在全国各地很快出现。某些工业生产如电子、电器、仪表工业、医药、医疗器械、食品、纺织化工、塑料、印染、印刷等轻工业，轻型及精密机械制造等厂房，其生产设备与产品重量较轻，生产过程较紧凑，产品的加工宜于布置在层叠的车间内，这样可缩短生产线。有的采用竖工艺流程并可利用产品的自重实行自上而下的运输（所谓"重力流程"）。某些工业，如化学热电站等，由于生产设备特别高大，须占据数层的空间，而在其周围布置层叠的厂房。有些老厂进行技术革新，需扩大生产规模又受用地限制也可建成多层厂房。上述各种情况都需要建造多层厂房。

多层厂房的平、剖面设计，结构选型与柱网均有自己的特点。

一、多层厂房的平、剖面设计都应使工艺生产流程快捷方便开展

要求在平面流程工艺中生产流线简洁，流畅，避免不必要的往返。易燃、易爆和有毒气体的区间应布置在边角或走道的端部，并且在主导风向的下侧。

多层厂房剖面工艺流程的布置方式有自下而上、自上而下或往复式（图 9-16）。

1. 自下而上布置方式

原材料由下进成品从上出，设备上重下轻。如电子仪器厂。

2. 自上而下布置方式

原材料由上进成品从下出，一般是为了利用原材料的重力作用。

3. 往复式布置方式

由于工艺的特殊需要而综合了两种以上的形式。

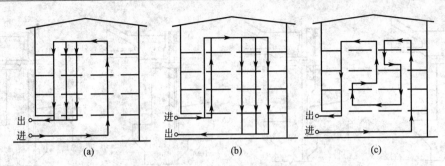

图 9-16　多层厂房剖面工艺流程的布置方式

（a）自下而上布置方式；（b）自上而下布置方式；（c）往复式布置方式

二、结构选型与柱网

多层厂房按其承重结构体系的内力传递方式可分为内框结构、全框架结构与框架-剪力墙结构（图 9-17）。框架结构常用的有梁板框架结构体系、无梁楼盖框架体系和大跨度桁架体系。按主体结构的整体性与装配化程度可分为整体式（现场整浇）、装配整体式和全装配式。

多层厂房的构配件，应具有最大限度的通用性。围护结构一般采用横向板条，并尽可能与单层厂房统一使用，平面组合应力求简单，尽量采用等跨柱网，避免设置高差，避免采用不同结构组合。框架结构一般应采用纵横向均为刚接方案。

多层厂房的柱网是由跨度和柱距组成，经济的跨度一般为 6～9m，柱距一般为 6～7.2m。柱网的选择主要取决于生产工艺设备的体积、生产流程的特点和结构类型。

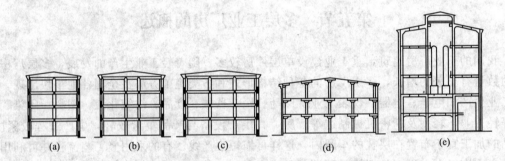

图 9-17　多层厂房剖面形式

（a）双等跨柱网梁板式框架；（b）内廊式柱网梁板式框架；（c）三等跨柱网梁板式框架；（d）四等跨无梁式框架；（e）化工厂复式框架

思　考　题

1. 简述工业建筑的特点。

2. 工业建筑结构组成形式有哪些？

3. 简述工业建筑平面设计与工艺流程的关系。

4. 简述工业建筑设计高度与哪些因数有关？

5. 单层工业厂房内部的起重运输设备有哪些？

6. 画出横向伸缩缝、横向抗震缝定位轴线简图。

7. 有吊车的厂房中，如何确定墙、边柱与纵向定位轴线关系？

8. 简述多层厂房的平、剖面设计，结构选型与柱网布置的特点。

第十章 装配式单层工业厂房的主要结构构件

第一节 概 论

装配式钢筋混凝土单层厂房通常组成构件和传力途径如下（图10-1）。

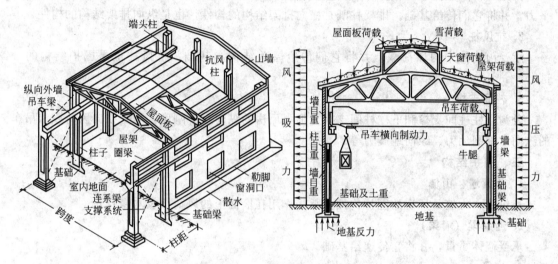

图 10-1 单层厂房剖面

由屋架、柱和基础组成的基本承重结构，厂房的主要荷载都是通过它传给地基。此外，还由连系梁、吊车梁、柱和基础组成纵向平面排架结构，传递沿厂房纵向的各种水平力（风力、纵向水平制动力、纵向地震力等），以及因材料的温度和收缩变形而产生的应力，并把它们传给地基。横向和纵向平面排架结构上，各种构件及其主要荷载的传力途径如下。

一、屋面结构

1. 屋面板

屋面维护用，承受屋面构造层（防水、保温层等）重力荷载、雪荷载、屋面施工荷载，并将它们传给屋架。屋面板也是围护结构的一部分。

2. 天沟板

屋面排水用，承受屋面积水及天沟上构造层重力荷载，并将它们传给屋架。

3. 天窗架

形成天窗以便采光和通风，承受屋面板传来的重力荷载和施加于天窗上的风荷载，并将它们传给屋架。

4. 屋架（屋面大梁）

连接柱形成横向排架结构，承受屋盖上的全部荷载，并将它们传给柱。

5. 托架

当柱间距比屋架间距大时，用以支撑屋架，并将力传给柱。

6. 屋盖支撑

加强屋盖空间刚度，保证屋架的稳定，传递风荷载至排架结构。

7. 檩条

支撑屋面板，承受屋面板传来的荷载，并将它们传给屋架。

8. 吊车梁

承受吊车的竖向轮压和水平制动力，并将它们传至排架结构。

二、柱

1. 排架柱

排架结构的主要承重构件，承受屋盖结构、吊车梁、外墙、柱间支撑传来的竖向力和水平力，并将它们传给基础。排架柱既是横向排架结构的构件，也是纵向排架结构的构件。

2. 抗风柱

承受山墙传来的风荷载，并将它们传给屋盖结构和基础。抗风柱也是围护结构的一部分。

3. 柱间支撑

分为上柱柱间支撑和下柱柱间支撑。加强厂房的纵向水平刚度，承受纵向风荷载和吊车的纵向水平制动力、纵向地震力等。

三、围护结构

1. 外纵墙、山墙

外纵墙、山墙是厂房的围护构件，承受作用在墙面上的风荷载及本身自重。

2. 连系梁（墙梁）

承受墙体重量，并将它传递给基础。

3. 过梁

承受门窗洞口上的荷载，并将它传给门窗两侧墙体。

4. 圈梁

加强厂房的空间刚度，抵抗可能产生的过大不均匀沉降，传递风荷载等。

5. 基础

承受柱、基础梁传来的荷载，并将它传给地基。

第二节　基　础

厂房上部结构的全部荷载，通过柱子传递到基础，基础再将力传到地基中去，起着承上传下的作用，是厂房结构中的重要承重构件。

一、基础类型

单层厂房柱基础，主要有独立式和条形两类，前者应用最为广泛（图 10-2）。

1. 独立式基础

最常见的形式为杯口基础。近几年来，基础形式也在不断革新，出现了薄壁的壳体基础、无筋倒圆台基础及板肋式基础等。

2. 条形基础

当柱负载大而地基承载力较小时，若采用单独式基础由于基础底面积过大，会使相邻基础接近甚至相碰；或当地基土层构造复杂，为了防止基础不均匀沉降时，都宜于设计成条形基础。

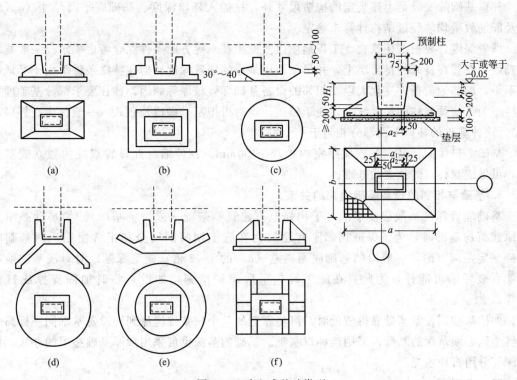

图 10-2 独立式基础类型

（a）杯口基础锥形；（b）杯口基础阶梯形；（c）无筋倒圆台基础；

（d）正圆锥壳；（e）倒圆锥壳；（f）板肋式基础

当地基土软弱，合适的持力层（即坚实土层）又很深（一般在 5～6m 以上时），采用单独式或条形基础，均需埋置很深，土方量较大，施工麻烦，增加材料消耗和造价，工程拖长，这时可采用桩基础。

二、独立式基础构造

独立式基础的施工，目前仍然普遍采用现场捣制的方法。由于柱有现浇柱和预制柱两种施工方法，因此，柱与基础的连接亦有所不同。

1. 现浇柱基础

采用现场捣制的方法，当柱与基础不在同时间内施工时，则需要在基础上预留插筋，插筋的数量和柱的纵向受力钢筋数相同，以便与柱子连接。插筋伸出长度，应根据柱子受力情况、钢筋规格以及接头方式（如焊接还是绑扎接头）的不同来确定。

2. 预制柱基础

钢筋混凝土预制柱下基础顶部应做成杯口，柱则安装在杯口内。这种基础称为杯口基础，是目前应用最广泛的一种形式。基础用混凝土标号一般不应低于 C15。为便于施工和保护钢筋，在基础底通常要铺设 C10 号素混凝土垫层，厚度一般为 100mm。为便于柱的安装，杯口应大于柱子截面尺寸，周边留有空隙，杯口顶应比柱子每边大出 75mm；杯口底应比柱子每边大出 50mm；杯口深度应满足锚固长度的要求，柱必须有足够的插入深度，并按结构规定确定适宜深度。杯口底面与柱底面间应预留 50mm 找平层，在柱子吊装就位前用高强度等级细石混凝土找平。杯口与柱子四周缝隙用 C20 细石混凝土填实。基础杯口底板厚度一般应≥200mm。基础杯壁厚度一般应≥200mm。

杯口基础除要满足上述规定的构造尺寸外，柱插入杯口深度、基础底平面尺寸（$a \times b$）以及配筋数量均须经过结构计算来确定。

埋置深度，要根据建筑物、工程地质以及施工技术等方面条件综合考虑确定。一般要求基础底面安置在良好的持力层上，并尽量采用最小的埋置深度，但在特殊条件下由于场地起伏不平，局部地质条件变化大以及相邻的设备基础埋置较深等原因，往往要求部分基础埋置深些。为了使预制柱的长度统一，便于施工，这时可把基础做成长颈式（一般称为高杯口基础），这种基础的杯口下面部分相当于一个短柱。

基础杯口顶面标高，一般应距室内地坪下 50mm。在伸缩缝处设置双柱的独立式基础时，可做成双杯口的独立式基础。

3. 基础与相邻的设备基础埋深的关系

基础埋置深度一般应浅于或等于相邻原有建筑物基础（或设备基础）。如基础必须深于原建筑物基础时，为了保证相邻原有建筑物在施工期间的安全和正常使用，两基础应保持一定距离（b），一般取两基础底面高差（h）的 $1 \sim 2$ 倍。施工深基础时对浅基础地基土壤有破坏的可能性，为此，在施工时应采取保护措施，如设置临时加固支撑或打板桩等。

如柱基础同设备基础靠得较近时，可将靠近的几个柱基础埋深到同设备基础同一标高处或将个别必须落深的基础，采用高杯口基础。基础的落深也可采用加厚基础垫层的办法，如落深部分用石块填充。

三、基础梁

当厂房是用钢筋混凝土柱作为承重骨架时，则其外墙或内墙的基础一般均用基础梁来代替墙基础。墙的重量直接由基础梁来承担，基础梁两端搁置在杯口基础顶上，墙的重量则通过基础梁传到基础上。用基础梁来代替一般条形基础，既经济又施工方便，还易于铺设地下管线。由于外墙一般都安装在柱的外面，所以基础梁搁置在柱的外边；而内墙的基础梁通常搁置在两个柱之间。

基础梁的截面形状有梯形、矩形及倒 L 形三种，其中梯形基础梁为常见的一种形式。

第三节　柱

柱是厂房结构的重要承重构件之一。它主要承受屋盖、吊车梁等竖向荷载、风荷载及吊车运行和制动时产生的纵、横向水平动荷载。有时还承受墙体、管道设备等其他荷载。所以柱应具有足够的抗压强度和抗弯能力，并通过结构计算来合理确定断面尺寸和形状。柱的结构形式对厂房的安全、经济及施工都有很大的影响。

目前一般工业厂房广泛采用钢筋混凝土柱。对于小型厂房，如跨度、高度及吊车起重量都比较小的情况下可以用砖柱；对于大型厂房，如高温、产生震动及吊车起重量都比较大的情况下可以采用钢柱。

单层工业厂房钢筋混凝土柱，基本上可分为单肢和双肢柱两大类。

单肢柱截面形式有矩形、工字形及单管圆形。

双肢柱截面形式是由两只矩形柱或两只圆形管柱，用腹杆（平腹杆或斜腹杆）连接而成。

单层厂房常见几种钢筋混凝土柱类型见图 10-3。

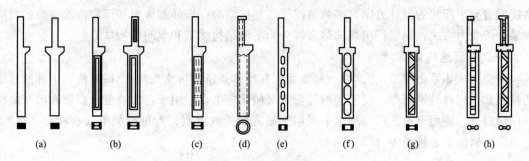

图 10-3　柱子的类型

（a）矩形柱；（b）T 字形柱；（c）预制空腹板工字形柱；（d）单肢管柱；
（e）双肢柱；（f）平腹杆双肢柱；（g）斜腹杆双肢柱；（h）双肢管柱

一、矩形截面柱

外形简单、施工方便，但不能充分发挥混凝土的承重能力，混凝土用量多，自重大，经济指标较差。目前仅适用于柱截面为 400mm×600mm 以内的柱。此外柱牛腿以上小柱、轴心受压柱以及现浇柱等常采用矩形截面柱。

二、工字形截面柱

当柱截面长边尺寸大于 600mm 时，为了节约材料，宜用工字形截面柱，同矩形柱相比能节约材料、自重减轻而受力又较为合理，故目前采用比较广泛。为了进一步节约材料，我国南方某些地区新设计出一种薄壁工字形柱，在中小型厂房中应用比较普遍。它与一般工字形相比可节省混凝土 30%，节省钢材 15%～20%，宜用于 10t 吊车及吊车轨顶标高为 9m 以下的一般工业厂房。腹板可做成预制空心腹板或现浇腹板。

柱截面尺寸通常根据厂房高度、跨度、柱距、吊车起重量、柱子本身所需要的强度、刚度以及施工条件等因素来确定的。对于柱距为 6m，吊车起重量在 30t 以下（中级工作制）的厂房柱截面尺寸，可参考标准图集选用。

三、双肢柱

当厂房高度很高或吊车起重量较大时，采用双肢柱的形式较为经济合理。它是由两根肢柱用腹杆连接组成。双肢柱可分为平腹杆双肢柱及斜腹杆双肢柱［图 10-3（e）、（f）、（g）、（h）］。工字形截面柱的腹杆开孔较大时也属于平腹杆双肢柱。双肢柱对承受较大的吊车有利，可使吊车梁传来的垂直荷载通过肢柱轴线，因此肢柱主要是承受轴向压力，使混凝土强度能充分发挥作用。吊车梁搁置在双肢顶上肩梁上面，使牛腿构造简单，其缺点是双肢柱施工支模较为复杂。双肢柱的两根肢柱截面常采用矩形。目前有些地区开始采用圆形管双肢柱，这种双肢管外径多采用 300～400mm，由于管肢壁薄，自重轻，可以用离心制管机进行生产，具有机械化程度高、生产制作简便、混凝土强度比捣制提高 30%～35% 以上以及成本低等优点。管肢柱也可以制成单肢管柱。双肢管柱的牛腿的腹杆一般采用现浇混凝土。在一般单层厂房中，目前采用工字形柱和平腹杆双肢柱者居多。特别是在吊车起重量小于 30t 时，工字形柱具有较好的技术经济指标，故应用最为普遍。如吊车起重量大于 30t 时采用平腹杆双肢柱较为合适；如吊车起重量大于 50t 时一般常用斜腹杆双肢柱。

第四节　屋　　盖

单层厂房结构体系和类型的区别主要体现在屋盖结构方面，所以屋盖结构形式的选择常常决定着整个厂房的设计方案，多数情况下还直接影响厂房外部体形和厂房内部空间的最终效果。按受力方式，单层厂房结构体系可分为平面结构体系和空间结构体系。

一、平面结构体系

平面结构体系由屋架（大梁）、屋面板（有檩体系还包括檩条）、支撑系统和下部的柱等构件组成，构件分别制作，便于预制装配和机械化施工，适用于各种跨度、高度和吊车吨位的厂房建筑，应用普遍。厂房屋架多采用钢筋混凝土或型钢，常见屋架形式有梯形、拱形、三角形、锯齿形、梭形等（图 10-4）。

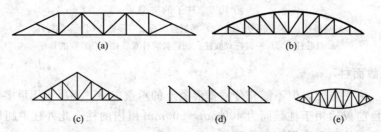

图 10-4　屋架类型

（a）梯形屋架；（b）拱形屋架；（c）三角形屋架；（d）锯齿形屋架；（e）梭形屋架

采用平面结构体系的房盖结构的单层厂房剖面，一般具有明显的跨间划分，厂房的屋盖轮廓，根据屋架（刚架）的形状也呈其相应的形状。适用于这种结构体系的跨度尺寸为 36m 以下，柱距以 6～12m 为主。钢结构多用于吊车吨位重且跨度大的重型厂房，跨距常达到 30m。

二、空间结构体系

随着结构技术不断发展，工业建筑常常采用各种空间结构，这为无吊车大柱网厂房的建造创造了条件。其中有些是将屋盖的承重结构和维护结构合在一起，充分发挥材料的受力性能，因此大大减少了屋盖厚度及自重，为扩大柱网、组织大空间创造了良好的技术平台。

空间结构的屋盖形式可以分为折板、薄壳、悬索、网架等多种，形式不同，剖面形状也各异。

1. 折板结构

折板结构是由许多狭长的薄板以一定的角度互相整体连系而成的一种板架合一的空间架构，具有刚度大、受力合理、整体性好、造型新颖和施工方便等特点（图 10-5）。采用较多的是三角形截面和梯形截面的钢筋混凝土平行折板，其跨度一般在 30m，波长在 12m 以内。

近年来，我国还推广了折叠式预应力 V 形折板，它的跨度一般为 6～21m，波长为 2～3m，倾角为 30°～38°。

采用折板结构的单层厂房剖面，一般也形成跨间式，但屋盖部分没有屋架，空间较为简洁，常在两跨之间留出一条采光通风的通廊，廊兼作排水沟，并在折板的横隔板处设置天窗（图 10-6）。也可以将折板搁置在不同高度的跨间上，利用高差处设置采光通风口。

2. 薄壳结构

常见的薄壳结构有单曲面壳、双曲面壳（图 10-7）。单曲面壳包括长薄壳和短薄壳，双曲面壳可分为劈锥壳、扁壳、扭壳和抛物面壳。

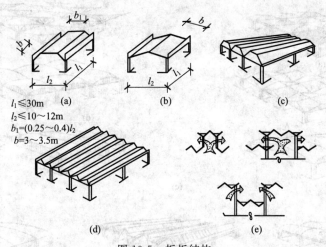

$l_1 \leqslant 30\text{m}$
$l_2 \leqslant 10 \sim 12\text{m}$
$b_1 = (0.25 \sim 0.4)l_2$
$b = 3 \sim 3.5\text{m}$

图 10-5　折板结构

(a) 梯形；(b) 三角形；(c) 多波式；(d) 多波式多跨；(e) 有天窗

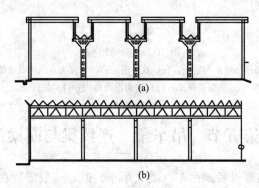

图 10-6　采用折板屋盖的厂房剖面示例

(a) 横剖面；(b) 纵剖面

采用双曲面壳的单层厂房，一般柱网接近方形，纵横方向的剖面形式相同，无明显的跨间划分，内部空间开阔明朗。近年来，我国还推广使用一种装配式预应力双曲抛物面壳板（也称马鞍形壳板），也属于板架合一的空间薄壁构件，具有结构简单、构件类型少、结构力学性能好、刚度大和技术经济指标好等特点。它的跨度可达 30m，壳板宽度为 1.2～3.0m。此外，利用单一的双曲抛物面壳板还可组合成多种类型的剖面形式。

3. 悬索结构

悬索结构能比较合理有效地发挥钢材力学性能，可以较大限度地节省材料，减轻结构自重，减少立柱，从而很好地满足大跨度建筑的要求。在单层厂房中采用的悬索结构一般为单向弦索和混合悬挂屋盖。

上述各种空间结构宜用于一般大跨度的冷加工或装配车间，不适用于吊车重量大，高低跨错落复杂的高温车间。

除上述列举的一些屋盖结构形式外，在单层厂房中还常采用其他形式屋盖，它们对厂房的剖面形式也相应产生不同的影响。如大跨度落地式拱式结构屋盖，整个剖面呈圆拱形，这种屋盖形式一般是因特殊要求而采用的。此外双 T 板（包括单 T 板）在国外已广泛采用；我国在单层厂房中也在推广使用。

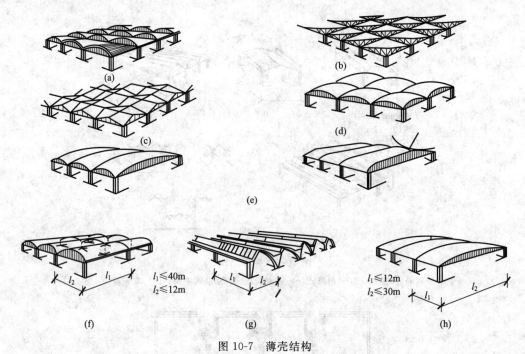

图 10-7 薄壳结构

（a）劈锥壳；（b）双曲扭壳；（c）双曲扭壳；（d）扁壳；（e）双曲抛物面壳；

（f）筒形长薄壳；（g）锯齿形长薄壳；（h）短薄壳

第五节 吊车梁、连续梁与圈梁

当单层工业厂房内需要设桥式吊车（梁式吊车）时，一般需要在柱子上设置牛腿，然后在牛腿上再设置吊车梁。吊车梁直接承受吊车的自重和起吊物件的重量，并且要承担吊车启动和刹车时产生的水平荷载。由于吊车梁安装在柱子之间，它亦起到传递纵向荷载，提高厂房刚度和稳定性的作用。

一、吊车梁的种类

1. T 形吊车梁

T 形吊车梁的特点是：自重轻、省材料，而且梁的受压面积大（上部翼缘较宽），轨道安装方便。这种吊车梁可以用于柱距≤6m，起重量为 5～75t，重级工作制的厂房。这种吊车梁，在梁的端部上下表面均留有预埋件，以便安装焊接（图 10-8）。梁身上的圆孔一般为电线预留孔。

2. 工字形吊车梁

工字形吊车梁一般采用预应力钢筋混凝土制成。这种吊车梁可以用于 6m 柱距，12～30m 跨度的厂房，起重量一般为 5～75t，而且适用于各种工作制（图 10-9）。

3. 鱼腹式吊车梁

鱼腹式吊车梁的特点是：受力合理，节省材料（腹板较薄），能较好地发挥材料的强度。鱼腹式吊车梁适用于柱距≤6m、跨度为 12～30m，起重量≤100t 的厂房（图 10-10）。

二、吊车梁与柱子的连接

吊车梁与柱子的连接，一般采用焊接的方法。为了承受吊车的横向水平冲击力，在吊车梁的上翼缘与柱间用角钢或钢板连接。在吊车梁的下部，放钢垫板一块，并与柱上牛腿中预埋的钢板焊牢。吊车梁与柱子空隙填充 C20 混凝土，以便传递刹车冲击力（图 10-11）。

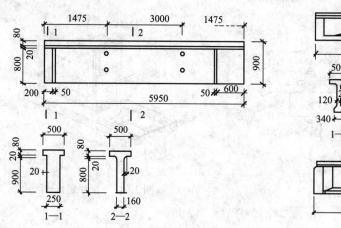

图 10-8　T 形吊车梁

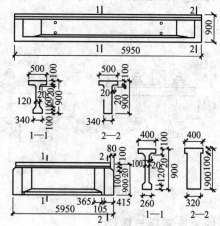

图 10-9　工字形吊车梁

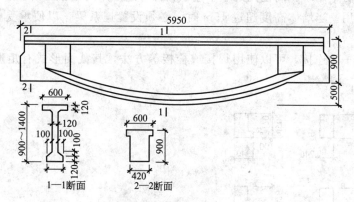

图 10-10　鱼腹式吊车梁

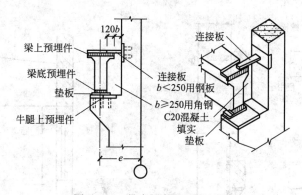

图 10-11　吊车梁与柱子的连接

三、吊车轨的安装与车挡

单层工业厂房中的吊车轨道，通常采用铁路钢轨。常用型号有 TG38、TG43、TG50，但也可以采用 QU70、QU80、QU100 等吊车专用钢轨。轨道在吊车梁上安装时，应该加设垫木、橡胶等进行减震（图 10-12）。

为了防止吊车在运行时因刹车不及而撞到山墙，应该在吊车梁的末端设置车挡（止冲装置）。其连接方法见图 10-13。

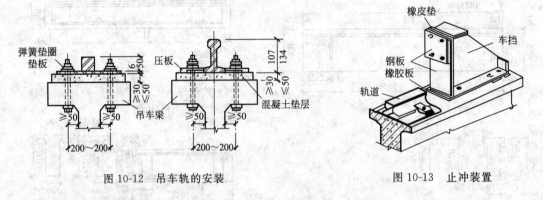

　　　　图 10-12　吊车轨的安装　　　　　　　　　　　图 10-13　止冲装置

四、连系梁与圈梁

1. 连系梁

连系梁是厂房中用于纵向柱列的水平连系构件。连系梁对增强厂房的纵向刚度、传递风荷载有明显的作用。当墙体高度超过 15m 时，必须设置连系梁，以便承受上部的墙体重量并传给柱子。

连系梁与柱子的连接，可以使用焊接或栓接等方法，其截面形式有矩形和 L 形等多种（图 10-14）。

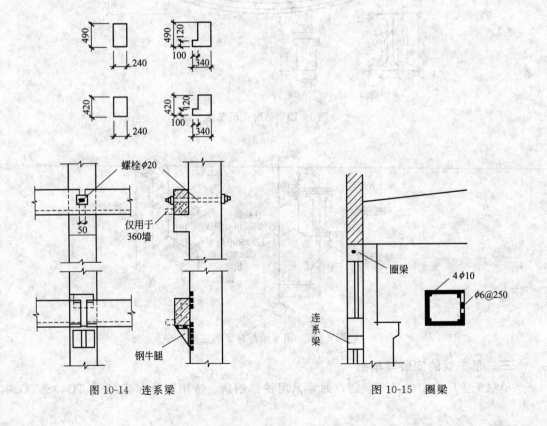

　　　　图 10-14　连系梁　　　　　　　　　　　　　图 10-15　圈梁

2. 圈梁

圈梁的作用，是将墙体同厂房的排架柱、抗风柱连接在一起，以便加强厂房的整体刚度和稳定性。圈梁一般应该设在墙体内，并按照上密下疏的原则，每5m左右加设一道。其断面高度应该大于180mm。配筋数量：主筋一般为4ϕ12；箍筋一般为ϕ6@250mm。圈梁应该与柱子上伸出的预埋筋进行连接（图10-15）。

第六节 支 撑

单层工业厂房的支撑系统，可以分为屋盖和柱间支撑两大部分。在单层工业厂房中，支撑系统的主要作用是提高厂房的承载力、稳定性和刚度，并承担和传递一部分水平荷载。

一、屋盖支撑

屋盖支撑的主要作用是保证上下弦杆件在受力时的稳定和山墙对风荷载的传递。屋盖的支撑和系杆均宜采用型钢，其截面应满足长细比要求：压杆≤200；拉杆抗震设计烈度7度时≤400，8～9度时≤350。

屋盖支撑除交叉的斜杆和屋架下弦系杆按拉杆控制长细比外，其他支撑杆件均按压杆设计。各类支撑与屋架天窗架的连接，宜采用在屋盖构件上六孔穿螺栓的连接。如采用预埋钢板时，锚固筋与埋板应焊接牢固，锚固钢筋末端宜加焊钢板。屋架上弦应有压杆形成封闭的横向水平支撑。不可利用屋面板主肋代替上述压杆。屋架端部和跨中垂直支撑宜采用图10-16(a)、(b)、(c) 的形式，不宜采用图10-16(d) 的形式。

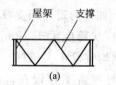 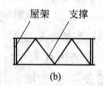

图 10-16 屋盖垂直支撑的形式

（1）水平支撑 在屋架的上下弦之间，可以增加水平支撑。这种支撑一般沿柱距横向布置或沿柱距纵向布置。根据水平支撑设置方法的不同，可以分为上弦横向支撑、下弦横向支撑、纵向水平支撑、纵向水平系杆等（图10-17）。

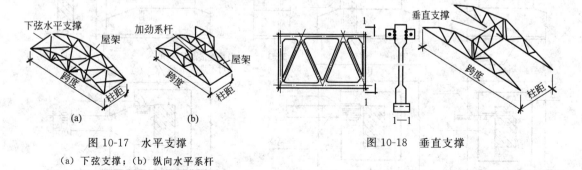

图 10-17 水平支撑
（a）下弦支撑；（b）纵向水平系杆

图 10-18 垂直支撑

（2）垂直支撑 垂直支撑的作用，是保证屋架（屋面梁）在使用和安装阶段的侧向稳定性，并提高厂房的整体刚度（图10-18）。

二、柱间支撑

柱间支撑，通常在厂房的变形缝区及厂房的中部，是厂房必须设置的支撑系统。其作用，一是承受山墙抗风柱传来的水平荷载；二是传递吊车产生的纵向刹车力，以便加强纵向柱列的刚度和稳定性，柱间支撑通常使用钢材制成（图10-19）。

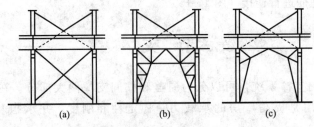

图 10-19 柱间支撑

（a）交叉式支撑；（b）门形桁架支撑；（c）门架式支撑

钢筋混凝土柱的柱间支撑宜采用型钢。交叉杆可按拉杆进行抗震强度验算，但杆件的长细比在抗震设计烈度为 8 度时≤200，9 度时≤150。上柱支撑不可利用屋面板边肋或天沟板作为受压杆件，应自设撑杆。下柱支撑的下节点应设在靠近基础顶面处，宜保证能将地震力传给基础 [图10-20(a)]。当抗震设计烈度为 8 度或 9 度，节点不能设在近基础顶面时，可在节点处加设受压梁 [图10-20(b)]；如节点离基础面稍高，可采用较深的连梁把柱撑处两个基础连接或连接成联合基础 [图10-20(c)]。必须保证支撑节点焊缝、锚件的承载能力和节点处柱截面的抗剪能力，不应使它们的破坏早于支撑杆件的破坏。厂房中每一柱列设置一道柱间支撑。在抗震设计烈度为 8 度、9 度，当厂房较长，屋面较重，跨度较大且为多跨厂房时，每一柱列也可设两道或两道以上柱间支撑。考虑温度的影响，如设两道柱间支撑，支撑位置可设在单元中部 1/3 的范围内。当抗震设计烈度为 8 度时，厂房跨度大于 18m 时多跨厂房的中柱顶宜设置水平压杆；9 度时，多跨厂房的边柱和中柱顶均宜设水平压杆。抗震设计烈度为 8 度、9 度时，多跨厂房单元两端增设上柱支撑，并与屋盖支撑设在同一柱间内。

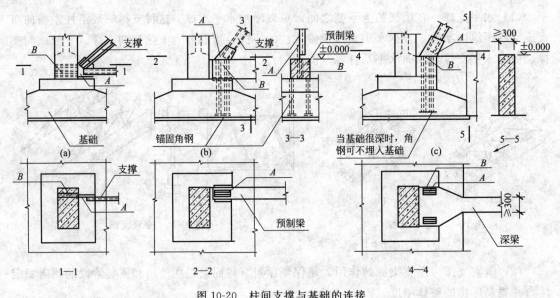

图 10-20 柱间支撑与基础的连接

思 考 题

1. 装配式单层工业厂房基础类型有哪些?
2. 装配式单层工业厂房预制柱基础有哪些? 并绘制简图。
3. 单层厂房常见几种钢筋混凝土柱类型有哪些? 并绘制简图。
4. 平面结构体系由哪些构件组成?
5. 空间结构体系包括哪些形式?
6. 吊车梁有哪些形式? 并简述吊车梁与柱子是如何连接的, 吊车轨道如何安装并画出简图。
7. 单层工业厂房的支撑系统有哪些, 各自用于厂房哪部分?

第十一章 单层工业厂房外墙、侧窗与大门

本章主要介绍单层工业厂房的外墙构造、作用、适应范围，单层工业厂房侧窗与大门的作用、种类与开启方式、钢侧窗构造要求、工业厂房推拉门构造要求。

第一节 外墙构造

一、单层工业厂房外墙的性质及要求

装配式单层工业厂房的外墙属于围护构件，仅承受自重、风荷载以及设备的振动荷载。由于单层厂房的外墙高度与长度都比较大，要承受较大的风荷载，同时还要受到机器设备与运输工具振动的影响，因此墙身的刚度与稳定性应有可靠的保证。

二、单层工业厂房外墙的类型

单层厂房的外墙按其材料类别可分为砖墙、砌块墙、板材墙、轻型板材墙等；按其承重形式则可分为承重墙、承自重墙和填充墙等（图11-1）。当厂房跨度和高度不大，且没有设置或仅设有较小的起重运输设备时，一般可采用承重墙直接承受屋盖与起重运输设备等荷载；当厂房跨度和高度较大，起重运输设备的起重量较大时，通常由钢筋混凝土排架柱来承受屋盖与起重运输等荷载，而外墙只承受自重，仅起围护作用，这种墙称为承

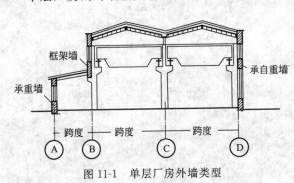

图 11-1 单层厂房外墙类型

自重墙；某些高大厂房的上部墙体及厂房高低跨交接处的墙体，采用架空支承在与排架柱连接的墙梁（连系梁）上，这种墙称为填充墙。承自重墙与填充墙是厂房外墙的主要形式。

1. 砖墙、砌块墙

单层厂房通常为装配式钢筋混凝土排架结构。其外墙在连系梁以下一般为承自重墙，在连系梁上部为填充墙。装配式钢筋混凝土排架结构的单层厂房纵墙构造剖面示例如图11-2所示。承自重墙、填充墙的墙体材料有普通黏土砖和各种预制砌块。

为防止单层厂房外墙受风力、地震或振动等而破坏，保证墙体有足够的稳定性与刚度，在构造上应使墙与柱子、山墙与抗风柱、墙与屋架或屋面梁之间有可靠的连接。

（1）墙与柱子的连接　墙体与柱子间应有可靠的连接，通常的做法是在柱子高度方向每隔 500～600mm 预埋伸出两根 ϕ6mm 钢筋，砌墙时把伸出的钢筋砌在墙缝里（图11-3）。

（2）墙与屋架（或屋面梁）的连接　屋架端部竖杆预留 2ϕ6mm 钢筋间距 500～600mm，砌入墙体内。

（3）纵向女儿墙与屋面板的连接　在墙与屋面板之间常采用钢筋拉结措施，即在屋面板横向缝内放置一根 ϕ12mm 钢筋（长度为板宽度加上纵墙厚度一半和两头弯钩），在屋面板纵缝内及纵向外墙中各放置一根 ϕ12mm（长度为1000mm）钢筋相连接（图11-4），形成工字

形的钢筋，然后在缝内用 C20 细石混凝土捣实。女儿墙的厚度一般不小于 240mm，其高度应满足安全和抗震要求。女儿墙高度非地震地区 1m 左右，地震地区或受振动影响较大时不应超过 500mm 并设钢筋混凝土压顶。

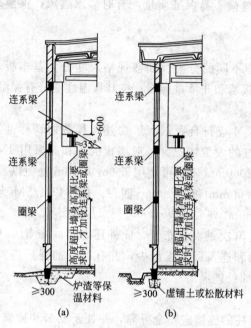

图 11-2　装配式钢筋混凝土排架结构
的单层厂房纵墙剖面

（a）较冷地区；（b）温暖多雨地区

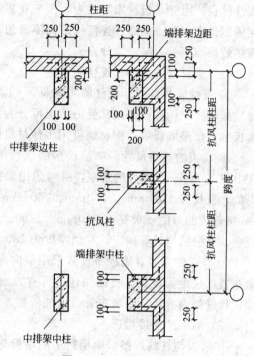

图 11-3　墙与柱子的连接

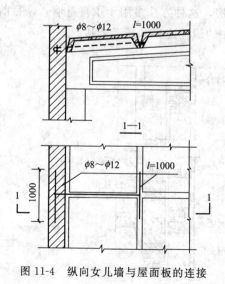

图 11-4　纵向女儿墙与屋面板的连接

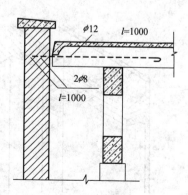

图 11-5　山墙与屋面板的连接

（4）山墙与屋面板的连接　单层厂房的山墙面积比较高大，为保证其稳定性和抗风要求，山墙与抗风柱及端柱除用钢筋拉结外，在非地震区，一般尚应在山墙上部沿屋面设置 2

根 $\phi8$mm 钢筋于墙中，并在屋面板的板缝中嵌入一根 $\phi12$mm（长为 1000mm）钢筋与山墙中钢筋拉结（图 11-5）。

2. 大型板材墙

采用大型板材墙可成倍地提高工程效率，加快建设速度，同时板材墙较砖墙重量轻，抗震性优良。因此，板材墙将成为我国工业建筑广泛采用的外墙类型之一，但板材墙目前还存在用钢量大、造价偏高，连接构造尚不理想，接缝尚不易保证质量，有时渗水透风，保温、隔热效果尚不令人满意等缺点。

（1）板材墙的类型、规格和布置

① 板材墙的类型。板材墙可根据不同需要作不同的分类。如按规格尺寸分为基本板、异型板和补充构件；如按其受力状况可分为承重板墙和非承重板墙；按其保温性能分有保温墙板和非保温墙板等。板材墙可用多种材料制作。

② 墙板的规格尺寸。单层厂房的墙板规格尺寸应符合我国《厂房建筑模数协调标准》（GB/T 50006—2010）的规定，并考虑山墙抗风柱的设置情况。一般墙板的长和高采用 3M 模数，板长有 4500mm、6000mm、7500mm 和 12000mm 等，可适用于 6m 或 12m 柱距以及 3m 整倍数的跨距。板高有 900mm、1200mm、1500mm 和 1800mm 四种。板厚以 1/5M 为模数，并按结构计算确定，常用厚度为 160~240mm。

③ 墙板的布置。墙板布置常采用横向布置，其次是混合布置，此外还有竖向布置。横向布置以柱距为板长，板柱相连，可省去窗过梁和连系梁，板型少，并有助于加强厂房刚度，接缝处理容易。混合布置虽增加板型，但立面处理灵活。

（2）墙板的连接构造

① 墙板与柱的连接。单层厂房的墙板与排架柱的连接应安全可靠，并便于安装和检修，一般分柔性连接和刚性连接。

a. 柔性连接。它是通过设置预埋铁件和其他辅助件使墙板和排架柱相连接。柱只承受由墙板传来的水平荷载，墙板的重量并不加给柱子而由基础梁或勒脚墙板承担。这种连接适用于地基不均匀、沉降较大或有较大振动影响的厂房，这种方法多用于承自重墙，是目前采用较多的方式。图 11-6 和图 11-7 分别为柔性连接中的螺栓连接和压条连接。

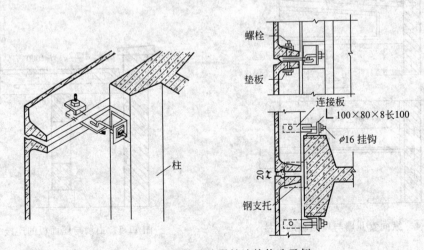

图 11-6 螺栓挂钩柔性连接构造示例

b. 刚性连接。它是在柱子和墙板中先分别设置预埋铁件，安装时将每块板材用型钢焊

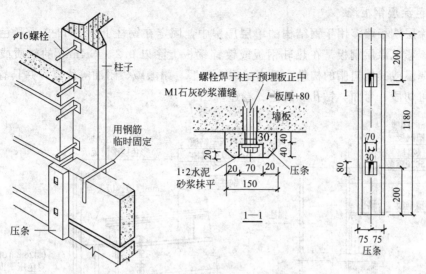

图 11-7　压条柔性连接构造示例

接连牢（图 11-8）。优点是施工方便，构造简单，厂房的纵向刚度好。缺点是对不均匀沉降及振动较敏感，墙板板面要求平整，预埋件要求准确。刚性连接宜用于地震设防烈度为 7 度或 7 度以下的地区。

②　墙板板缝的处理。为了使墙板能起到防风雨、保温、隔热作用，除了板材本身要满足这些要求之外，还必须做好板缝的处理。

板缝根据不同情况，可以做成各种形式。水平缝可做成平口缝、高低错口缝、企口缝等。后者的处理方式较好，但从制作、施工以及防止雨水的重力和风力渗透等因素综合考虑，错口缝是比较理想的，应多采用这种形式。

3. 轻质板材墙

不要求保温、隔热的热加工车间，防

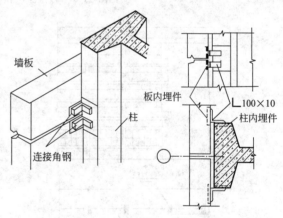

图 11-8　刚性连接构造示例

爆车间和仓库建筑的外墙，可采用轻质的石棉水泥板（包括瓦楞板和平板等）、瓦楞铁皮、塑料墙板、铝合金板以及夹层玻璃墙板等。这种墙板仅起围护结构作用，墙板除传递水平风荷载外，不承受其他荷载，墙板本身的重量也由厂房骨架来承受。

目前我国采用较多的是波纹石棉水泥瓦，它是一种脆性材料，为了防止损坏和构造方便，一般在墙角、门洞旁边以及窗台以下的勒脚部分，常采用砖砌进行配合。这种墙板通常是悬挂在柱子之间的横梁上。横梁一般为 T 形或 L 形断面的钢筋混凝土预制构件。横梁长度应与柱距相适应，横梁两端搁置在柱子的钢牛腿上，并且通过预埋件与柱子焊接牢固。横梁的间距应配合波纹石棉水泥瓦的长度来设计，尽量避免锯裁瓦板造成浪费。瓦板与横梁连接，可采用螺栓与铁卡子将两者夹紧，螺栓孔应钻在墙外侧瓦垅的顶部，安装螺栓时，该处应衬以 5mm 厚的毡垫，为防止风吹雨水经板缝侵入室内，瓦板应顺主导风向铺设，瓦板左右搭接通常为一个瓦拢。

4. 彩色涂层钢板墙

　　彩色涂层钢板墙多用于钢结构的单层厂房中，固定在钢柱上，图 11-9 为彩色涂层板的外墙构造。彩色涂层钢板是在热轧钢板或镀锌钢板上涂以 0.2～0.4mm 的软质或半硬质聚乙烯塑料薄膜或其他树脂的构件。具有绝缘、耐磨、耐酸碱、耐油等优点，并具有较好的加工性能。可切段、弯曲、钻孔、铆边、卷边。

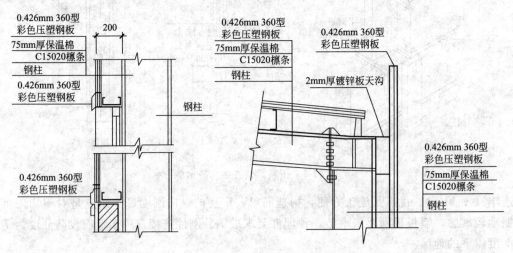

图 11-9　彩色涂层钢板的外墙构造

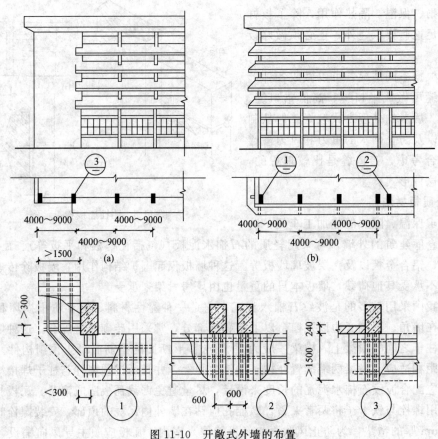

图 11-10　开敞式外墙的布置

（a）单面开敞外墙；（b）四面开敞外墙

5. **开敞式外墙**

南方炎热地区，为了使厂房获得良好的自然通风和散热效果，一些热加工车间常采用开敞式外墙。开敞式外墙通常是在下部设矮墙，上部的开敞口设置挡雨遮阳板。图 11-10 为开敞式外墙的布置。

挡雨遮阳板每排之间距离，与当地的飘雨角度、日照以及通风等因素有关，设计时应结合车间对防雨的要求来确定，一般飘雨角可按 45°设计，风雨较大地区可酌情减少角度。挡雨板有多种构造形式。通常有：石棉水泥瓦挡雨板和钢筋混凝土挡雨板。

第二节　侧窗与大门

一、侧窗

单层厂房的侧窗不仅应满足采光和通风的要求，还要根据生产工艺的特点，满足一些特殊要求。例如有爆炸危险的车间，侧窗应有利于泄压；要求恒温恒湿的车间，侧窗应有足够的保温隔热性能；洁净车间要求侧窗防尘和密闭等。单层厂房的侧窗面积往往比较大，因此设计与构造上应在坚固耐久、开关方便的前提下，节省材料、降低造价。

1. 侧窗布置形式

单层厂房侧窗一般均为单层窗，但在寒冷地区的采暖车间，距室内地面 3m 以内应设双层窗。若生产有特殊要求（如恒温恒湿、洁净车间等），则应全部采用双层窗。

单层厂房外墙侧窗布置形式一般有两种：一种是被窗间墙隔开的单独的窗口形式；另一种是厂房整个墙面或墙面大部分做成大片玻璃墙面或带状玻璃窗。

2. 侧窗种类

单层工业厂房侧窗，按材料分为木窗、钢窗及塑钢窗等，其中应用最多的是钢制侧窗；按层数分为单层窗和双层窗；按开启方式分为中悬窗、平开窗、垂直旋转窗、固定窗等。

（1）中悬窗　扇沿水平中轴转动，开启角度可达 80°，并可利用自重保持平衡。这种窗便于采用侧窗开关器进行启闭，因此是车间外墙上部理想的窗型。中悬窗的缺点是构造较复杂，由于开启扇之间有缝隙，易产生飘雨现象。中悬窗还可作为泄压窗，调整其转轴位置，使转轴位于窗扇重心之上，当室内达到一定的压力时，便能自动开启泄压。

（2）平开窗　窗口阻力系数小，通风效果好，构造简单，开关方便，便于做成双层窗。但防雨较差，风雨大时易从窗口飘进雨水。此外，这种窗由于不便于设置联动开关器，只能手动逐个开关，不宜布置在较高部位，通常布置在外墙的下部。

（3）垂直旋转窗　窗扇沿垂直轴转动，可装置手拉联动开关设备。这种窗启闭方便，并能按风向来调节开启角度，通风性能较好，故又称为引风扇，但密闭性差，适用于要求通风好、密闭要求不高的车间。常用于热加工车间的外墙下部，作为进风口。

（4）固定窗　构造简单，节省材料，造价较低。常用在较高外墙的中部，既可采光，又可使热压通风的进、排气口分隔明确，便于更好地组织自然通风。有防尘密闭要求的侧窗，也多做成固定窗，以避免缝隙渗透。

3. 钢侧窗构造

钢侧窗具有坚固、耐火、耐久、挡光少、关闭严密、易于工厂机械化生产等优点，目前在工业厂房中应用较广。主要有实腹钢窗和空腹钢窗两种。单层厂房侧窗面积大，根据车间通风需要，一般厂房常将平开窗、中悬窗和固定窗组合在一起，靠竖向和水平的拼料保证窗的整体刚度和稳定性。其构造及安装方式同民用建筑。为了便于安装开关器，侧窗组合时，在同一横向高度内，应采用相同的开启方式。如图 11-11 所示。

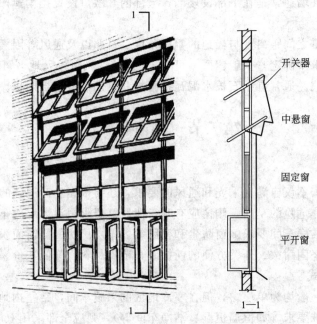

图 11-11　单层厂房钢侧窗组合示意

二、大门

厂房大门主要是供人流、货流通行及疏散之用。因此门的尺寸应根据所需运输工具类型、规格、运输货物的外形并考虑通行方便等因素来确定。通常门宽应比满装货物时的车辆宽 600～1000mm、高 400～600mm。

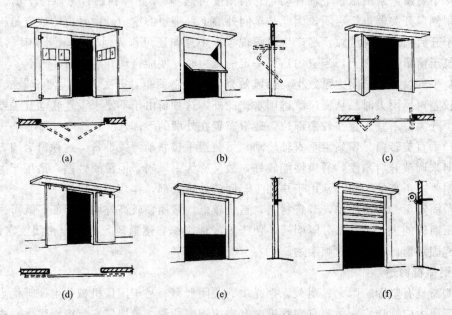

图 11-12　大门的开启方式

(a) 平开门；(b) 上翻门；(c) 折叠门；(d) 推拉门；(e) 升降门；(f) 卷帘门

1. 大门类型

厂房大门按用途可分为：一般大门和特殊大门。特殊大门是根据特殊要求设计的，有保温门、防火门、冷藏门、射线防护门、防风砂门、隔音门、烘干室门等。

厂房大门按门窗材料可分为：木门、钢板门、钢木门、铝合金门等。

厂房大门按开启方式可分为：平开门、折叠门、推拉门、上翻门、升降门、卷帘门、光电控制门等（图 11-12）。

2. 推拉门构造

推拉门由门扇、上导轨、地槽（下导轨）及门框组成。门扇可采用钢木大门、钢板门等。每个门扇宽度一般不大于 1.8m。推拉门的支承方式可分为上挂式（门扇通过滑轮挂在门洞上方的导轨上）和下滑式（门洞上下均设导轨，下面导轨承受门的重量），当门扇高度小于 4m 时采用上挂式，大于 4m 时采用下滑式。图 11-13 所示为上挂式双扇推拉门构造。

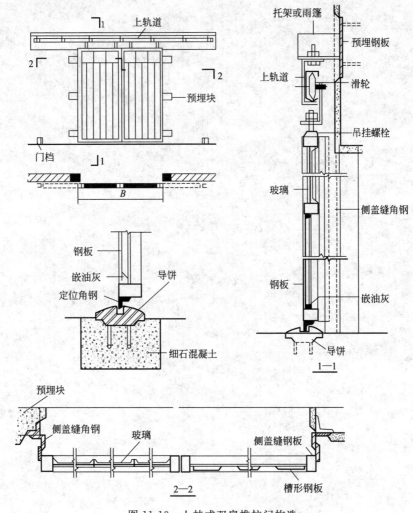

图 11-13　上挂式双扇推拉门构造

思 考 题

1. 单层工业厂房的外墙类型？砖墙与柱子、山墙与抗风柱、墙与屋架或屋面梁之间如何连接？

2. 大型板材墙墙板与柱的连接及墙板板缝的处理？

3. 彩色涂层钢板墙的特点及其固定？

4. 开敞式外墙适用于什么车间？

5. 单层厂房侧窗与民用房屋比较有什么特点？除满足采光和通风之外，有的车间按生产工艺特点，对侧窗尚有哪些特殊要求？工业厂房侧窗的种类与开启方式以及钢侧窗构造要求如何？

6. 工业厂房大门的作用与类型以及推拉门构造要求。

7. 调查了解邻近的工业建筑外墙、侧窗与大门类型。

第十二章　单层工业厂房屋面

本章主要介绍单层工业厂房屋面的功能、单层厂房屋面排水的方式及适用范围、卷材防水屋面构造做法和要求、钢筋混凝土构件自防水屋面的防水及其特点、厂房屋面保温与隔热措施等，结合工程实际了解常见的屋面防水构造做法。

单层厂房屋面的功能及构造与民用建筑屋面基本相同，但由于面积大，而且由于屋面板大多采用装配式，接缝多，且直接受厂房内部的振动、高温、腐蚀性气体、积灰等因素的影响，这就使得厂房屋面在排除雨水方面比较不利，因此，解决好屋面的排水和防水是厂房屋面构造的主要问题。有些地区还要处理好屋面的保温、隔热问题；对于有爆炸危险的厂房，还须考虑屋面的防爆、泄压问题；对于有腐蚀气体的厂房，还要考虑防腐蚀的问题等。

第一节　厂房屋面基层类型与组成

一、厂房屋面基层类型

厂房屋面基层类型分为有檩体系和无檩体系两种。

二、厂房屋面基层组成

有檩体系是在屋架上弦（或屋面梁上翼缘）搁置檩条，在檩条上铺设小型屋面板（或瓦材）。其整体刚度较差，只适用于一般中、小型的厂房。

无檩体系是在屋架上弦（或屋面梁上翼缘）直接铺设大型屋面板。其整体刚度较大，适用于各种类型的厂房。

第二节　厂房屋面排水

厂房屋面排水方式同民用建筑，分无组织排水和有组织排水两种，选择排水方式，应结合所在地区气候条件、降雨量、厂房生产工艺特点、厂房高度、屋面积大小和天窗宽度等因素综合考虑。

一、无组织排水

无组织排水构造简单，施工方便，造价便宜，条件允许时宜优先选用，尤其是某些对屋面有特殊要求的厂房，如屋面容易积灰的冶炼车间、屋面防水要求很高的铸工车间或散发腐蚀性介质的车间，容易造成管道堵塞而渗漏，宜采用无组织排水。

无组织排水的挑檐应有一定的长度，当檐口高度不大于 6m 时，一般不宜小于 300mm；檐口高度大于 6m 时，一般不宜小于 500mm，在多雨的地区，挑檐尺寸要适当加大。勒脚外地面须做散水，其宽度一般宜超出挑檐 200mm，也可以做成明沟。

高低跨厂房的高跨为无组织排水时，在低跨屋面的滴水范围内要加铺一层滴水板作保护层。保护层的材料有混凝土板、机平瓦、石棉瓦、镀锌铁皮等。

二、有组织排水

有组织排水是将屋面雨水有组织地汇集到天沟或檐沟内，再经雨水斗、落水管排到室外或下水道。单层厂房有组织排水通常分为外排水、内排水和内排外落式，具体可归纳为以下几种形式。

1. 檐沟外排水

当厂房较高或地区降雨量较大，不宜作无组织排水时，可把屋面的雨、雪水组织在檐沟内，经雨水口和立管排下。这种方式构造简单、施工方便、管材省、造价低，且不妨碍车间内部工艺设备布置，尤其是在南方地区应用较广 ［图 12-1(a)］。

2. 长天沟外排水

当厂房内天沟长度不大时，可采用长天沟外排水方式。这种方式构造简单、施工方便、造价较低，但受地区降雨量、汇水面积、屋面材料、天沟断面和纵向坡度等因素的制约。即使在防水性能较好的卷材防水屋面中，其天沟每边的流水长度也不宜超过 48m（纺织印染厂房也有做到 70～80m 的，但天沟断面要适当增大）。天沟端部应设溢水口，防止暴雨时或排水口堵塞时造成的漫水现象 ［图 12-1(b)］。

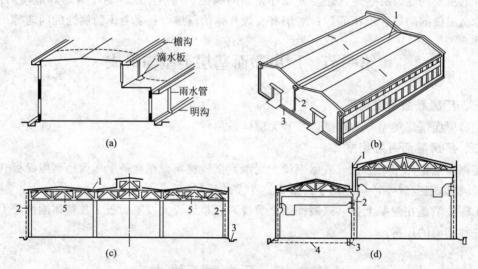

图 12-1　单层厂房屋面有组织排水形式

(a) 檐沟外排水；(b) 长天沟外排水；(c) 内排水；(d) 内落外排水

1—天沟；2—立管；3—明（暗）沟；4—地下雨水管；5—悬吊管

3. 内排水

内排水不受厂房高度限制，屋面排水组织灵活，适用于多跨厂房 ［图 12-1(c)］。在严寒多雪地区采暖厂房和有生产余热的厂房。采用内排水可防止冬季雨、雪水流至檐口结成冰柱拉坏檐口或坠落伤人、防止外部雨水管冻结破坏。但内排水构造复杂，造价及维修费高，且与地下管道、设备基础、工艺管道等易发生矛盾。

4. 内落外排水

这种排水方式是将厂房中部的雨水管改为具有 0.5%～1% 坡度的水平悬吊管，与靠墙的排水立管连通，下部导入明沟或排出墙外 ［图 12-1(d)］。这种方式可避免内排水与地下干管布置的矛盾。

第三节　厂房屋面防水

厂房屋面根据防水材料的不同，主要有卷材防水、各种波形瓦（板）屋面和钢筋混凝土构件自防水等类型。

一、卷材防水屋面

卷材防水屋面在构造层次上与民用建筑基本相同，可分为保温和不保温两种。卷材防水屋面的防水质量关键在于基层和防水层。由于厂房屋面荷载大、振动大，因此变形可能性大，一旦基层变形过大时，易引起卷材拉裂。施工质量不高也会引起渗漏，尤其是卷材防水屋面的节点构造。

1. 接缝

大型屋面板相接处的缝隙，必须用C20细石混凝土灌缝填实。在无隔热（保温）层的屋面上，屋面板短边端肋的交接缝（即横缝）处的卷材被拉裂的可能性较大。应加以处理。实践证明，采用在横缝上加铺一层干铺卷材延伸层的做法，效果较好（图12-2）。板的长边主肋的交缝（即纵缝）由于变形一般较小，一般不需特别处理。

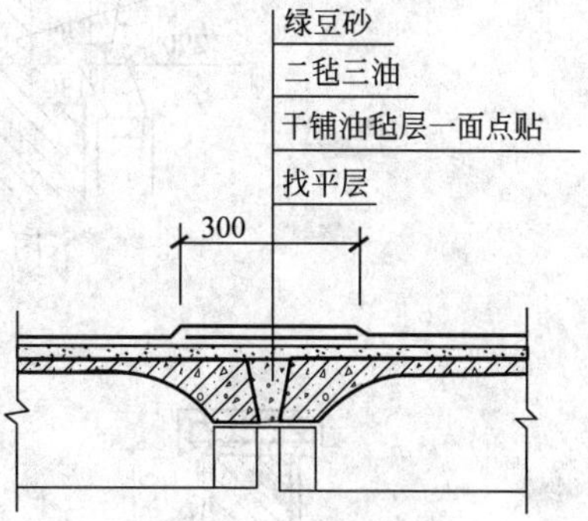

2. 挑檐

屋面为无组织排水时，可用外伸的檐口板形成挑檐，有时也可利用顶部圈梁挑出挑檐板。挑檐处应处理好卷材的收头，以防止卷材起翘、翻裂。通常可采用卷材自然收头［图12-3(a)］和附加镀锌铁皮收头［图12-3(b)］的方法。

图 12-2 卷材防水层横缝处理

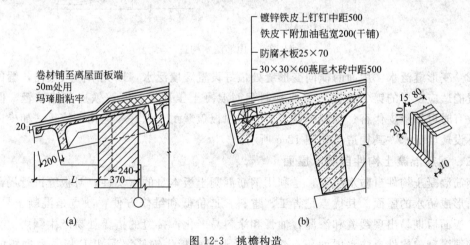

图 12-3 挑檐构造
(a) 卷材自然收头；(b) 附加镀锌铁皮收头

3. 纵墙外天（檐）沟

槽形天沟板一般支承在钢筋混凝土屋架端部挑出的水平挑梁上或钢屋架、钢筋混凝土屋面大梁端部的钢牛腿上。檐沟的卷材防水层除与屋面相同以外，在防水层底应加铺一层卷材。雨水口周围应附加玻璃布两层。檐沟的卷材防水也应注意收头的处理。因檐沟的檐壁较矮，为保证屋面检修、清灰的安全，可在沟外壁设铁栏杆（图12-4）。

4. 泛水

(1) 山墙泛水　山墙泛水的做法与民用建筑基本相同，应做好卷材收头处理和转折处理。振动较大的厂房，可在卷材转折处加铺一层卷材（图12-5），山墙一般应采用钢筋混凝土压顶，以利于防水和加强山墙的整体性。

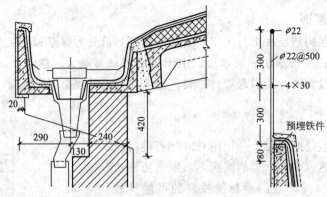

图 12-4　纵墙外天（檐）沟构造

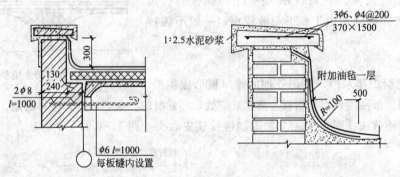

图 12-5　山墙泛水构造

（2）变形缝泛水　屋面的横向变形缝处最好设置矮墙泛水，以免水溢入缝内，缝的上部应设置能适应变形的镀锌铁皮盖缝或预制钢筋混凝土压顶板。镀锌铁皮盖缝较轻，但易锈蚀，故有时可用铝皮代替；预制钢筋混凝土压顶板盖缝耐久性好，但构件较重。如横向变形缝处不设矮墙泛水，其构造可如图 12-6 所示。

二、钢筋混凝土构件自防水屋面

钢筋混凝土构件自防水屋面，是利用钢筋混凝土板本身的密实性，对板缝进行局部防水处理而形成防水的屋面。其优点是省工、省料、造价低和维修方便；缺点是混凝土易碳化、风化，板面后期易出现裂缝和渗漏，油膏和涂料易老化，接缝的搭盖处易产生飘雨。

钢筋混凝土构件自防水屋面板有钢筋混凝土屋面板、钢筋混凝土 F 板。根据板的类型不同，其板缝的防水处理方法也不同。板缝的防水措施有嵌缝式、贴缝式和搭盖式三种。图 12-7 为嵌缝式、贴缝式构造。

三、波形瓦（板）防水屋面

波形瓦（板）防水屋面常用的有石棉水泥波瓦、镀锌铁皮波瓦、钢丝网水泥波瓦和压型钢板瓦和玻璃钢瓦等。它们均属有檩体系，是轻型瓦材屋面，具有厚度薄、重量轻、施工方便、防火性能好等优点。

1. 石棉水泥波瓦屋面

石棉水泥波瓦的优点是厚度薄，重量轻，施工简便。其缺点是易脆裂，耐久性、保温隔热性差，多用于仓库及对室内温度状况要求不高的厂房。其规格有大波瓦、中波瓦和小波瓦三种。在厂房中常采用大波瓦。

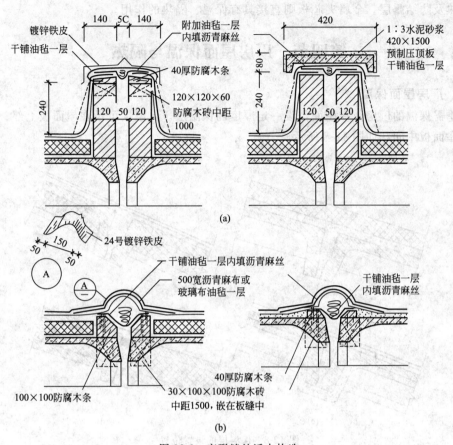

图 12-6　变形缝处泛水构造

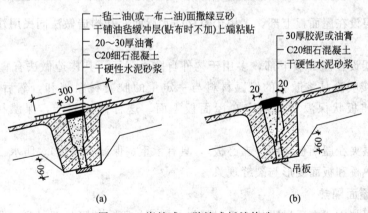

图 12-7　嵌缝式、贴缝式板缝构造

(a) 贴缝式；(b) 嵌缝式

　　石棉水泥波瓦直接铺设在檩条上，檩条间距应与石棉瓦的规格相适应，一般是一块瓦跨三根檩条。所以，大波瓦的檩条最大间距为 1300mm，中波瓦为 1100mm，小波瓦为 900mm。檩条有木檩条、钢筋混凝土檩条、钢檩条及轻钢檩条等。

　　2. 彩色压型钢板屋面

　　彩色压型钢板屋面的特点是施工速度快，重量轻，美观。彩色压型钢板具有承重、防锈、耐腐、防水、装饰的功能，但造价高，维修复杂。彩色压型钢板屋面可根据需要设置保温、隔热及防结露层。金属夹芯板则直接具有保温、隔热的作用。

第四节 厂房屋面保温与隔热

一、厂房屋面保温

冬季需保温的厂房，在屋面需设一定厚度的保温层。保温层可设在屋面板上部、屋面板下部或屋面板中间，如图 12-8 所示。

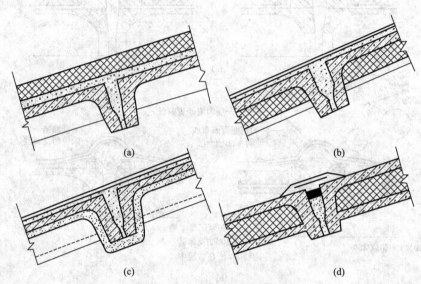

图 12-8 保温层的设置位置
（a）在屋面板上部；（b）在屋面板下部；（c）喷涂在屋面板下部；（d）夹心保温屋面板

（1）保温层设在屋面板上部，多用于卷材防水屋面，其构造做法同民用建筑，应用较为普遍。

（2）保温层设在屋面板下部，多用于构件自防水屋面，其构造做法有直接喷涂和吊挂两种形式。直接喷涂是将散状的保温材料与一定量的胶凝材料拌和，然后喷涂在屋面板下面。吊挂是将板状保温材料固定在屋面板下面。这种做法复杂，保温材料吸附水汽，效果不佳。

（3）保温层夹在屋面板中间（夹心板），具有承重、保温（隔热）、防水三种功能，做法简便，但存在热桥和板面变形与裂缝现象。

二、厂房屋面隔热

厂房屋面隔热方式有通风隔热、反射隔热、屋面板下吊挂隔热棉隔热、保温层夹在屋面板中间（夹心板）保温隔热。

（1）通风隔热是在屋顶设置通风间层或天窗，利用空气的流动带走大部分的热量，达到隔热降温的目的。通风隔热屋面做法是在结构层与悬吊顶棚之间设置通风间层，在外墙上设进气口与排气口。矩形避风天窗、纵向或横向下沉式天窗、井式天窗、M 形天窗等均可起到通风隔热降温的作用。

（2）反射隔热是在屋面铺浅色涂料，利用浅色材料的颜色和光滑度对热辐射的反射作用，将屋面的太阳辐射热反射出去，从而达到降温的作用。

思 考 题

1. 厂房屋面基层类型和厂房屋面基层组成是什么？
2. 单层厂房屋面排水有哪几种方式？各适用哪些范围？
3. 卷材防水屋面泛水构造如何？
4. 钢筋混凝土构件自防水屋面如何防水？其特点如何？
5. 厂房屋面保温与隔热措施有哪些？
6. 周围建筑中屋面的常用做法是什么？屋面的排水坡度和防水效果如何？

第十三章　单层工业厂房天窗

本章主要介绍单层工业厂房天窗的作用与类型、矩形天窗的布置要求和构件组成、平天窗的类型与特点及其构造。

第一节　天窗的作用与基本类型

一、天窗的作用

大跨度或多跨的单层厂房中，为满足天然采光与自然通风的要求，在屋面上常设置各种形式的天窗。

二、天窗的基本类型

单层厂房采用的天窗类型较多，如图 13-1 所示。主要用作采光的有矩形天窗、锯齿形天窗、平天窗、三角形天窗、横向下沉式天窗等；主要用作通风的有矩形避风天窗、纵向或横向下沉式天窗、井式天窗、M 形天窗等。

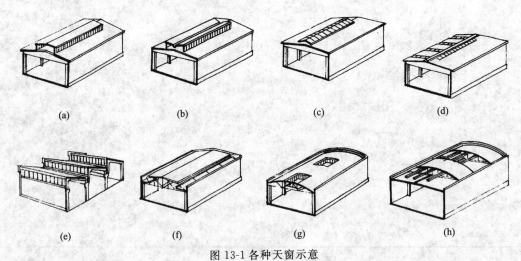

图 13-1 各种天窗示意

(a) 矩形天窗；(b) M 形天窗；(c) 三角形天窗；(d) 采光带；(e) 锯齿形天窗
(f) 两侧下沉式天窗；(g) 中井式天窗；(h) 横向下沉式天窗

第二节　矩形天窗构造

矩形天窗沿厂房纵向布置，由天窗架、天窗屋顶、天窗端壁、天窗侧板及天窗扇等构件组成 [图 13-2(b)]。为了简化构造并留出屋面检修和消防通道，在厂房的两端和横向变形缝的第一个柱间通常不设天窗 [图 13-2(a)]，在每段天窗的端壁应设置上天窗屋面的消防梯（检修梯）。

一、天窗架

天窗架是天窗的承重构件，它支承在屋架或屋面梁上，由钢筋混凝土或型钢制作。钢天

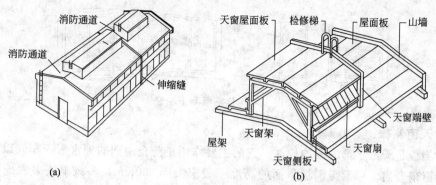

图 13-2　矩形天窗布置与组成

（a）矩形天窗布置与消防通道；（b）矩形天窗的组成

窗架重量轻，制作吊装方便，多用于钢屋架上，但也可用于钢筋混凝土屋架上。钢筋混凝土天窗架则要与钢筋混凝土屋架配合使用。钢筋混凝土天窗架一般由两榀或三榀预制构件拼接而成，各榀之间采用螺栓连接，其支脚与屋架采用焊接。

钢筋混凝土天窗架的形式一般有 Ⅱ 形和 W 形，也可做成 Y 形；钢天窗架有多压杆式和桁架式（图 13-3）。天窗架的跨度采用扩大模数 30M 系列，目前有 6m、9m、12m 三种；天窗架的高度应与天窗扇的高度配套。

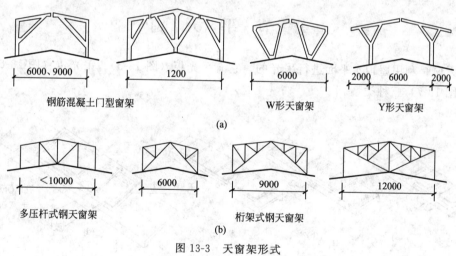

图 13-3　天窗架形式

（a）钢筋混凝土天窗架；（b）钢天窗架

二、天窗屋顶及檐口

天窗屋顶的构造通常与厂房屋顶构造相同。天窗檐口一般采用带挑檐的屋面板，挑出长度为 300～500mm。檐口下部的屋面上须铺设滴水板，以保护厂房屋面。

三、天窗端壁

天窗两端的山墙称为天窗端壁。天窗端壁通常采用预制钢筋混凝土端壁和石棉水泥瓦端壁。

当采用钢筋混凝土天窗架时，天窗端部可用预制钢筋混凝土端壁板来代替天窗架。这种端壁板既可支承天窗屋面板，又可起到封闭尽端的作用，是承重与围护合一的构件。根据天窗宽度不同，端壁板由两块或三块拼装而成（图 13-4），它焊接固定在屋架上弦轴线的一侧，屋架上弦的另一侧搁置相邻的屋面板。

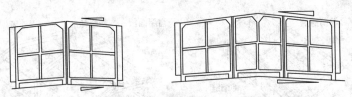

图 13-4　钢筋混凝土端壁

四、天窗侧板

天窗侧板是天窗下部的围护构件。它的主要作用是防止屋面的雨水溅入车间以及不被积雪挡住天窗扇开启。屋面至侧板顶面的高度一般应大于 300mm，多风雨或多雪地区应增高至 400~600mm。

五、天窗扇

钢天窗扇按开启方式分为上悬式和中悬式。上悬式天窗扇最大开启角仅为 45°，因此防雨性能较好，但通风性能较差；中悬式天窗扇开启角为 60°~80°，通风好，但防雨性较差。

六、天窗开关器

由于天窗位置较高，需要经常开关的天窗应设置开关器。天窗开关器可分为电动、手动、气动等多种。

第三节　平　天　窗

平天窗是利用屋顶水平面进行采光的。它有采光板（图 13-5）、采光罩（图 13-6）和采光带（图 13-7）三种类型。

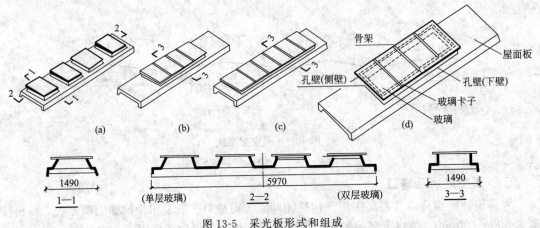

图 13-5　采光板形式和组成

(a) 小孔采光板；(b) 中孔采光板；(c) 大孔采光板；(d) 采光板的组成

一、平天窗孔壁构造

孔壁是平天窗采光口的边框。为了防止雨水和积雪对窗的影响，孔壁一般高出屋面150mm 左右，有暴风雨的地区则可提高至 250mm 以上。孔壁的形式有垂直和倾斜的两种，后者可提高采光效率。孔壁常做成预制装配的，材料有钢筋混凝土、薄钢板、玻璃纤维塑料等，应注意处理好屋面板之间的缝隙，以防渗水；也可以做成现浇钢筋混凝土的。

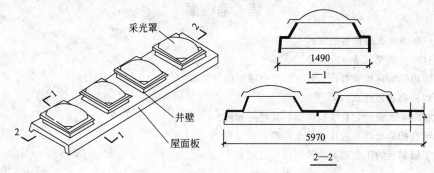

图 13-6　采光罩

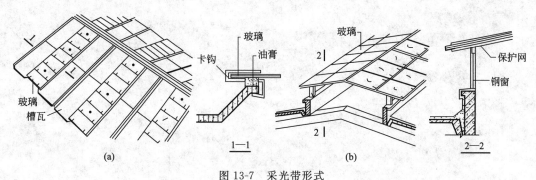

图 13-7　采光带形式

（a）横向采光带；（b）纵向采光带

二、玻璃固定及防水处理

小孔采光板及采光罩为整块透光材料，利用钢卡钩及木螺钉将玻璃或玻璃罩固定在孔壁的预埋木砖上。

大孔采光板和采光带须由多块玻璃拼接而成，故须设置骨架作为安装固定玻璃之用。横档的用料有木材、型钢、铝材和预制钢筋混凝土条等；玻璃与横档搭接处的防水一般用油膏防止渗水。

三、玻璃的安全防护

平天窗宜采用安全玻璃（如钢化玻璃、夹丝玻璃和玻璃钢罩等）。当采用平板玻璃、磨砂玻璃、压花玻璃等非安全玻璃时，为防止玻璃破碎落下伤人，须加设安全网。安全网一般设在玻璃下面，常采用镀锌铁丝网制作，挂在孔壁的挂钩上或横档上（图 13-8）。安全网易积灰，清扫困难，构造处理时应考虑便于更换。

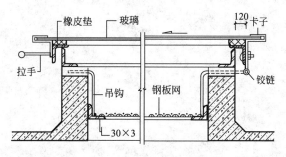

图 13-8　安全网构造示例

思 考 题

1. 单层厂房为什么要设置天窗？
2. 天窗有哪些类型？适应范围是什么？
3. 常用的矩形天窗布置有什么要求？它由哪些构件组成？
4. 天窗侧板要求是什么？
5. 什么叫做平天窗？它有哪些类型？其特点如何？
6. 平天窗在构造处理上应注意什么问题？
7. 调查了解邻近的工业建筑的天窗形式。

第十四章　地面及其他构造

本章主要介绍单层工业厂房地面的作用、特点、要求与构造组成，地沟与坡道的构造要求，厂房金属梯的类型、布置和构造要求。

第一节　地　　面

一、厂房地面的特点与要求

工业厂房地面应能满足生产使用要求。如生产精密仪器或仪表的车间，地面应满足防尘要求；生产中有爆炸危险的车间，地面应满足防爆要求（不因撞击而产生火花）；有化学侵蚀的车间，地面应满足防腐蚀要求等。因此，地面类型的选择是否恰当，构造是否合理，将直接影响到产品质量的好坏和工人劳动条件的优劣。同时，由于工厂各工段生产要求不同，地面类型也应不同，这就使地面构造增加了复杂性。此外，单层厂房地面面积大，荷载大，材料用量也多。所以正确而合理地选择地面材料和相应的构造，不仅有利于生产，而且对节约材料和基建投资都有重要意义。

二、地面的组成

厂房地面与民用建筑一样，一般是由面层、垫层和基层（地基）组成。根据使用要求和构造要求可增设其他构造层，如结合层、找平层、隔离层等（图 14-1）；某些特殊情况下，还需增设保温层、隔绝层、隔音层等。

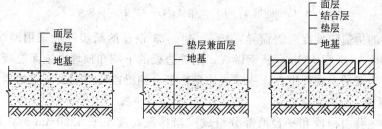

图 14-1　厂房地面的组成

三、地沟

由于生产工艺的需要，厂房内有各种生产管道（如电缆、采暖、压缩空气、蒸汽管道等）需要设置地沟。

地沟由底板、沟壁、盖板三部分组成。常用有砖砌地沟和混凝土地沟两种。砖砌地沟适用于沟内无防酸、碱要求，沟外部也不受地下水影响的厂房。沟壁一般为 120～490mm，上端应设混凝土垫梁，以支承盖板。砖砌地沟一般须作防潮处理，做法是在沟壁外刷冷底子油一道，热沥青二道，沟壁内抹 20mm 厚 1∶2 水泥砂浆，内掺 3% 防水剂。

四、坡道

厂房的室内外高差一般为 150mm。为了便于各种车辆通行，在门口外侧须设置坡道。坡道宽度应比门洞大出 1200mm，坡度一般为 10%～15%，最大不超过 30%。坡度较大

（大于 10%）时，应在坡道表面作齿槽防滑。若车间有铁轨通入时，则坡道设在铁轨两侧。

第二节 其他构造

一、钢梯

在工业厂房中常需设置各种钢梯，如作业平台钢梯、吊车钢梯、屋面检修及消防钢梯等。

1. 作业钢梯

作业钢梯是工人上下生产操作平台或跨越生产设备联动线的通道。作业钢梯多选用定型构件。定型作业钢梯坡度一般较陡，有 45°、59°、73°、90°四种，如图 14-2 所示。

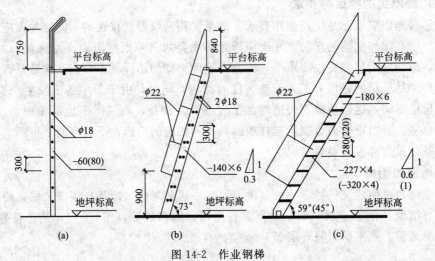

图 14-2 作业钢梯

(a) 90°钢梯；(b) 73°钢梯；(c) 45°及 59°钢梯

作业钢梯的构造随坡度陡缓而异，45°、59°、73°钢梯的踏步一般采用网纹钢板；90°钢梯的踏步一般用 1~2 根 ϕ18mm 圆钢做成；钢梯边梁的下端和预埋在地面混凝土基础中的预埋钢板焊接；边梁的上端固定在作业（或休息）平台钢梁或钢筋混凝土梁的预埋铁件上。

2. 吊车钢梯

吊车钢梯主要由梯段和平台两部分组成（当梯段高度小于 4200mm 时，可不设中间平台，做成直梯）。吊车钢梯的坡度一般为 63°，即 1:2，宽度为 600mm。

3. 屋面检修及消防钢梯

为了便于屋面的检修、清灰、清除积雪和擦洗天窗，厂房均应设置屋面检修钢梯，并兼作消防梯。屋面的检修钢梯多为直梯形式；但当厂房很高时，用直梯既不方便也不安全，应采用设有休息平台的斜梯。

屋面检修钢梯设置在窗间墙或其他实墙上，不得面对窗口。当厂房有高低跨时，应使屋面检修钢梯经低跨屋面再通到高跨屋面。设有矩形、梯形、M 形天窗时，屋面检修及消防梯宜设在天窗的间断处附近，以便于上屋面后横向穿越，并应在天窗端壁上设置上天窗屋面的直梯。

二、吊车梁走道板

吊车梁走道板是为维修吊车轨道及吊车而设，走道板均沿吊车梁顶面铺设。当吊车为中级工作制，轨顶高度小于 8m 时，只需在吊车操纵室一侧的吊车梁上设通长走道板；若轨顶高度大于 8m 时，则应在两侧的吊车梁上设置通长走道板；如厂房为高温车间、吊车为重级工作制或露天跨设吊车时，不论吊车台数、轨顶高度如何，均应在两侧的吊车梁上设通长走道板。

走道板多采用预制钢筋混凝土走道板，走道板宽度有 400mm、600mm、800mm 三种，板的长度与柱子净距相配套，走道板的横断面为槽形或 T 形。走道板的两端搁置在柱子侧面的钢牛腿上，并与之焊牢。走道板的一侧或两侧还应设置栏杆，栏杆为角钢制作。

三、隔断

根据生产、管理、安全卫生等要求，厂房内有些生产或辅助工段及辅助用房需要用隔断加以隔开。通常隔断的上部空间是与车间连通的，只是在为了防止车间生产的有害介质侵袭时，才在隔断的上部加设胶合板、薄钢板、硬质塑料及石棉水泥板等材料做成的顶盖，构成一个封闭的空间。不加顶盖的隔断一般高度为 2m 左右，加顶盖的隔断高度一般为 3～3.6m。隔断按材料可分为木隔断、砖隔断、金属网隔断、预制钢筋混凝土隔断、混合材料隔断以及硬质塑料、玻璃钢、石膏板等轻质材料隔断。

思 考 题

1. 厂房地面有什么特点和要求？地面由哪些构造层次组成？其作用如何？
2. 地沟由哪几个部分组成？地沟的构造要求如何？
3. 坡道的要求如何？
4. 厂房的金属梯有哪些类型？
5. 厂房的金属梯在布置和构造上有什么要求？
6. 吊车梁走道板与隔断的作用是什么？
7. 调查了解工业建筑的地面与民用建筑的地面的不同之处。

第三篇　房屋建筑图的识读

房屋建筑图是按照"国标"规定,采用正投影的方法,详细、准确地表达出房屋室内外形状和大小、房屋的结构、构造、室内外装饰、各种设备的布置等。它是用以直接指导房屋建筑工程施工的图样,所以又称为房屋施工图,简称施工图。它起着协调各施工部门和各工种之间的相互配合,有条不紊地工作的作用,它是房屋定位、放线以及房屋质量检验、验收、编制工程预算的重要技术依据。

一、施工图的分类

建造一幢房屋从设计到施工,要由许多专业和不同工种共同配合来完成。按专业分工的不同,施工图可分为如下四类。

(1) 建筑施工图(简称建施)　它主要表达建筑设计的内容,即表示建筑物的总体布局、外部造型、内部布置、内外装饰、细部构造及施工要求等。它包括首页图,总平面图,建筑平、立、剖面图和详图。

(2) 结构施工图(简称结施)　它主要表达建筑结构构件的布置、类型、数量、大小及做法等。它包括结构设计说明、基础图、结构布置图及构件详图。

(3) 设备施工图(简称设施)　它主要表达各种设备、管道和线路的布置、走向以及安装的施工要求等。它分为给水排水、采暖通风、电气照明、电讯及煤气管线等施工图。它主要由平面布置图、系统图和详图组成。

(4) 装饰施工图(简称装施)　它主要表达房屋外表造型、装饰效果、装饰材料及构造做法等。它由地面、顶棚装饰平面图,室内外装饰立面图,透视图及构造详图等组成。对于简单的装饰,可直接在建筑施工图上用文字或表格的形式加以说明。

二、施工图的编排顺序

一套房屋施工图的数量,少则几张、十几张,多则几十张甚至几百张。为方便看图、易于查阅,指导施工,对这些图纸要按一定的顺序进行编排。

整套房屋施工图的编排顺序是:首页图、建施、结施、设施、装施。

各专业施工图的编排顺序是:一般总体图编在前、局部图编在后;基本图编在前、详图编在后;主要部分编在前、次要部分编在后;先施工的编在前、后施工的编在后。

三、施工图识读的一般步骤

对全套图纸来说先看说明书、首页图,后看建筑施工图、结构施工图和设备施工图;对于每一张图样来说,先图标、文字,后图样;对于"建筑施工图"、"结构施工图"、"设备施工图"来说,先"建筑施工图",后"结构施工图"、"设备施工图";对于建筑施工图来说,先平、立、剖面图,后详图;对于结构施工图来说,先基础施工图、结构平面图,后构件详图。按照施工顺序往往会把施工图交叉识读,经常相互联系反复多次读图才能看懂施工图。

第十五章　建筑施工图的识读

第一节　建筑施工图的图示特点

一、图样布置

建筑施工图中各图样，主要是根据正投影原理绘制，所绘图样都应有符合正投影的投影规律。在建筑施工图中，通常，在 H 面上作平面图、V 面上作正立面图、在 W 面上作剖面或侧立面。

平、立、剖面图一般按投影关系画在同一张图纸上，以便阅读（图 15-1）。如果房屋体形较大、层数较多、图幅不够，平、立、剖面图也可分别画在几张图纸上，但应依次连续编号。每个图样均应标注图名。

二、图样比例

施工图常用缩小比例绘制，如常用 1：100 的比例绘制平面、立面、剖面图，用 1：50、1：20、1：10、1：5、1：1 等较大的比例绘制构配件详图和局部构造详图。如表 15-1 所示。

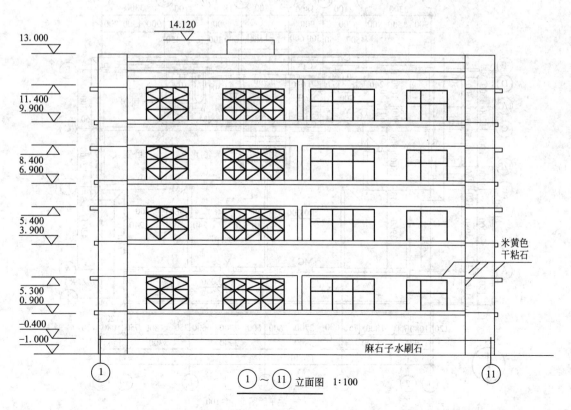

图 15-1

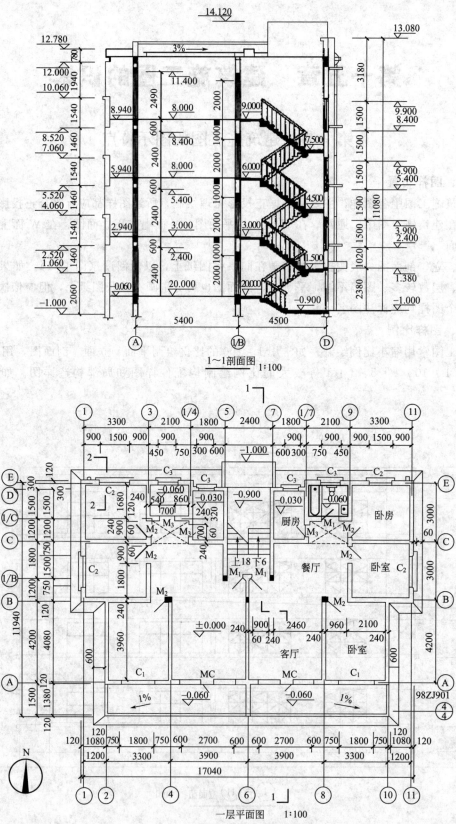

1～1剖面图 1:100

一层平面图　1:100

图 15-1　通常建筑施工图布图方式

表 15-1　图样比例

图　名	比　例
建筑物或构筑物的平面图、立面图、剖面图	1∶50、1∶100、1∶150、1∶200、1∶300
建筑物或构筑物的局部放大图	1∶10、1∶20、1∶25、1∶30、1∶50
配件及构造详图	1∶1、1∶2、1∶5、1∶10、1∶15、1∶20、1∶25、1∶30、1∶50

三、图样线型

建筑立面图上的室外地坪线用特粗 1.4b 线，外围轮廓线用粗实线 b，门窗洞、窗台、台阶、勒脚等可见的投影线用中实线（0.5b），门窗格子、墙面粉刷分格线用细实线（0.25b）。平面和剖面图中，剖到的墙身用粗实线，门窗洞、门的开启线及看到的墙柱、窗台等投影轮廓线用中粗线，其他为细实线。

四、建筑图例

为了绘图简便、表达清楚起见，"国标"规定了一系列的图形符号来代表建筑构配件、卫生设备、建筑材料等，这种图形符号称为图例，如表 15-2、表 15-3 所示分别为总平面图和建筑构配件部分图例。

表 15-2　总平面图图例

序号	名　称	图　例	说　明
1	新建的建筑物	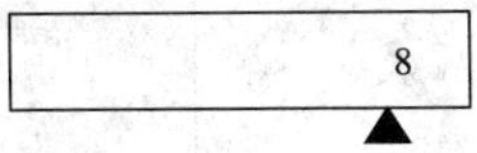 8 ▲	1. 需要时,可用▲表示出入口,可在图形内右上角用点数或数字表示层数 2. 建筑物外形(一般以±0.000 高度处的外墙定位轴线或外墙面线为准)用粗实线表示。需要时,地面以上建筑用中粗实线表示,地面以下建筑用细虚线表示
2	原有建筑物	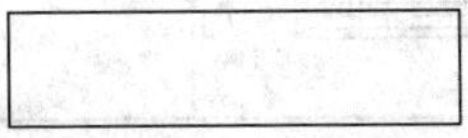	用细实线表示
3	计划扩建的预留地或建筑物		用中粗虚线表示
4	拆除的建筑物	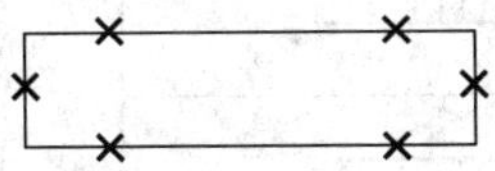	用细实线表示
5	围墙及大门	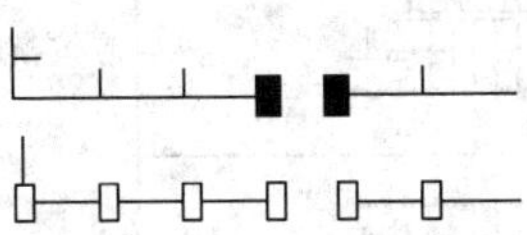	上图为实体性质的围墙,下图为通透性质的围墙,若仅表示围墙时不画大门
6	挡土墙		被挡土在"突出"的一侧

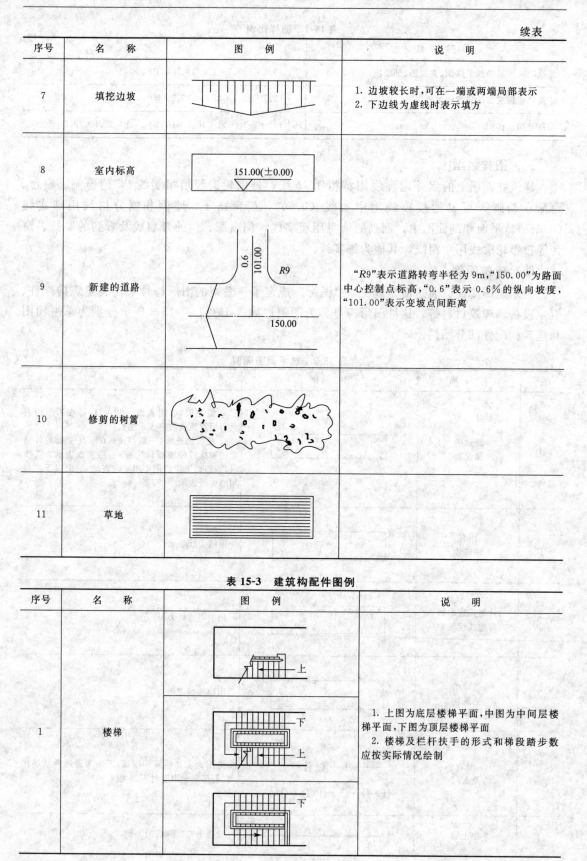

续表

序号	名 称	图 例	说 明
7	填挖边坡		1. 边坡较长时,可在一端或两端局部表示 2. 下边线为虚线时表示填方
8	室内标高	151.00(±0.00)	
9	新建的道路	0.6 101.00 *R9* 150.00	"*R9*"表示道路转弯半径为9m,"150.00"为路面中心控制点标高,"0.6"表示 0.6% 的纵向坡度,"101.00"表示变坡点间距离
10	修剪的树篱		
11	草地		

表 15-3　建筑构配件图例

序号	名 称	图 例	说 明
1	楼梯	上 下 上 下	1. 上图为底层楼梯平面,中图为中间层楼梯平面,下图为顶层楼梯平面 2. 楼梯及栏杆扶手的形式和梯段踏步数应按实际情况绘制

续表

序号	名称	图例	说明
2	单扇门（包括平开和单面弹簧）	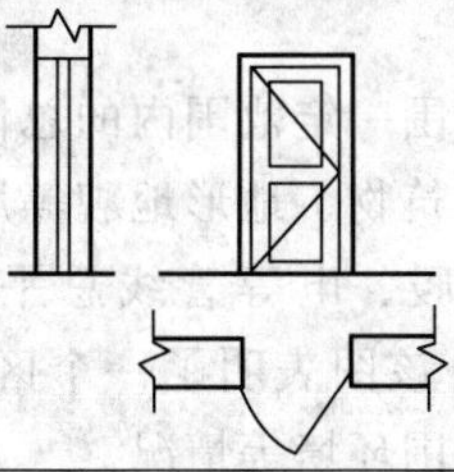	1. 门的名称代号用 M 表示 2. 图例中剖面图左为外、右为内，平面图下为外、上为内 3. 立面图上开启方向线交角的一侧为安装合页的一侧，实线为外开，虚线为内开
3	双扇门（包括平开和单面弹簧）	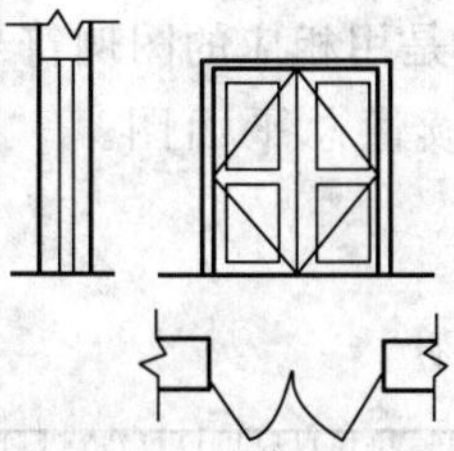	4. 平面图上门线应 90°、60° 或 45° 开启，开启弧线宜绘出 5. 立面图上的开启线在一般设计图中可不表示，在详图及室内设计图上应表示 6. 立面形式应按实际情况绘制
4	单层固定窗	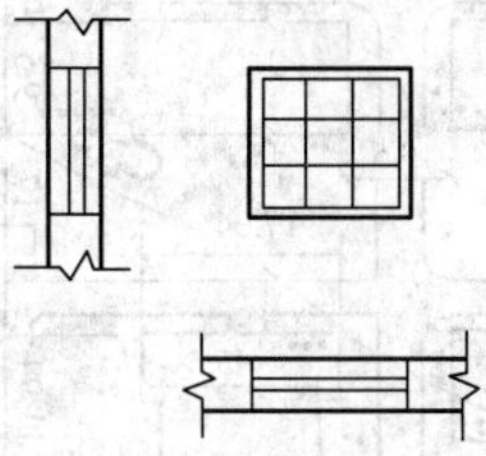	1. 窗的名称代号用 C 表示 2. 立面图中的斜线表示窗的开启方向，实线为外开，虚线为内开；开启方向线交角的一侧为安装合页的一侧、一般设计图中可不表示
5	单层外开平开窗	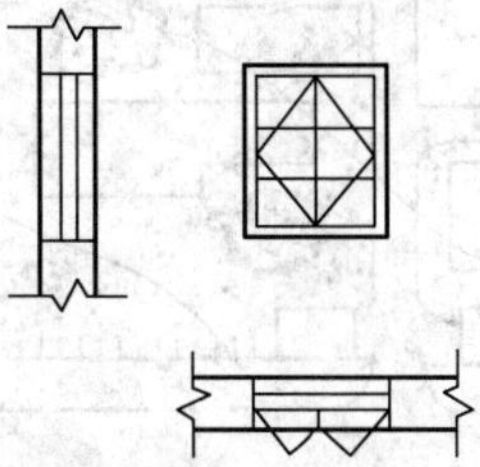	3. 图例中，剖面图所示左为外，右为内，平面图所示下为外，上为内 4. 平面图和剖面图上的虚线仅说明开关方式，在设计图中不需表示 5. 窗的立面形式应按实际绘制
6	孔洞		
7	墙预留洞	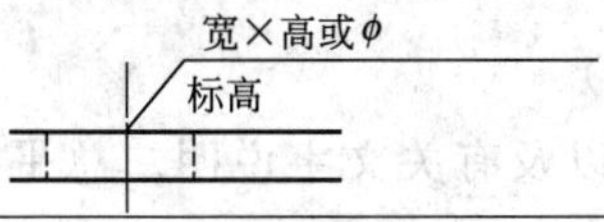 宽×高或φ 标高	1. 平面以洞（槽）中心定位 2. 标高认洞（槽）底或中心定位
8	墙预留槽	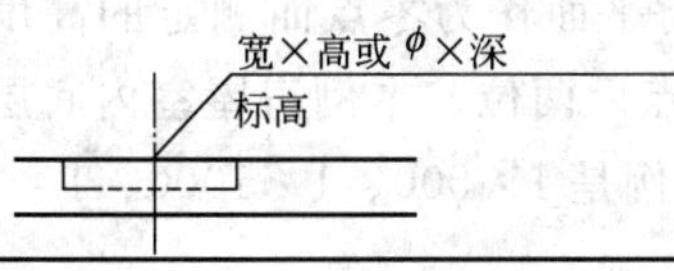 宽×高或φ×深 标高	

第二节　首页图和总平面图

一、首页图

　　首页图是放在全套施工图纸的第一页，它包括全套图纸的目录、编号、技术经济指标、构配件统计表、门窗表及设计说明等。通过读首页图可查找相关的图纸，并对新建的房屋有一个粗略的了解。

二、总平面图

1. 总平面图的图示方法和内容

建筑总平面图是表明新建房屋及其周围一定范围内的总体平面布置。主要表明原有和新建房屋的位置关系、标高、路道、其他构筑物、地形地貌等周围环境情况。它是新建房屋定位、施工放线、土方施工以及绘制水、暖、电等管线总平面图和施工总平面图的依据。图 15-2 所示为某居民住宅小区总平面图，该图表明了一个区域范围内的自然状况和规划新建房屋的平面形状、朝向、定位尺寸及周围环境等情况。

建筑总平面图上画出的地形、地物都是用相应的图例符号表示的，因此读建筑总平面图时先要熟悉总平面中的各种图例，才能读懂总平面图。"国标"中规定的常用图例，如表 15-2 所示。

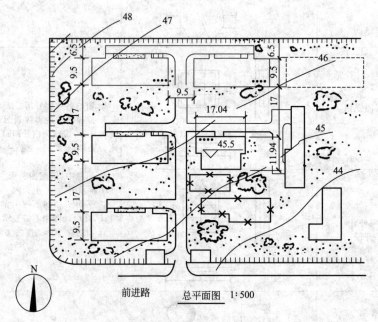

图 15-2　某居民住宅小区总平面图

2. 总平图的识读（以图 15-2 为例）

① 先看图样的图名、比例、图例以及有关文字说明。总平面图中标高的数值，均为绝对标高（是指以我国青岛市外的黄海海平面作为零点而测定的高度尺寸），等高线等尺寸均以 m 为单位，其尺寸数值应取至小数点后两位。本例房屋室内底层地面标注的 ±0.000 相当于绝对标高 45.50m。总平面图常用比例是 1:500、1:1000、1:2000 等，被投影的房屋只用外围轮廓线的水平投影表示。

② 了解工程性质，用地范围，工程地段的地形、地貌和周围道路布置等情况。图 15-2 中，新建房屋的图例用 4 点黑圆点表示所建房屋为四层，从等高线注写数值可知，工程地段的地形是自西北向东南倾斜，朝南方向有两座待拆的建筑物。图中有等高线的标高 45 和 46，表示两等高线之间的地面高差为 1m，相邻等高线之间越宽表明地面越平坦，等高线之间越窄表明地面越陡峭，故等高线可作为平整地面的依据。

③ 了解新建房屋的朝向、定形与定位尺寸、地面排水情况等。

④ 看是否有影响新建房屋施工的因素，如管线走向与房屋的具体位置、绿化等。

⑤ 指北针，表示拟建房屋及该工程地段的朝向。一般取上北下南，称为坐北朝南，当朝向不是坐北朝南时，应画出指北针。

有的总平面图上画出风玫瑰图，它是总平面图所在城市的全年（用细实线表示）及夏季（用虚线表示）风向频率，所画的图是根据该地区多年平均统计的各个方向吹风次数的百分值，按一定比例绘制，一般用 12 个或 16 个罗盘方位表示。

第三节　建筑平面图

一、平面图的形成

假想用一个水平剖切平面在窗台线以上适当位置将房屋剖开（图 15-3），移去上端部分，对剖切平面以下部分作出其水平剖面图，即为建筑平面图，简称平面图。

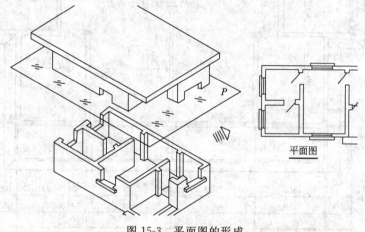

平面图

图 15-3　平面图的形成

建筑平面图是表达房屋建筑的基本图样之一，它用于反映房屋的平面形状、大小和房间的布置、墙（柱）的位置、厚度、材料，门窗的位置、大小、开启方向等情况。对于多层楼房，一般每层都要画出平面图，均在每层窗台线以上适当位置水平剖切，分别得到底层平面图、二层平面图等。若中间各层平面布置完全相同，可只画出一个平面图，称为标准层平面图。最高一层的平面图称为顶层平面图。一般房屋只要画出底层平面图、标准层平面图、顶层平面图、屋顶平面图即可，并在平面图的下方注明相应的图名与比例。当平面图左右对称时，可将两层平面画在同一平面上，左边画出一层的一半，右边画出另一层的一半，中间用细实单点长画线作为界线，然后在单点长画线的上下方画出对称符号，并在图的下方，左右两边分别注明图名。

平面图上的线型粗细要分明，凡被水平剖切到的墙、柱等断面轮廓线用粗实线表示，门的开启线、门窗轮廓线、尺寸起止线、屋顶轮廓线等构配件轮廓线用中粗实线表示。

二、平面图的图示内容与尺寸标注

1. 平面图的图示内容

（1）一层平面图　主要用于表达一层房间的平面布置、用途、名称、房屋的出入口、走道、楼梯等的位置，门窗类型、卫生设备、搁板等，室外台阶、散水、雨水管、指北针、轴线编号、剖切符号、门窗编号、底层尺寸标注等内容。图 15-4 所示为某居民住宅一层平面图。

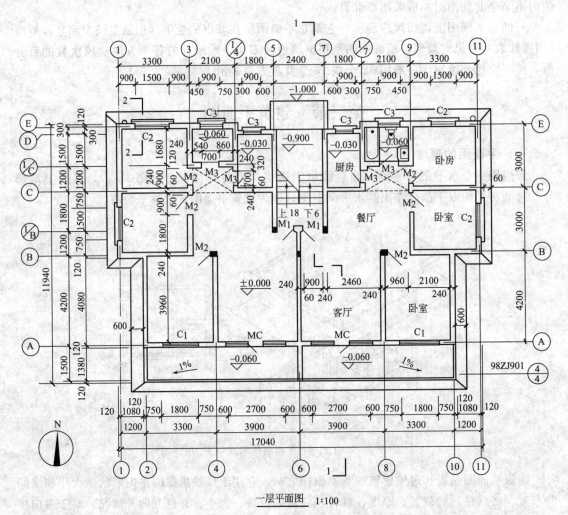

一层平面图 1:100

图 15-4 某住宅楼一层平面图

标准层平面图 1:100

（2）楼层平面图 某居民住宅楼 2～4 层的平面布置完全相同，可只画出一个标准层平面，图 15-5 所示为住宅楼的标准层平面图。楼层平面图的图示内容和方法与底层平面图基本相同，不同之处在于楼层平面图中，不必再画出底层平面图中已表示的指北针、剖切符号，以及室外地面上的台阶或坡道、花池、散水或明沟等。但应该按投影关系画出在下一层平面图中未表达的室构配件和设施，如下一层窗顶的可见遮阳板、出入口上方的雨篷等。楼梯间上行的梯段被水平剖开，绘图时用 45°倾斜折断线分界。

（3）屋顶平面图 主要表示屋顶的平面布置情况，如屋面排水方向、坡度、雨水管的位置以及隔热层、上人孔等出屋顶的构件布置。图 15-6 所示为某住宅楼的屋顶平面图。

2. 尺寸标注

平面图上所标注的尺寸以 mm 为单位，标高以 m 为单位。平面图上注有外部和内部尺寸。从外部标注的各道尺寸，可了解各房间的开间尺寸（与建筑物长度方向垂直的相邻两轴线之间的距离，称为开间）、进深尺寸（建筑物宽度方向上相邻纵向两轴线之间的距离，称为进深）、外墙、门窗（图中用符号 M 表示门、符号 C 表示窗）及室内设备的尺寸和相互位置。

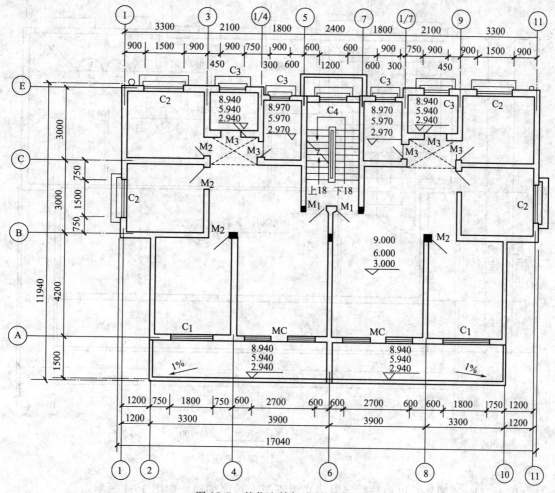

图 15-5　某住宅楼标准层平面图

三、读图顺序

① 读标题栏，可以了解工程项目名称及图名、设计单位、设计与绘图者姓名、日期等内容。从图名栏内可知图样内容，读绘图比例可知平面图与实物之间的比值关系。

② 读指北针，根据指北针所指方向，可知房屋的朝向。

③ 读定位轴线及轴线编号，了解各承重墙的位置。房屋施工图中的定位轴线是确定建筑结构构件平面布置及标志尺寸的基线，是设计和施工中定位放线的重要依据。凡主要的墙和柱、大梁、屋架等主要承重构件，都应画上轴线并用该轴线编号来确定其位置。定位轴线的画法及编号规定如下。

a. 定位轴线用细单点长画线绘制且应编号，编号应注写在定位轴线端部细实线的圆内，其直径为 8～10mm，定位轴线圆的圆心，应在定位轴线的延长线上或延长线的折线上。但通用详图的定位轴线可不编号。

b. 平面图上定位轴线的编号，宜标注在图的下方与左侧（有时上、下、左、右均标注）。横向定位轴线编号应用阿拉伯数字从左至右编写，纵向定位轴线编号应用大写拉丁字

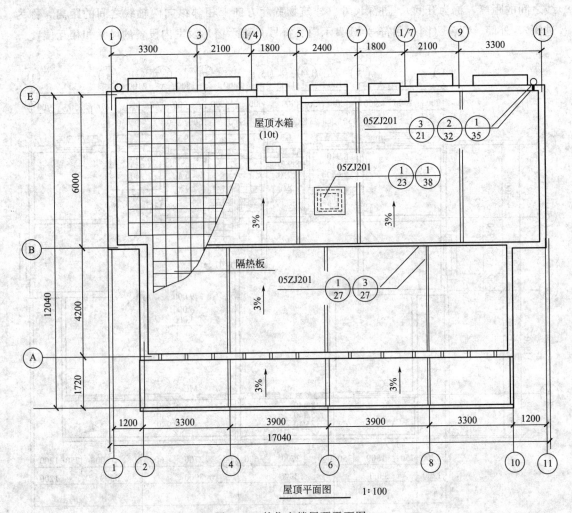

图 15-6　某住宅楼屋顶平面图

母（但 I、O、Z 例外，以免与数字混淆）由下至上顺序编写，如图 15-4 所示。

　　c. 两根轴线之间，如需附加轴线时，应以分数表示。分母表示前一轴线的编号，分子表示附加轴线的编号，见图 15-4 中⑭所示，表示④轴线后附加的第一根轴线。

　　④ 读房屋的内部平面布置和外部设施，了解房间的平面分布、用途、类型、数量及相互关系。底层平面图中，室内建筑平面布置为三室两厅、南向有阳台、出入口在北向，室外有散水；楼层平面图中，室内建筑平面布置同底层，北向有雨篷，窗洞上有遮阳板等构造；屋顶平面图中，四周有女儿墙、南向有雨篷、北向有遮阳板、屋面上标有屋面排水方向与坡度、雨水口的位置、屋面防水构造、上人孔、屋顶水箱、隔热层等。

　　⑤ 读门、窗及其他构配件的图例和编号，了解它们的位置、类型和数量等情况。门、窗代号分别为 M、C（汉语拼音首写字母大写），如底层平面图中，入户门编号为 M_1、宽度为 900、共有 2 个，南向卧室窗编号为 C_1、宽度为 1800、共有 2 个。施工图中对于门窗型号、数量、洞口尺寸及选用标准图集的编号等一般都列有门窗表。

　　⑥ 读尺寸和标高，可知房屋的总长、总宽、开间、进深和构配件的型号、定位尺寸及室内外地坪的标高，以图 15-4 为例来说明。

a. 外部尺寸。为了便于读图和施工，一般在平面图的下方及左侧注写三道尺寸。

第一道尺寸是总体尺寸，表明建筑物的总长和总宽尺寸。如图中房屋总长 17040mm，总宽 11940mm，通过这道尺寸可以计算出本幢房屋的占地面积。

第二道尺寸是定位轴线尺寸，表示轴线间的距离，称为轴线尺寸，表明房间的开间及进深的尺寸。本例中南向卧室开间为 3300mm、进深为 4200mm。

第三道尺寸是细部尺寸，表明门窗洞宽和位置等尺寸。标注这道尺寸时，应与轴线联系起来，如卧室的窗 C_1，窗宽为 1800mm，距轴线的位置为 750mm。

b. 内部尺寸。为了说明室内的门窗洞、孔洞、墙厚和固定设备（如厕所内的卫生设备、搁板等）的大小与位置，以及楼地面的高度，在平面图上应注写出有关的内部尺寸和楼地面标高尺寸。如图 15-4 中⑥轴墙厚 240，M_1 门洞的定形尺寸为 900、定位尺寸为 60 等，平面图中还应注出楼地面的标高，如图 15-4 中地面标高为 ±0.000。标高符号应以直角等腰三角形表示 [图 15-7(a)]；标高符号的尖端指至被标注高度的位置，尖端一般应向下，也可向上 [图 15-7(b)]；如果标注位置不够，可按图 15-7(c) 表示；总平面图室外地坪标高符号，宜用涂黑的三角形表示，具体画法如图 15-7(d) 所示。

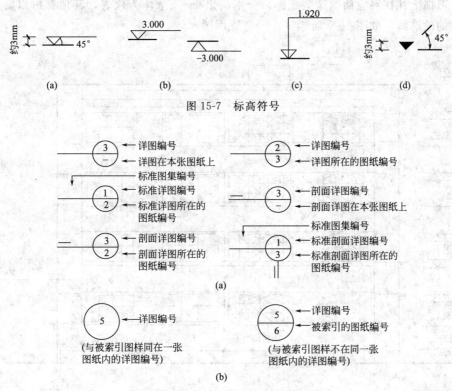

图 15-7　标高符号

图 15-8　索引符号与详图符号

（a）索引符号；（b）详图符号

⑦ 读剖切符号，了解剖切平面的位置和编号及投影方向；读索引符号，了解详图的编号和位置，可知建筑平、立、剖面图与详图的关系。图 15-4 中剖切位置在⑤～⑧轴间，编号为 1-1，剖切后向左投影；索引符号 98 ZJ901 ④／④ 表示散水的构造做法见标准图集。

索引符号由直径 10mm 的细线圆和水平直径组成，详图符号由直径 14mm 的粗线圆和水平直径组成，如图 15-8 所示。

第四节　建筑立面图

一、立面图的表达方法与作用

在与房屋立面平行的投影面上所作的房屋正投影图，即为建筑立面图，简称立面图。建筑立面图，主要表达建筑物的外貌及造型和装修做法。

如果房屋以坐北朝南布置，图 15-9 为南立面图，即①～⑪立面图，它主要反映该房屋的外貌特征，作为主要立面，故又称正立面，北立面则称为背立面。相应的则有东、西立面（图 15-10⑥～Ⓐ立面图）又称侧立面。"国标"规定按轴线编号来命名如①～⑪立面（正立面）、⑪～①立面（背立面）。若房屋左右对称时，正立面图和背立面图也可合成一个图，左边画出正立面图的一半，右边画出另背立面图的一半，中间用细实单点长画线作为界线，然后在单点长画线的上下方画出对称符号，并在图的下方、左右两边分别注明图名。

立面图的比例应与平面图一样为 1：100，以便对照阅读。小比例对门、窗扇、檐口构造、阳台栏杆等都难以详细表达出来，只用图例表示。它们的构造和做法，都另有详图或文字说明。习惯上往往对立面图这些细部只分别画出 1～2 个作为代表，其他都可以简化，只画出它们的轮廓线，如图 15-9 所示（①～⑪立面图）。

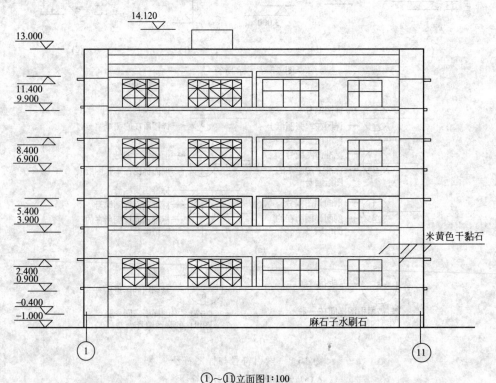

①～⑪立面图1:100

图 15-9　某住宅楼南立面图

二、立面图中的线型

① 女儿墙顶面和外墙等外轮廓用粗实线表示。

② 勒脚、窗台、门窗洞、檐口、阳台、雨篷、台阶、花池等轮廓线用中粗实线表示。

③ 门窗扇、栏杆、雨水管和墙面分格线等用细实线。

④ 地坪线用特粗实线绘制，实线粗度约 1.4*b*。

三、立面图的图示内容

① 表明建筑物的外形、门窗、阳台、雨篷、台阶、雨水管等位置。

② 外墙的装修与做法、要求、材料和色泽、窗台、勒脚、散水等的做法。

③ 对于立面图上的装饰做法，本实例直接采用引出线，并加上文字说明所指位置的装饰做法。如图 15-10Ⓔ～Ⓐ立面图，直接在墙面上画出引出线，并写上"米黄色干黏石"的装饰做法。

④ 立面图上的尺寸主要标注标高尺寸。应标注室外地坪、勒脚、窗台、门窗顶等处的标高，一般注写在图形外侧，标高符号要求大小一致，整齐地排列在同一竖线上，如图 15-10 所示。

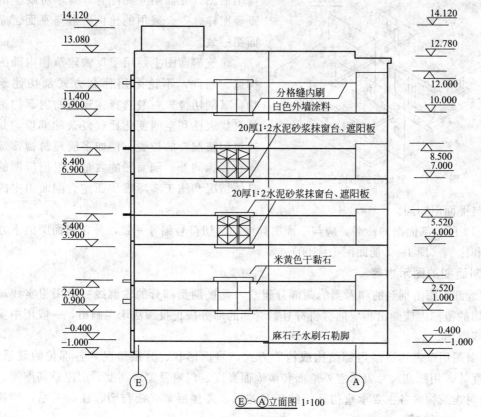

图 15-10　某住宅楼侧立面图

四、读图顺序

阅读立面图的一般顺序如下。

（1）从读图名或轴线编号，了解该立面图的朝向。如图 15-9 所示，由图名①～⑪立面图、轴线编号可知为南向立面图，或称正立面图，比例与平面图相同为 1:100。

（2）读立面图可知道房屋的层数、长度、宽度与高度，以及门窗数量和位置、大小。①～⑪立面图的总长同平面图为 17040mm、女儿墙的标高为 13.000m，水箱的标高为 14.120m，各层窗台标高为 0.900m、3.900m、6.900m、9.900m。室外地面标高为 -1.000m。

（3）从正立面上可知该幢房屋的外观形式、颜色、美观程度。外墙的装修做法，墙面采用米黄色干黏石,勒脚采用麻石子水刷石饰面,分格线刷白色外墙涂料以获得良好的立面效果。

第五节　建筑剖面图

一、建筑剖面的形成及其作用

图 15-11 示意了剖面图的形成原理,假想用一个或多个垂直于外墙轴线的铅垂剖切面将房屋剖开,移去观察者与剖切面之间的部分,将留下的房屋进行正投影所得到的投影图,称为建筑剖面图,简称剖面图。剖面图与平面图、立面图互相配合,是不可缺少的重要图样之一。采用的比例一般与平面、立面图一致。

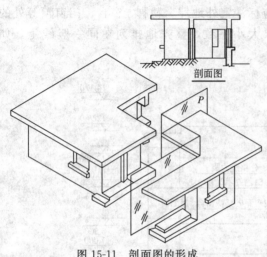

图 15-11　剖面图的形成

建筑剖面图主要用于反映建筑物内部的构造。因此,不论采用什么方式剖切建筑物,其剖切位置一般选择在建筑物内部构造具有代表性和空间变化比较复杂的部位,并通过门窗洞口的位置,例如多层建筑物常选择在楼梯间处。剖面图的数量应根据房屋的具体情况和施工实际需要而定。剖面图中的线型选择与平面图相同。

图 15-12 所示剖面图的命名,应与平面图标注的剖切符号编号一致,并在剖面图的下方注明图名和比例(即 1—1 剖面图 1∶100)。

二、剖面图的图示内容

① 建筑剖面图由剖到的和看到的两部分组成,凡被剖到部分的轮廓线一般用粗实线画出,被剖切的范围内应画出相应的材料符号;看到的部分按正投影法于实画出,一般用中实线或细实线画出。

② 剖面图用以表达房屋内部结构或构造方式、屋面形状、分层情况和各部位的联系、材料及高度等。用标高尺寸表示室外地面和楼地面高度、门窗及窗台高度、房屋总高度等。

③ 表明建筑物的各主要承重构件间的相互关系,各楼层梁、板与墙、柱的关系,屋顶结构及天沟构造形式等。

④ 可表达室内吊顶、室内室外墙面和地面的装修做法、要求、使用的材料等内容。

三、读图顺序

① 读图名、定位置,区别剖切到与看到部位。例如,对照图 15-4 底层平面图上的 1—1 剖切符号,即可明确其剖切位置和投影方向。读"1—1 剖面图"时,对照底层平面图可知剖切位置在⑤~⑧轴线之间,并且知道是阶梯剖面。剖面平行于 W 面,在房屋的北向剖切了楼梯间,在轴线⑥~⑧处转折后,又剖切了靠南向的门洞、阳台垂直位置,其投影方向朝左边。

② 读楼层标高及竖向尺寸、外墙与内墙、门、窗的标高及竖向尺寸、屋顶标高、底层地面标高、室外地坪标高和屋面坡度、楼板的构造形式等,即可了解房屋的内部与外部的具

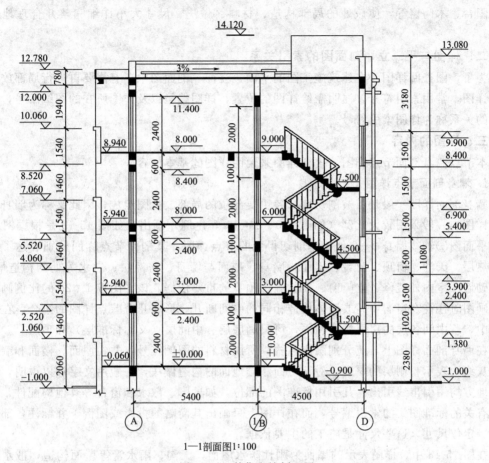

1—1剖面图1:100

图 15-12 某住宅楼剖面图

体尺寸和标高尺寸等房屋形状、高差、大小情况。

③ 读外墙突出部分构造的标高，如阳台、雨篷等；墙内构造，如圈梁、过梁等中的编号及尺寸，可了解房屋的外部和内部的联系与构造形式。

④ 读剖面图上的文字标注、图例符号和图形比例，为了便于施工时查阅图纸方便，在剖面图上还注有剖切而经过的外墙轴线编号。如图 15-12 "1—1 剖面图" 中所画的Ⓐ～Ⓓ轴线。

此外，散水、排水口、出入口的坡道在剖面图上也应用箭头表示其坡度，并在图上标注坡道值如 3%。

第六节　建筑详图

一、详图的形成及特点

对于房屋复杂的节点、细部构造、构配件之间相互关系等，用较大比例（1∶1、1∶2、1∶5、1∶10、1∶15、1∶20、1∶25、1∶30、1∶50）将其形状、大小、材料和施工做法，按正投影的画法，详细地表达出来的图样，称为建筑详图，简称详图。详图实质上是一种剖面局部放大图，要求所画详图有合理的构造、适宜的材料、尺寸齐全、文字说明详细。有时只需一个剖面详图就能表达清楚，有时需要有平面详图和剖面详图，如楼梯间、厨房、厕所、阳台、木门窗等，使该处的局部构造、材料、做法、尺寸大小详细完整并合理地表达出来。

二、详图与平、立、剖面图的索引关系

为了读图查阅详图，在建筑施工图的平面、立面、剖面图中还有需要再进行局部放大并绘成详图，常用索引符号、注明需绘详图的位置，详图编号以及详图所在的图纸编号，它们之间的关系称为详图索引符号。

三、详图的内容

本节以墙身剖面节点详图、楼梯详图来说明详图的基本内容。

1. 墙身剖面节点详图

墙身剖面详图一般是由被剖切墙身各主要部位的局部放大图组成，因此又称为墙身剖面节点详图。一般采用较大比例（如1∶20、1∶10等比例）画出。如图 15-13 是根据图 15-4 底层平面图Ⓔ轴线墙身 2—2 处铅垂剖切得到的节点详图，其剖面节点详图分别表达了屋面与隔热层、天沟、窗顶、窗台、楼面与墙身、地面与墙身、防潮层、散水等处的构造情况，它是砌墙、室内外装修、立门窗、编制施工预算的重要依据。该详图按 1∶20 的比例画出。

画图时往往在窗洞中间或墙体构造相同的中间断开，形成几个节点详图的组合。在多层房屋中，若中间各层的房屋构造相同，可只画底层、中间层（又称标准层）和顶层。

在墙身剖面详图上，应分别画出各构件所用材料的图例符号，并在屋面、楼面和墙面画出抹灰线，表示粉刷层的厚度。对于屋面和楼地面的构造做法，一般用文字加以说明，被说明的地方均用引出线引出。凡引用标准图的部位，如勒脚、散水和窗台等其他构配件，均可标注有关的标准图集的索引编号，而在详图上只画出其简略的投影或图例，并标注各部位的定形、定位尺寸，这些尺寸是施工的主要依据。

在图 15-13 中，详图表示的屋面为刚性防水屋面，天沟、雨水管等屋面构造，散水的构造均按中南地区标准图集画出。

2. 楼梯详图

楼梯是多层楼房上下交通的主要设施，它除应满足人流通行及疏散外，还应有足够的坚固耐久性，楼梯由梯段（包括踏步和斜梁）、平台（包括平台梁和平台板）、栏杆（或栏板）等组成。楼梯详图主要表达楼梯的类型、结构形式、各部位尺寸及做法，是楼梯施工的主要依据。

楼梯详图一般包括：楼梯平面图、楼梯剖面图、踏步及栏杆等节点详图。并尽可能把它们画在同一张图纸内，以便于对照阅读。楼梯详图一般用 1∶50 或 1∶40 的比例画出，节点详图一般采用 1∶20 或 1∶10 的比例画出。

（1）楼梯平面详图　如图 15-14 所示，楼梯平面图的剖切位置，除顶层在栏杆（或栏板）之上外，其余各层均在向上行的第一段中间位置。各层被剖切到的楼段，都在平面上画一根 45°折断线，并在各层梯段上各画一长箭头，分别写出"上"或"下"字样。通常只画出底层、中间层（标准层）和顶层的楼梯平面图，应尽量画在同一图纸上，并互相对齐，以便于阅读。

各层楼梯平面图中，需标注出该楼梯间的轴线编号、开间和进深尺寸、楼梯地面及休息平台的标高以及各细部的详细尺寸。通常把梯段长度尺寸与踏面数、踏面宽度合在一起标注，即用踏面数乘以踏面宽的形式表示，如图 15-14 中二层平面图标注出 $8 \times 250 = 2000$ 的形式。底层楼梯平面图中，应注明楼梯剖面图的剖切位置，如图 15-14 中 3—3 剖切符号。

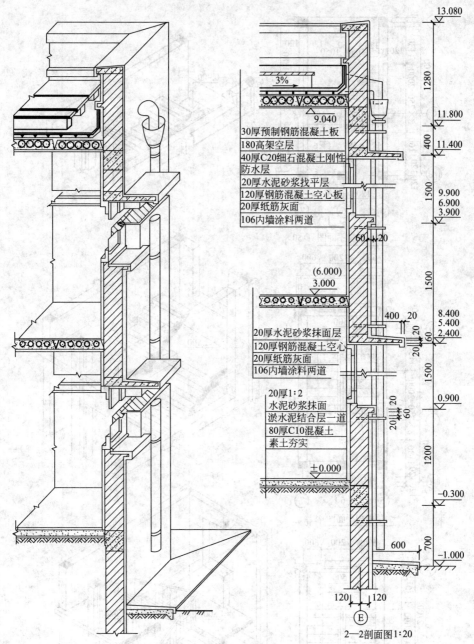

图 15-13　外墙剖面节点详图

　　读楼梯平面图时，还应注意梯段最高一级的踏面与平台或楼面重合，因此，在楼梯平面图中，每一梯段画出的踏面数，总比踢面及踏步级数少 1。

　　(2) 楼梯剖面详图　假想用一个铅垂剖切平面通过各层楼梯的一个梯段和门窗洞垂直剖切，并向另一个未剖到的梯段方向投影，即可画出楼梯剖面图，其剖切位置及投影方向应在底层楼梯平面图上标出。如果中间各层楼梯构造相同，其剖面图可只画出底层、中间层 (标准层平面) 和顶层剖面图，如图 15-15 所示。楼梯剖面图能表达出各梯段踏步级数、梯段类型、平台、栏杆 (栏板) 等的构造情况及相互关系。踏步与扶手栏杆的细部构造由索引符号引出，另画详图表示。例如，表示硬木扶手详图，用索引符号索引。栏杆铁栅固定在梯板上

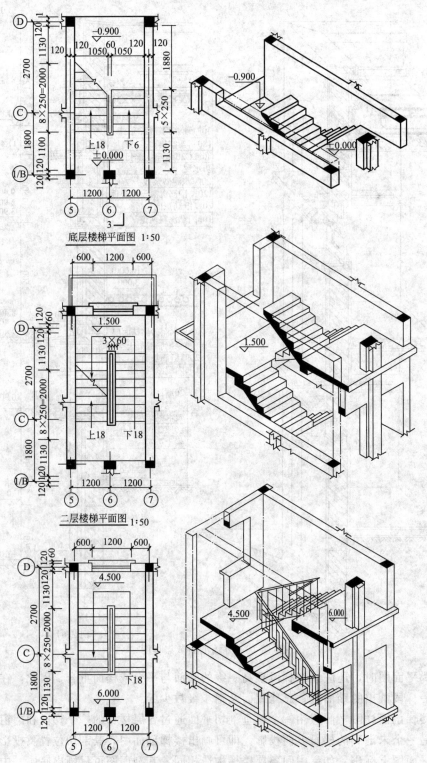

底层楼梯平面图 1:50

二层楼梯平面图 1:50

图 15-14　楼梯平面详图

的构造详图用索引符号索引。剖面图中梯段的高度尺寸用踏步高与梯段踏步级数的乘积表示。同时还标注出各层楼地面、平台、地坪及门窗洞口的标高。

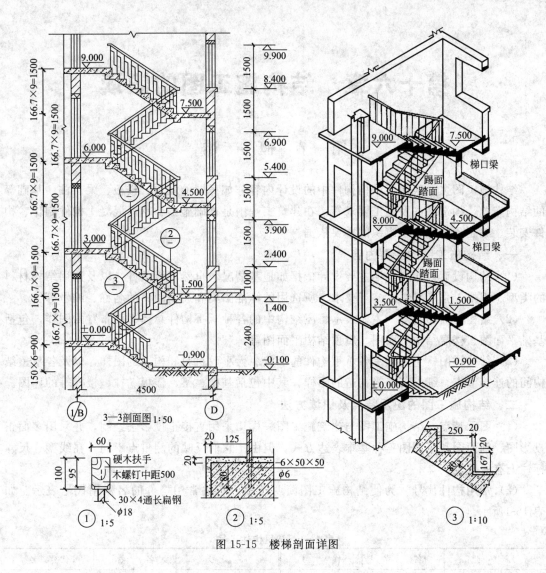

图 15-15 楼梯剖面详图

思 考 题

1. 施工图的分类有哪些？施工图的识读步骤是什么？

2. 总平面图的图示方法和内容有哪些？

3. 平面图如何形成的？定位轴线的划分、标注与要求如何？

4. 详图与索引符号有哪些规定？

5. 立面图和剖面图如何形成的？

6. 建筑平、立、剖面图各自表达哪些内容？

7. 详图的形成及特点？

第十六章 结构施工图的识读

第一节 概 述

结构施工图主要表明了结构构件中的设计内容，如房屋的屋顶、楼板、梁、柱、基础等的结构布置、构造做法及施工要求等，在建筑工程中是基础施工、钢筋混凝土构件制作、构件安装、编制预算和施工组织的重要依据。

一、结构施工图的主要内容

(1) 结构设计说明 包括主要设计依据如地基情况、自然环境条件，以及选用结构材料的类型、规格、强度等级、施工要求、所选用的标准图集和通用图集的名称、编号等。

(2) 结构平面布置图 主要表示房屋结构中的各种承重构件总体平面布置的图样，包括基础平面图、楼层结构平面图、屋顶结构平面图等。

(3) 结构详图 主要表示各承重构件的形状、大小、材料和构造的图样，以及各承重结构间的连接节点、细部节点等构造的图样，其中包括基础、梁、楼板、柱、楼梯等的详图。

二、结构施工图的图示特点及识读方法

(1) 图示特点 结构施工图与建筑施工图一样均采用直接正投影法绘制，并采用多面正投影图、剖面图和断面图三种基本表达方式。但由于它们反映的侧重点不同，在线型、尺寸标注上有所区别。

(2) 常用构件代号 为使结构施工图简明清晰，有关常用构件的名称用代号表示，如表 16-1 所示。

表 16-1 常用构件代号

序 号	名 称	代 号	序 号	名 称	代 号
1	现浇板	XB	10	连系梁	LL
2	空心板	KB	11	基础梁	JL
3	屋面板	WB	12	楼梯梁	TL
4	槽形板	CB	13	柱	Z
5	楼梯板	TB	14	基础	J
6	天沟板	TGB	15	框架梁	KL
7	梁	L	16	框架柱	KZ
8	圈梁	QL	17	构造柱	GZ
9	过梁	GL	18	框架	KJ

注：若表中构件为预应力钢筋混凝土时，则在构件代号前加注"Y"，如预应力空心板则为 YKB。

(3) 识读方法 一般识读的顺序是总说明→结构平面布置图→结构详图。在阅读时还应做到结构施工图与建筑施工图对照；详图与结构平面布置图对照；结构施工图与设备施工图对照。

第二节 基础图的识读

基础图分为基础平面图和基础详图两部分，常用的基础形式有条形基础和独立基础两种。下面以某职工住宅为例，介绍有关基础图的识读。

一、基础平面图

基础平面图的形成是在基坑未回填土以前用一个假想的水平剖切平面沿防潮层附近将基础进行水平剖切后，向下投影得到的剖面图。主要用于基础施工时的定位放线，确定基础位置和平面尺寸。

从图 16-1 中可以了解到，被剖切的基础为条形基础，基础墙宽度为 240mm，虽然砖砌大放脚按实际投影将出现很多相互平行的线条，但在图中均可省略。基础墙两边的轮廓线为基坑的边线。由于房屋内部荷载分布的复杂性和地质情况的复杂性，使得基础的形式、宽度、埋置深度等均有所不同，在图中则以不同的剖切代号标出以示区别，如图中的 1—1、2—2、3—3 断面代号，其基坑的宽度分别为 1000mm、800mm、700mm。图 16-1 中涂黑的部分为钢筋混凝土构造柱，图中的定位轴线及其编号均同建筑施工图。

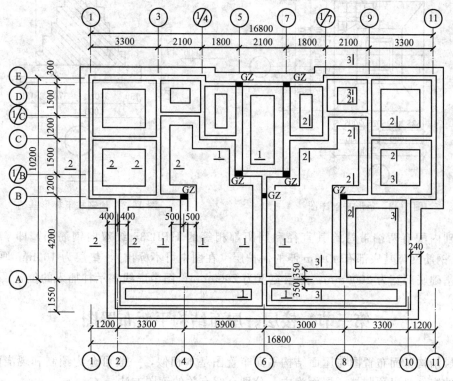

图 16-1 某职工住宅基础平面图

二、基础详图

基础详图主要表示基础的类型、尺寸、做法和材料。在识读中，首先应注意详图的编号对应于基础平面图的位置；其次应了解大放脚的形式及尺寸、垫层的材料与尺寸，同时了解防潮层的做法、材料和尺寸；最后了解各部分的标高尺寸如基底标高、室内（外）地坪标高、防潮层的标高等。如图 16-2 所示为 1—1 断面的基础详图。

从图 16-2 中可以了解到，轴线位于基础墙的中心，是平面图中纵向内墙的条形基础。大放脚为 4 级，每级两侧缩 60mm，高为 120mm，基础垫层厚为 150mm，混凝土的强度等级是 C15，其宽度为 1000mm，图中还设置了钢筋混凝土地圈梁，其断面尺寸为 240mm×240mm。圈梁内设置了 4 根直径 10mm 的 HPB235 级钢筋（即 4φ10）和直径 6mm 每间隔 200mm 配置的箍筋（即 φ6@200）。基础底部标高是 −1.600m，室内（外）地坪标高分别是 ±0.000m 和 −1.000m。本基础中的地圈梁同时又兼作防潮层，且梁底标高为 −0.300m。

图 16-3 为预制柱下的杯形基础详图，是独立基础中常见的一种形式，从图中可以看出该基础的配筋情况、形状及尺寸。

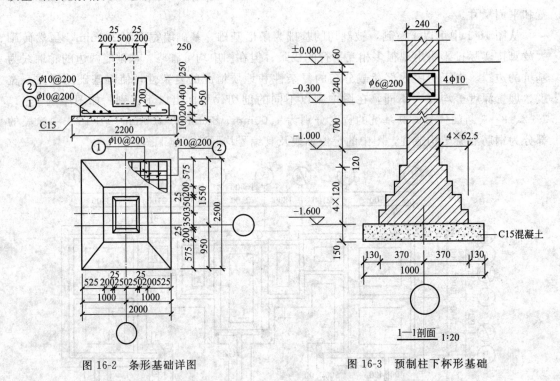

图 16-2　条形基础详图　　　　　　　　图 16-3　预制柱下杯形基础

基础内配有两端带弯钩其直径和间距都相等的 HPB235 级双向钢筋网，即 φ10@200（双向）钢筋网，其底部有 40mm 厚的保护层（在图中可不标出），垫层为 100mm 厚 C15 混凝土。基础底部宽为 2000mm，垫层宽度为 2300mm，图中虚线表示柱插入的位置。

第三节　楼层、屋面结构平面布置图

楼层结构平面布置图与屋面结构平面布置图基本相似，一般可分为预制和现浇两大类。本节中的实例是以预制楼、屋面为主，分别介绍有关的读图方法。

楼层、屋面结构平面布置图是假想用一水平剖切平面沿楼板面上方或屋面承重层处剖切后，向下作其水平投影而成的。结构平面布置图主要是用来表示每层楼的梁、板、柱、墙等结构的平面布置情况以及它们之间的关系。由于图中所表示的构件种类较多，为防止因线条过多而造成混乱，使读图不便，对于一些常用的构件往往采用代号和简化线条来表示。

一、传统的结构平面布置图的表示方法

传统的结构平面布置图表示方法，即用单件正投影法表示钢筋混凝土结构。图 16-4 为某职工住宅楼层、屋面结构平面布置图，由于本楼左右完全对称，因此用对称符号将楼层和屋面的结构平面图合为一个图。

在识读时应注意以下几点。

1. 轴线网

楼板及屋面结构平面的轴线网与相应的建筑施工图中楼层平面图轴线网一致。为了突出楼板布置，墙体用细线表示（注：被楼板等构件盖住的墙体用细虚线表示）。

2. 预制楼板的表示方法

预制楼板一般搁置在墙或梁上，相互平行，可按实际布置画在结构布置平面图上，或者画上一根对角的细实线，并在线上写出构件代号和数量，如图 16-5 所示。图 16-5 所示为选取图 16-4 中②—④及 A—B 轴线的房间楼板布置，该房间共用了 4 块 YKB3361 及 3 块 YKB3351。其中板的代号含义如下：

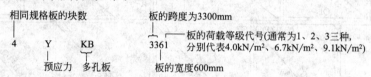

3. 梁的表示方法

图中梁用双实线表示，其中可见轮廓用双细点线，不可见轮廓用双细虚线，并在其上写出梁的代号，如图 16-4 中的 QL（圈梁）、GL（过梁）及 LL（连系梁）等。过梁可直接写在门窗洞口的位置上，为了防止墙上线条过多，省略过梁的图例，而只注写代号。例如 GL18242，表示过梁净跨为 1800mm，墙厚尺寸为 240mm，荷载等级代号为 2。

二、钢筋混凝土结构施工图平面整体表示法

钢筋混凝土结构施工图的平面整体表示法，即选择与施工顺序完全一致的结构平面布置，图中该平面上的所有构件一次表达清楚，这样可降低传统施工图中大量重复表达的内容。

1. 各结构层平面梁配筋图画法

（1）注写法　有集中注写法和原位注写法两种。分别将各跨梁的代号和配筋基本值从梁上引出注写。如 KL1（3）、250×400、ϕ8@200、2ϕ12、3ϕ16，即表示在本楼层上的第一榀框架梁中的每一榀梁（共有三榀），其梁的断面尺寸为 250mm×400mm，上部通长钢筋为 2ϕ12mm，下部受力筋为 3ϕ16mm，箍筋为 ϕ8mm@200，这种集中注写在一起的方法为集中注写法。而当某一榀梁的情况不同时，如 KL11（2）中梁下部的受力筋分别为 2ϕ16、4ϕ22，则采用原位注写法单独注出。当某跨梁或箍筋值与基本值不同时，则将其特殊值从所在跨引出另注。将梁上部受力或下部受力筋多于一排时，各排配筋值从上往下用"/"线分开。同排钢筋为两种直径时，用"＋"号相连。两侧面抗扭钢筋值前加"＊"标志。箍筋加密区与非加密区间距值用"/"线分开，如 ϕ8@100/200。

（2）断面法　将断面号直接画在平面梁配筋图上，端面详图画在本图上或其他图上。

（3）主次梁相交处的加密箍筋或吊筋直接画在主次梁交点的主梁上，并加以标注。如图 16-6 所示，平面布置图上画有的形状，上注 3ϕ18，即表示在此处加钢筋 3ϕ18 的附加吊筋（又称元宝筋）。

2. 应用平面整体表示法时梁柱的编号

应用整体表示法时其梁柱的编号顺序一般为从左至右、从下至上依次编号。相同的梁可

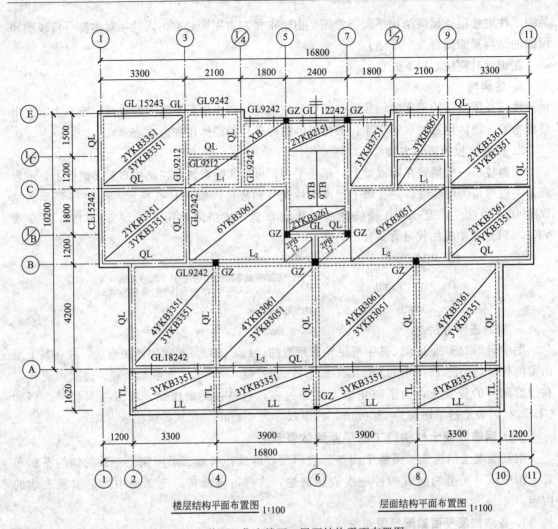

图 16-4 某职工住宅楼面、屋面结构平面布置图

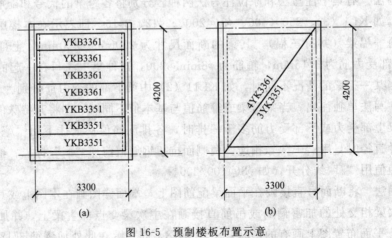

图 16-5 预制楼板布置示意

（a）楼板结构平面布置图；（b）简化表示法

用同一种编号。经编号后，不同类型的梁柱构造也可与通用标准图中的各类构造做法建立对应关系。

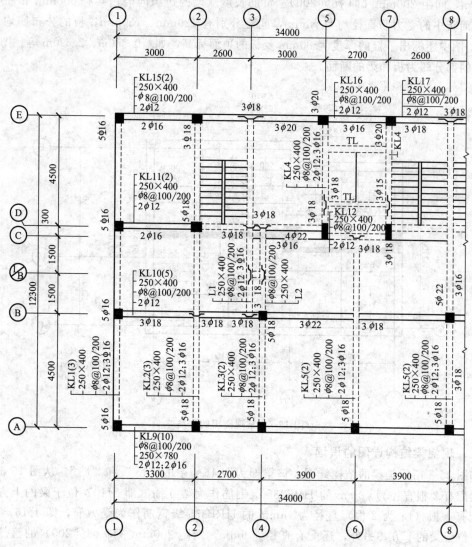

图 16-6　用平面整体表示法画结构施工图的示例

其他具体要求可参考有关的规范、规程。

第四节　钢筋混凝土结构构件详图

用钢筋混凝土制成的梁、板、柱、基础等构件叫做钢筋混凝土构件。表示这类构件的形状、位置、尺寸、做法及配筋情况的图称为结构详图。大致包括配筋图、模板图、预埋件详图等。其中配筋图由于着重表示了构件内部的钢筋配置、形状、规格、数量等，是构件详图的重要图样。为了突出钢筋的配置情况，通常不画混凝土材料的图例。

以下介绍的是现浇板、梁及柱的配筋图。

一、现浇板结构详图的识读

图 16-7 为某现浇板的结构详图示例。图中表示了板的配筋情况，每一种规格的钢筋只画出了一根，按其形状画在所安放的相应位置上。图中沿墙体四周布置的钢筋为负筋，直径

为 $\phi6mm$，间距 200mm（即 $\phi6@200$）。负筋长度从墙的边缘向内，共有 500mm 和 600mm 两种。而板中的受力筋直径均为 $\phi6mm$，间距分别有 120mm、150mm；板的分布筋均为 $\phi6@200$，图中还标出了板的厚度为 80mm 及板的顶面标高，如 $-0.380m$、2.620m 等。图 16-7 中涂黑的部分即为板和梁的断面。

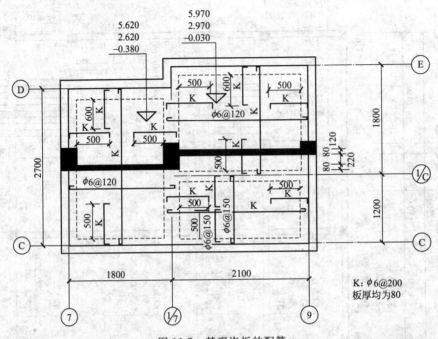

图 16-7　某现浇板的配筋

二、现浇梁结构详图的识读

　　如图 16-8 所示是梁的结构详图。该梁即为图 16-4 中的"L₁"和"L₂"。从图 16-8 中可知该梁配有 2 根直径为 10mm 的 HPB235 级钢筋作为架立筋（即 2ϕ10）位于梁的上方。同时还配有 4 根（L₁ 为 2 根）直径为 16mm 的 HRB335 级钢筋作为受力筋，即 4ϕ16（L₁ 为 2ϕ16）位于梁的下方，另外，还配有直径为 6mm，间距 200mm（即 $\phi6@200$）的箍筋，钢筋编号分别为①、③、②，图 16-8 所示为梁的配筋立面图。在梁的立面图中各种钢筋的投影有时重叠在一起不能表示清楚，则需再用断面图来表示。同时断面图也可以表示梁的断面形状和尺寸。其中 L₁：长×宽×高＝2340mm×240mm×250mm，L₂：长×宽×高＝4140mm×240mm×250mm。同时图中还标注了梁的顶面标高。

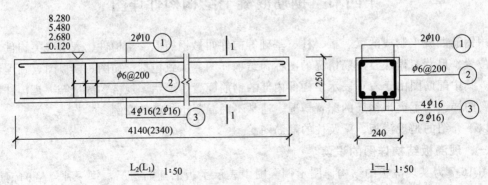

图 16-8　梁的结构详图示例

三、现浇柱结构详图的识读

如图 16-9 所示，柱的详图表示法与梁的表示法基本相同，分立面图和断面图。

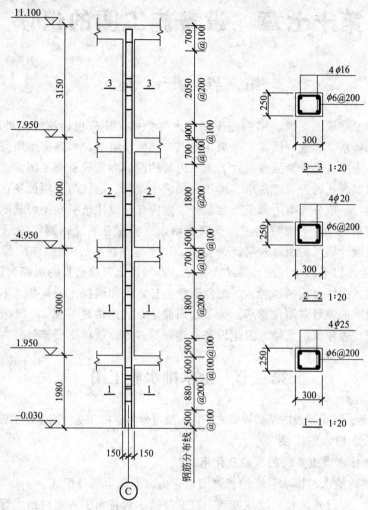

图 16-9　某柱结构详图示例（1∶50）

柱的两侧分别布置了 4φ25、4φ20、4φ16 的受力筋，箍筋为 φ6@200，该柱的断面尺寸为 300mm×250mm，该柱共用了三个断面图分别表示其在各楼层中不同的配筋情况。

思 考 题

1. 结构施工图的主要作用是什么？其图示内容有哪些？
2. 基础平面图是如何形成的？
3. 楼层及屋顶结构平面图是如何形成的？
4. 常用构件代号有哪些？
5. 何谓钢筋混凝土结构施工图平面整体表示法？
6. 结构构件详图的主要作用是什么？

第十七章　设备施工图的识读

第一节　概　　述

一幢房屋除了建筑施工图、结构施工图两大部分外，还应包括房屋内外配套设备的施工，例如给水、排水、燃气、供暖、通风、电气与照明设备等。根据房屋所需设备的安装及使用要求，用来表达这些配套设备设计、施工内容的图样称为设备施工图。

设备施工图要表达的内容有给水、排水、供暖、通风、电气与照明设备在室内的布置与室外系统的连接，一般分为室内和室外两部分。室内部分以建筑平面图为基础，绘制平面布置图；对于管道系统，为了清楚地表达空间管网，常常配有系统轴测图图示管网的空间关系。同时要注写设计施工说明（包括设计要求、尺寸与规格），注明系统的编号（以方便看图）。室外部分主要以平面布置图、系统图为主，有时画出管线敷设的纵断面图。

由于设备施工中所使用的各种构、配件形状各异，内部结构比较复杂，不便于直接采用正投影，多采用图形符号或简化图示。为了绘图简便，表达清楚起见，"国标"规定了一系列的图形符号来代表建筑构配件、卫生设备、建筑材料等，这种图形符号称为图例。

第二节　给水排水施工图

给水排水工程是城市建设的基础设施之一，一般可分为室内和室外给水排水施工图两大类。

一、室内给水排水施工图

1. 室内给水排水管道系统的组成及作用

图 17-1 是室内给水与排水系统的直观图，它由以下几个部分组成。

(1) 引入管　穿过建筑物外墙或基础，自室外给水管将水引入室内给水管网的水平管。

(2) 水表节点　需要单独计算用水量的建筑物，应在引入管上装设水表；有时根据需要也可以在配水管上装设水表。水表一般设置在易于观察的室内或室外水表井内，水表井内设有闸阀、水表和泄水阀门等。

(3) 配水管网　由水平干管、立管和支管所组成的管道系统。

(4) 用水设备与附件　卫生器具的配水龙头、用水设备、闸门、止回阀等。

室内给水排水施工图主要包括给水排水管道平面布置图、管道系统轴测图、卫生器具或用水设备等安装详图。在画给水排水管道平面图、管道系统轴测图、卫生器具与用水设备时，应遵照《给水排水制图标准》中统一规定的图例。常用的统一规定的图例见表 17-1。

2. 室内给水排水平面图

室内给水、排水管道平面布置图是非常重要的图样，为了表示房屋建筑与室内给水排水管道，卫生器具和用水设备间的平面布置关系，又由于室内管道与户外管道相连，所以底层的卫生设备平面布置图，视具体情况和要求，最好单独画出房屋的底层平面图。图 17-2 限于篇幅只画了厨房、卫生间的管道与卫生设备平面布置情况。把给水平面图和排水平面图绘制在同一张平面图上，但读图时应分别进行识读。

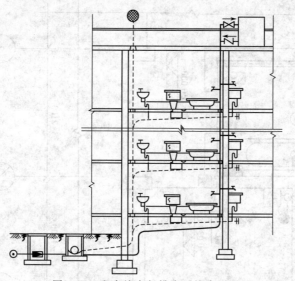

图 17-1　室内给水与排水系统直观图

表 17-1　给水排水图例

序号	名　称	图　例	说　明	序号	名　称	图　例	说　明
1	管道	—J— —W— —F— —RM— —RMH—		8	止回阀	⊣◁⊢ 或 ▷⊣	左图为通用,右图为升降式止回阀,流向同左。其余同阀门类推
2	管道立管	XL-1　XL-1 平面　系统	X:管道类别 L:立管 1:编号	9	放水龙头		左侧为平面,右侧为系统
3	管道交叉		在下方和后面的管道应断开	10	室内消火栓 (单口)		白色为开启面
4	四通连接			11	立式洗脸盆		
5	多孔管			12	浴盆		
6	圆形地漏			13	立式小便器		
7	阀门(通用) 截止阀			14	盥洗槽		
				15	排水明沟	坡向 →	

（1）给水平面图的识读

① 首先应了解设计说明，熟悉有关图例，区分给水与排水及其他用途的管道，分清同种管道的不同作用。

② 室内给水平面布置图采用与房屋建筑平面图相同的比例，重点突出管道、卫生器具、用水设备。通常用粗实线表示给水管道，用中粗实线表示各种用水设备图例，用细实线表示房屋建筑平面的墙身和门窗等。

③ 给水立管是指每个给水系统穿过室内地面及各楼层的竖向给水干管，图 17-2 中的立管编号 JL-1、JL-2、JL-3 表示有三个给水系统。

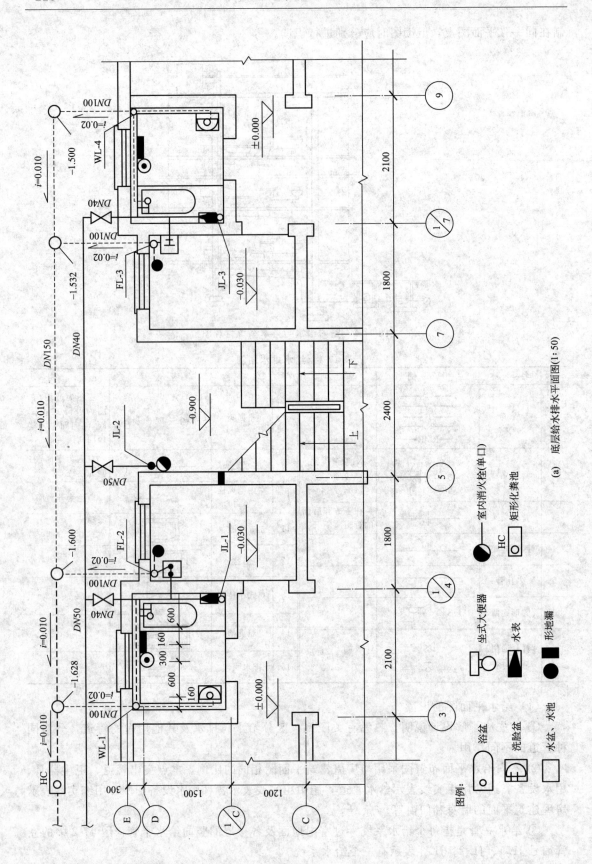

(a) 底层给水排水平面图(1:50)

图例：

浴盆	室内消火栓(单口)
洗脸盆	坐式大便器
水盆、水池	水表
	矩形化粪池
	形地漏

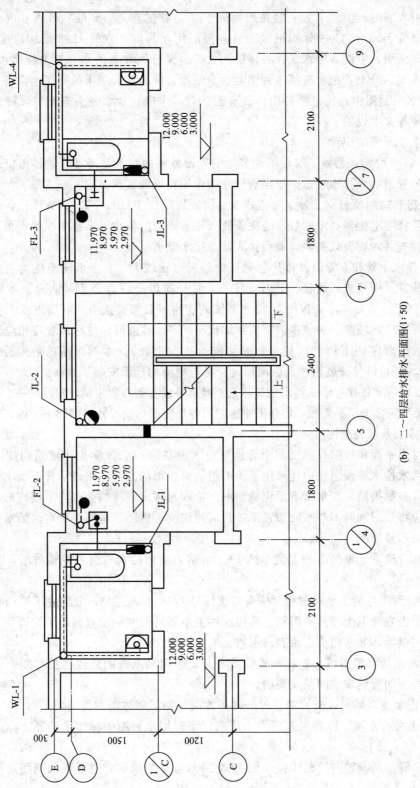

(b) 二～四层给水排水平面图(1:50)

图17-2 给水排水平面图

④ 如图 17-2(a) 所示，给水引入干管是经室外阀门井，从房屋轴线③与⑭和⑰与⑨之间由北向南引入室内。引入干管一般在地面以下（一般在−0.30m 处）形成室内地下水平干管，再经立管 JL-1 和 JL-3 分别把水送到各楼层用水房间；立管 JL-2 是从房屋轴线⑤、⑦之间由北向南引入室内，把水送往各楼层消火栓。又分别在各给水立管上接出水平支管，经截止阀、水表、分支管把水直接送到浴盆、坐便器、洗脸盆和消火栓等用水设备上。

⑤ 在给水平面图中，还包括各用户装有截止阀、水表、放水龙头等配件，楼地面的标高、管道直径等文字说明。

(2) 排水平面图的识读

① 由图 17-2 可知，浴盆、坐便器和其他卫生设备中的脏水是通过管道排出室外的，这种排出脏水的管道称为排水管道，排水管道在图中用粗虚线表示。

② 两厨房和两厕所分别安装了 4 根排水立管 (WL-1、FL-2、FL-3、WL-4)，构成 4 个排水系统。各楼层卫生器具中的脏水经支管流入排水干管后集中汇入排水立管，再经过排出管排到室外检查井，直至化粪池，最后排入城市排水管道。

③ 室内排水干管和立管以及排出管选用的管径都比较大，对于低压流体输送用镀锌焊接钢管、铸铁管、硬聚氯乙烯管、聚丙烯管等，管径应以公称直径 DN 表示。本例选用的管道分别为 $DN50$、$DN75$、$DN100$。排水系统的管路一般都是重力流，所以排水横管都应向立管方向形成一定坡度。在坡度数字前须加代号 "i"，坡度可标注在该管段相应管径的后面，也有在坡度数字的下边画以箭头以示坡向（指向下游）。本例标注的坡度分别为 $i=0.025$、$i=0.020$，以保证脏污水自由流动。厨房与厕所的地面安装了地漏。

对于多层楼房，各楼层给水排水管道与卫生器具等设备若布置相同，则可用一个平面图来表示，该图又称为标准层平面图，但在图中应注明各楼层的标高尺寸，如图 17-2(b) 所示。

3. 给水排水系统轴测图

因给水排水平面布置图只能反映出管道及用水设备的 OX、OY 两个度量向度的平面布置。另外在给水排水工程图样中还采用了正面斜轴测投影的方法，来表示管道及用水设备的空间位置，故被称为给水排水管道系统轴测图。给水与排水系统轴测图应单独画出，单独读图。读图时应将系统轴测图与平面布置图进行对照识读，就能了解到整个室内给水排水管道及用水设备的布置情况。

(1) 给水管道系统轴测图的识读　图 17-3 所示为室内给水管道系统轴测图，从图中可知以下内容。

① 系统轴测图与给水平面图相对应有系统编号 J/1、J/2、J/3，分别表示该图有三个给水系统，图中没有画卫生器具的图例，只按这些卫生器具的实际位置画出了管道和卫生器具以外的配件图例等，如水龙头、水表、水箱、消火栓等。

② 相交的两给水管道线，如有一根管线断开，表明被断开的管线在没有断开管线的后面或下面，表明两管线在空间是交叉的。

③ 当管道穿越墙体时，按穿越管道的轴测方向绘制了墙体的剖面图例。

④ 屋面上装有水箱，以备供水压力不足或停水时用水。图中标注了管径、标高尺寸等文字说明。

(2) 排水管道系统轴测图的识读　图 17-4 所示为室内排水管道系统轴测图，从图中可知以下内容。

① 系统轴测图与排水平面图相对应有系统编号 W/1、F/2、F/3、W/4，表示有四个排

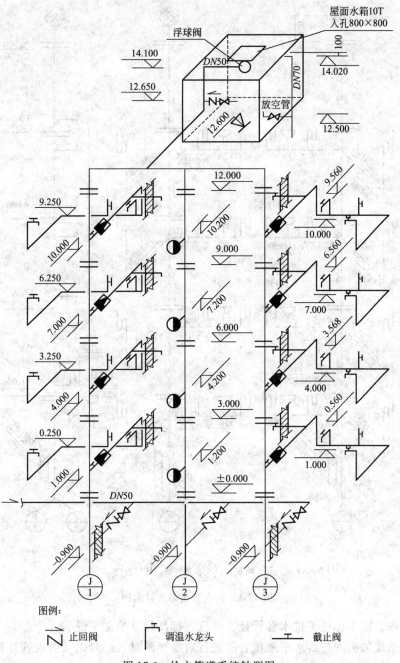

图 17-3　给水管道系统轴测图

水系统。其中编号 F/2 与 F/3 排水系统大体上相同，管道与卫生器具在各楼层的布置也相同，故共用一个系统表示，并且只画出第一层管线及器具的布置情况，二～四层的水平干管均用折断线折断，在该系统折断线旁加注括号，写出同一层字样。W/1 与 W/4 两个排水系统，在二～四层的管道与卫生器具的布置也同第一层，也可以简化。

② 排水立管超出屋面的部分称为通气管，并在离屋面 700mm 处有通气帽，超出楼地面 1m 处设置有检查口。

③ 图中的存水弯保留的水相当于水封隔绝和防止有害、易燃气体及虫类通过卫生器具

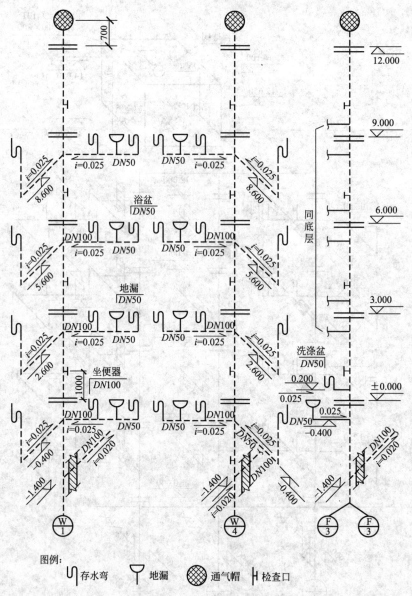

图17-4　排水管道系统轴测图

管口侵入室内。图中标注了排水管管径、坡度、标高尺寸等文字说明。

当给水系统轴测图与给水平面布置图进行对照读图时，一般先从引入管开始，沿给水走向顺序读图，即室外引入管—阀门井（或水表井）→水平干管→立管→支管→用水设备。

排水系统轴测图与排水平面布置图进行对照读图时，一般先从上至下，沿污水流向顺序读图，即排水设备→承接支管→干管→立管→排出管。

4. 给水排水详图

给水排水施工详图的画法与建筑施工详图画法基本一致，同样要求图样完整、详尽、尺寸齐全、材料规格、有详细的施工说明等。常用的卫生器具及设备施工详图，可直接套用有关给水排水标准图集，只需要在图例或说明中注明所采用图集的编号即可。对不能直接套用的则需要自行画出详图。例如，图17-5所示为低水箱坐式大便器安装的一种施工做法。

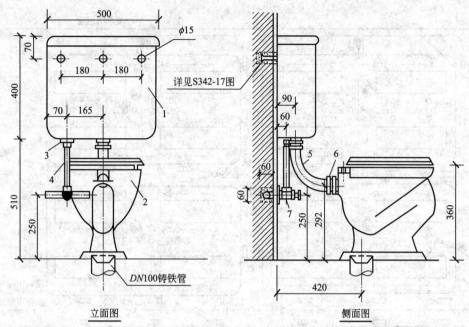

图 17-5　低水箱坐式大便器安装详图示例

1—5 号低水箱；2—3 号坐式大便器；3—DN15 浮球阀配件；4—DN15 进水管；

5—DN50 冲洗管及配件；6—DN50 锁紧螺母；7—DN15 角式截止阀

二、室外给水排水施工图

室外给水工程是指从取水，经净水、贮水最后通过输配水管网送到用水建筑物的一种系统；室外排水系统可分为污水排除系统和雨水排除系统。室外给水排水施工图主要由室外给水排水管道平面图、纵断面图及详图等组成。

1. 室外给水排水管道平面图

图 17-6 表示了某居住小区室外给水排水管网平面布置情况。建筑总平面图是小区管网平面布置的设计依据，由于其作用不同，建筑总平面图重点在于表示建筑群的总体布置（如道路交通、环境绿化等），小区管网平面布置图则以管网布置为重点。读图的主要内容和注意事项如下。

① 查明管路平面布置与走向。通常给水管道用粗实线表示，排水管道用粗虚线表示，检查井用直径 2～3mm 的小圆表示。给水管道的走向是从大管径到小管径与室内引水管相连；排水管道的走向则是从建筑物排出污水管连接检查井，径直管径是从小管径到大管通城市排水管道。

② 室外给水管道要查明消火栓、水表井、阀门井的具体位置，了解给水排水管道的埋深及管径。

③ 室外排水管的起端、两管相交点和转折点均设置了检查井，排水管是重力自流管，故在小区内只能汇集于一点而向排水干管排出，并用箭头表示流水方向。从图 17-6 中还可以看到雨水管与污水管分别由二根管道排放，这种排水方式通常称为分流制。

2. 纵断面图

从图 17-6 平面布置图中可读到检查井的编号 P_4、P_5、P_6，与之相对应的图 17-7 排水管道纵断面图中的检井编号 P_4，是从西北角出发向南经编号 P_5 来到编号 P_6，再与城市排水管

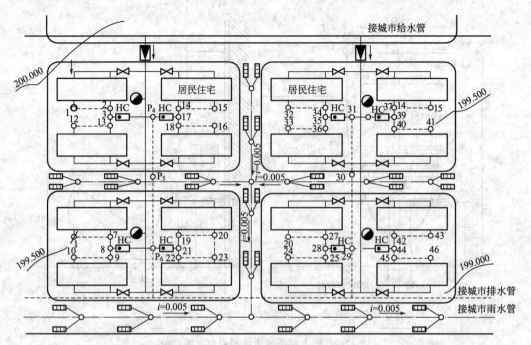

图 17-6　某居住小区室外给水排水管网平面布置

高程/m	4.00 3.00 2.00		d380	DN380 ○	DN100 ○		d380		DN100 ○
设计地面标高/m			4.10		4.10				4.10
管底标高/m			2.75		1.525　2.575				1.725　2.375
管道埋深/m			1.35		1.525				1.725
管径/m				d380		d380			d380
坡度					0.005				
距离/m				35		40			25
检查井编号			P_4		P_5				P_6
平面图			○		○				○

图 17-7　排水管道纵断面

道相连接。由图 17-7 可见，上部为埋地铺设的排水管道纵断面，其左部为标高尺寸，下部为该管道的有关设计数据表格。读图时，可直接查出该排水管道每一节点处的设计地面标高、管底标高、管道埋深、管径、坡度、距离、检查井编号等。例如编号 P_4 检查井处的设计地面标高为 4.10m，管底标高 2.75m，管道埋深为 1.35m。若把图 17-7 和图 17-6 对照起来读图，可以了解到排水管道与给水管、雨水管的交叉情况。

　　室外给水排水工程详图主要表示管道节点、检查井、室外消火栓、阀门井等，识读方法与给水排水详图的识读方法相同。

第三节　室内燃气管道施工图

　　燃气是可以燃烧气体的统称。燃气分为天然气、液化石油气和人工燃气三类。以煤为制气原料的称为煤制气，以油为原料的称为油制气。燃气可以大量节约燃料、防止环境污染、节约劳动力以及减轻城市交通运输量。燃气管道施工图是管道设备施工和验收的依据。

　　燃气管道图中的管道配件以及燃具设备，一般都用图例符号来表示。目前国家暂没有制定出燃气工程统一制图标准，因此，有关图例符号可参考建筑类制图标准中规定的图例。如果是自行设计的图例，则应在施工图纸中详细说明。本节主要介绍室内燃气平面图、燃气系统图和详图的图示特点、读图方法。

一、室内燃气系统的组成

　　如图 17-8 所示，室内燃气管道系统主要由引入管、干管、立管、燃气表、阀门和燃具灶等组成。

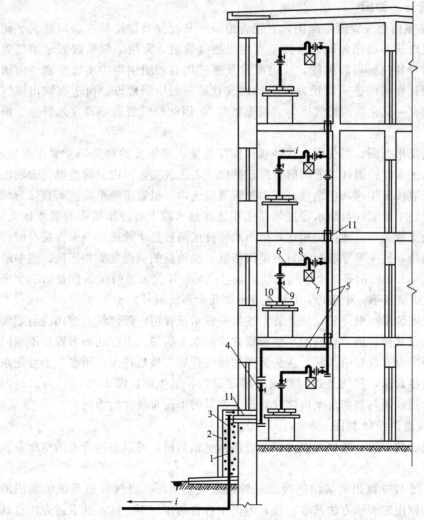

图 17-8　室内燃气系统的组成

1—用户引入管；2—砖台；3—保温层；4—引入口总阀门；5—水平干管及立管；
6—用户支管；7—燃气表；8—软管；9—用具连接管；10—用具；11—套管

（1）引入管 引入管与城市燃气管网或庭院低压分压分配管道相连接，一般由地下引入室内，当采取防冻措施时也可以由地上引入。引入管穿过承重墙、基础或管沟时，均应设置套管，并应考虑沉降的影响。

（2）干管 当从引入管上连接若干根立管，应设置水平干管。水平干管可沿楼梯或辅助房间的墙壁敷设，敷设坡度应不小于 0.2%，坡向引入管。管道经过的楼梯间和辅助房应有良好的自然通风。

（3）立管 燃气立管一般应敷设在厨房、走廊或楼梯间内。立管的上下端应装丝堵，其直径一般不小于 25mm。

（4）支管 从立管接出的用户支管，在厨房内其高度不低于 1.7m，支管穿过墙壁时也应安装在套管内。

（5）连接管（又称下垂管） 是在支管上连接燃气用具的垂直管段。图 17-8 中显示的燃气表用来计量用户实际使用燃气量的多少，燃气用具包括了烹饪用的灶具、热水器、沸水器等家庭用具。

二、室内燃气管道平面图

图 17-9 所示为某室内燃气管道平面图，它把管道及燃具配件直接绘制在房屋建筑平面上，绘图比例与房屋建筑平面图相同。该图重点突出燃气管道，常用单粗实线表示燃气管道，用细实线表示墙身和门窗等轮廓线，管道配件及燃气用具的图例用中实线绘制。由图 17-9 可见燃气引入管经楼梯间进入厨房，室内的燃气管道一般应明敷设。由于在城市燃气的可燃成分中，把含有一氧化碳的燃气视为"有毒燃气"，因此燃气管道不得穿过卧室、浴室、厕所等房间。

图 17-9(a) 为底层平面图。燃气引入管经楼梯间穿墙进入靠东头的厨房与立管相连接，并从该立管连一段水平干管经燃气表前阀门直接连到燃气表进气端，再由支管连燃气表输出端沿墙往北走向与三通接头相连，把燃气分成两根管道输送，一根管道经单旋塞阀直接与灶具连接，另一根管道经单旋塞阀与热水器进气接头相连。热水器上有冷水接头和热水接头，从热水接头上连一段支管又与三通接头相连，把热水管分成两根热水管道，一根直接与厨房洗涤盆调温龙头相连接，另一根穿墙分别与卫生间浴缸、洗脸盆的调温龙头相连接。图中的燃气立管编号 RL-1、RL-2 表示有 2 个燃气系统（编号说明：R 代表燃的汉语拼音第一个字母，L 代表立管的汉语拼音第一个字母，1 和 2 表示第几个系统编号）。

靠西头的厨房仅安装了一根立管，该立管上连出一段水平管道，经燃气表前阀门与燃气表进气接头相连，以及其他管道、燃具的平面布置方式同东头厨房、卫生间的布置。不相同的地方是西头底层厨房没有设置引入管，西头厨房的燃气管经二楼楼梯间、用水平干管把东西两头厨房的立管连接起来，将燃气送到西头各楼层厨房、卫生间。图 17-9(b) 为二～四层平面图，其燃气管道、燃具与底层室内燃气管道、燃具的平面布置完全相同。

三、室内燃气管道系统轴测图

用正面斜轴测投影的方法，画出的室内燃气管道系统轴测图，可以表达管道的空间布置情况。

图 17-10 是根据图 17-9 画出的某住宅楼燃气管道系统轴测图。燃气管道系统轴测图的画法与给水管系统轴测图的表示方法基本一致，但由于各自的作用不一样，其表述方法也就不一样。燃气管道系统轴测图的识读内容如下。

① 燃气管道系统轴测图中的管道用粗实线表示。当管道直径在 150mm 以下时，一般采

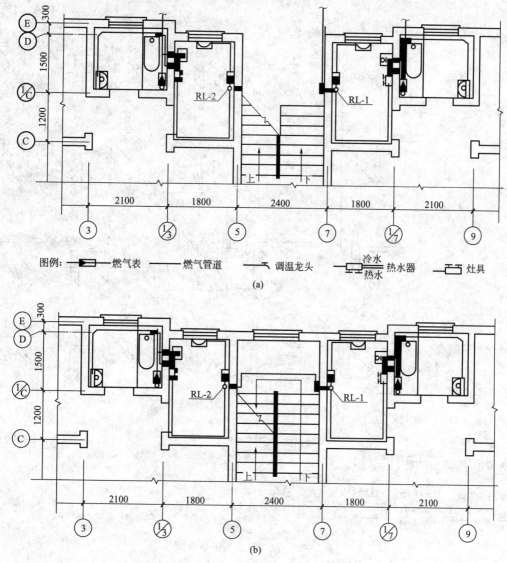

图例：▷▬ 燃气表 ── 燃气管道 ┐ 调温龙头 冷水／热水 热水器 灶具

(a)

(b)

图 17-9 室内燃气管道平面图示例

（a）一层燃气管道平面布置图（1∶50）；（b）二～四层燃气管道平面布置图（1∶50）

用水、煤气输送钢管，室内管道的壁厚不小于 2.75mm。

② 与燃气管道平面图相对应的编号 R/1、R/2 表示有 2 个燃气系统，图 17-10 中没有画出灶具、热水器等燃具的图例，只按这些用气设备的实际位置画出了管线接口和除用气设备以外的配件图例，如燃气表、各种阀门、不同规格的活动接头等。

③ 燃气引入管的公称管径为 DN50，水平干管的公称管径为 DN20，至灶具或热水器接口管道的公称管径为 DN15。

④ 为了不使燃气中含有的杂质堵塞管道和阀口，应将燃气管道保持一定的坡度方向，一般是从小口径管道向大口径管道倾斜（图 17-10）。从图 17-10 可以看到，引入管有 0.003 的坡度，坡向室外燃气管道；位于二楼楼梯间的水干管有 0.002 的坡度，坡向总立管等管道。

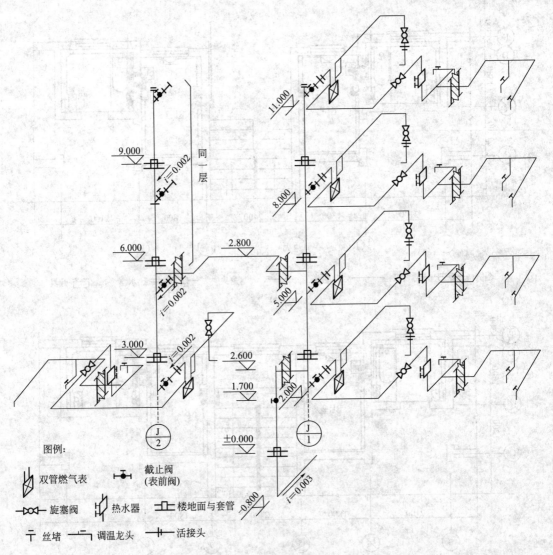

图 17-10　燃气管道系统轴测图

⑤ 按规定水平干管如布置在楼道内时其高度应大于 2m，布置在厨房内时的高度应大于 1.8m，且距楼顶板应保持 150～200mm。引入管与总立管间设置的阀门距地面应有 1.5～1.7m，由支管连接燃具的垂直管段上设置的旋塞阀距地面 1.5m 左右。

⑥ 读图时可分别读出引入管的标高，各种阀门的标高，水平干管的标高，各层楼地面的标高。对于较短水平干支管的标高可省略不画出，一般由安装人员根据燃具、旋塞阀的安装位置及管道配件的连接情况自行确定。

⑦ 由图 17-10 可见，看上去相交的两根燃气管道线，如有一根管线被断开，表明被断开的管线在没有断开管线的后面或下面，两根管线在空间是交叉的。

⑧ 当燃气管道穿过基础、墙、楼板时，应设钢制套管。穿墙的套管两端与墙面平齐；穿过地板或楼板的套管，套管上端高出地坪 80～100mm，套管的下端与楼板底面平齐；套管与燃气管之间的间隙用麻丝填实并用热沥青封口。

⑨ 读图名、编号、管径、坡度、标高尺寸等文字说明。燃气管道平面图一般只能表示

燃气管道的平面布置情况，不能反映管道实际的空间位置。读图时，应把平面图与系统轴测图结合起来对照分析，从而获得整体的读图效果。也可以将局部视图表示的燃气系统对照起来读图，如图 17-11～图 17-13 所示。这种图样的特点是图例采用双实线来表示，由管道、管道配件、燃气表、燃具等图例绘制的局部视图，近似于正立面投影，容易识读。读图时一般先从引入管开始，沿燃气流动方向直到燃具或用气设备。即室外引入管→总阀门→干管→总立管→燃气表前阀→燃气表→水平支管→用户立管→旋塞阀→燃具。

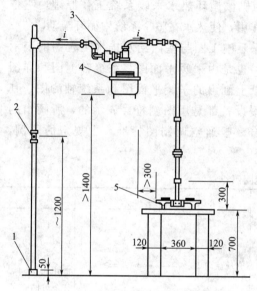

图 17-11　燃气表、燃气灶的安装

1—套管；2—立管上的总阀门或分段阀门；
3—表前阀门；4—单管燃气表；5—燃气灶

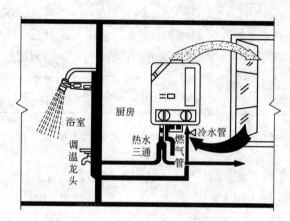

图 17-12　燃气热水器的安装

四、详图

图 17-14 所示为室外引入管详图，适用于墙内侧有暖气地沟或密闭地下室的建筑结构。它采取地上引入的方法将地下燃气管道在墙外垂直伸出地面，从高于室内地面 500mm 处进入室内，并对室外垂直管段采取保温和防护措施。引入管穿墙处装有套管，引入管上部装有清扫口丝堵。

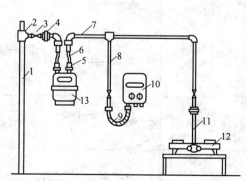

图 17-13　燃气表、燃气热水器、燃气灶的安装

1—立管；2—三通；3—旋塞阀；4—活接头；5—锁紧螺母；6—表接头；7—用户支管；8—用具支管；9—可挠性金属软管；10—快速热水器；11—用具连接管；12—双眼灶；13—双管燃气表

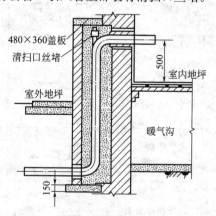

图 17-14　带保温台的地上引入管

第四节　室内采暖施工图

民用房屋的采暖，一般分为水暖和气暖两种。本节以水暖图为例，说明室内采暖施工图的表示方法。

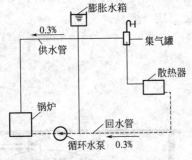

图 17-15　采暖系统工作原理

目前在集中式采暖中一般采用机械循环系统。图 17-15 为机械循环热水采暖系统工作原理，它依靠水泵的作用，使热水在整个系统中循环流动。

室内采暖施工图与室内给水排水工程图的表示方法一样，也是由采暖平面图、系统轴测图和详图组成。图纸上画出的采暖平面图和系统轴测图，其管道及采暖设备都是用图例符号表示的，所画出的图例应符合《暖通空调制图标准》中规定的图例，见表 17-2。

表 17-2　采暖图例

序号	名称	图例	说明	序号	名称	图例	说明
1	蒸汽管凝结水管	——Z—— ——N——	用图例表示管道类别	8	介质流向	→　或　⇒	在管道断开处时，流向符号宜标注在管道中心线上，其余可同管径标注位置
2	保温管	～～～		9	法兰堵盖	‖	
3	矩形补偿器	⊓		10	固定支架	—✳—　—✳‖—✳—	
4	截止阀	▷◁ ● DN≥50　DN<50		11	自动排气阀	⟴	
5	闸阀	▷◁		12	疏水器	▭	在不致引起误解时，也可用 ●表示也称"疏水器"
6	手动调节阀	▽		13	三通阀	● 或 ▷◁	
7	散热器及手动放气阀	▭ 15　15		14	散热器	15　15 15　15	左为平面图画法，右为剖面图画法

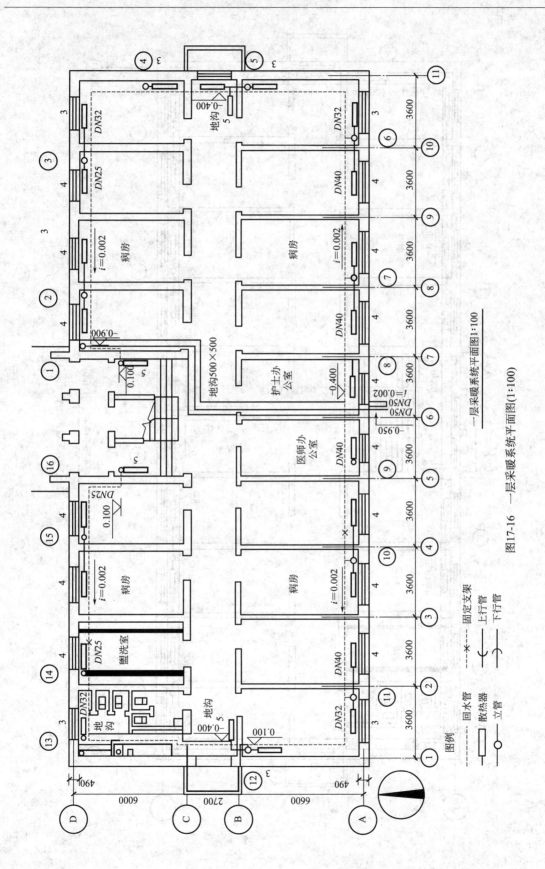

图17-16　一层采暖系统平面图(1:100)

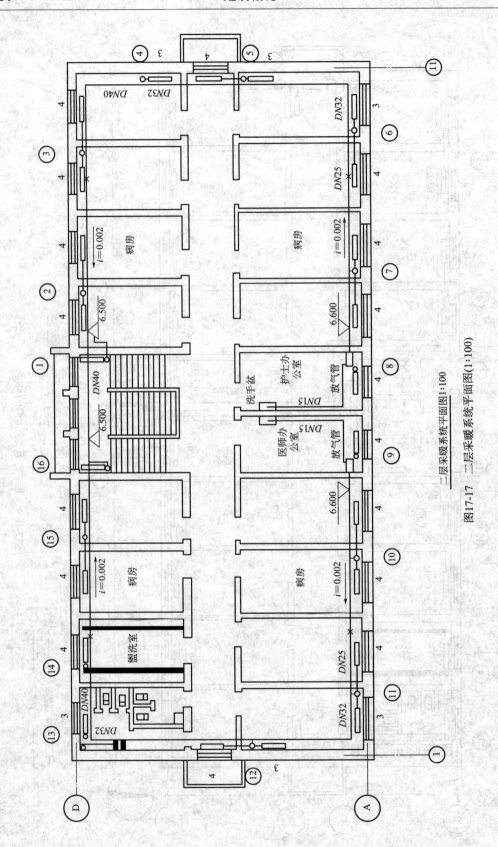

二层采暖系统平面图1:100

图17-17 二层采暖系统平面图(1:100)

一、采暖平面图

图 17-16 和图 17-17 为某医院住院楼的底层和二层采暖管道及散热器布置平面图。图中用细实线画出房屋底层和二层平面轮廓线，供水管道用粗实线表示，回水管道用粗虚线表示。供水主干管是从室外地沟通过基础墙上预留洞进入室内，又顺着室内地沟到达北墙，经立管将热水送往顶层（本例为二层），立管在平面图中用小圆圈表示。管道系统的布置方式采用上行下给单管回程式系统，供热干管走二层，回水干管走底层并汇集于总回水管。

供热总管走一条地沟，经有关设备回到锅炉房热源处。本例的立管编号是从供热总管与水平干管接点起，向右顺时针第一根立管编号为①依次顺序编号一直编到⑯为止。散热器采用四柱 813 型，明装在窗台之下，散热器的片数均写在窗口墙外相应位置，如 3、4、5。从平面图中可读出各管段的直径、坡度、标高尺寸等，图中未注的散热器连接支管均采用 $DN15$。在二层平面图上还可以读到两根放气管分别通往医师、护士办公室的洗手盆。

二、采暖系统轴测图

图 17-18 是采用正面斜轴测投影的方法画出的采暖系统轴测图，作图方法与给水排水系统轴测图做法相同。室内采暖系统轴测图读起来似乎有些复杂，读图时把系统轴测图与采暖平面图结合起来阅读，由总引入干管开始，按热水入口流动方向至回水总管回到锅炉这样一个循环顺序读图。就很容易读清楚整个管道在室内空间布置的情形。为了避免系统图中的重叠，图中将⑩和⑮立管省略未画，但通过施工说明和采暖平面图即可知道⑩和⑮立管在系统中的安装形式，这种省略画法并不影响整体施工。从系统轴测图中可读出各管段的直径、坡度标高尺寸、立管编号、散热器片数等文字说明。干管拆断处标有 a、b、c、d 字母，字母

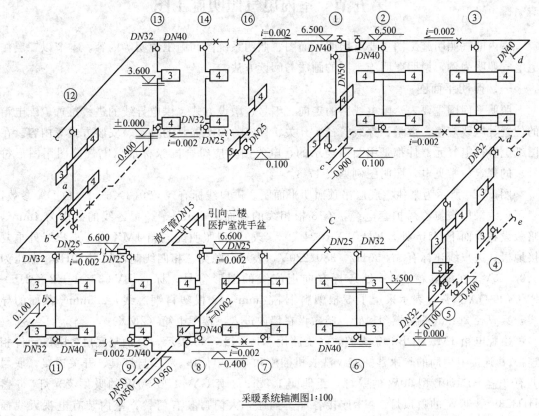

采暖系统轴测图1:100

图 17-18　采暖系统轴测图

相同的即表示为同一根管道。

三、详图

采暖设备安装详图按正投影法投影作图。图 17-19 表示一组散热器安装详图，由图 17-19 可以看出采暖支管与散热器和立管之间的连接方式，散热器与地面、墙面之间的安装尺寸、组合方式等。

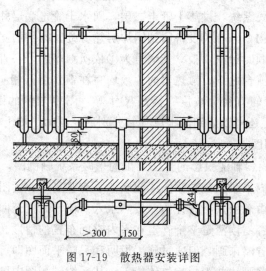

图 17-19　散热器安装详图

第五节　室内电气照明施工图

室内电气照明施工图主要有照明平面图、照明系统图和施工说明等内容。本节以二层住宅电气照明为例，说明照明施工图的画法与阅读方法。

一、照明平面图

照明平面图主要表达配电线路的走向、编号、敷设方式、供电导线的进线位置、配电箱的位置、电线规格、数量、穿线管径、开关、插座、照明器具的种类、安装方式等内容。在图纸上各种电气元器件都是用图例表示的，电气图例应符合国家标准《电气简图用图形符号》的规定，常见电气照明图例见表 17-3。

图 17-20 所示为某住宅底层吊顶照明平面图。进户线标有 VV20(3×6＋1×4)-DA 参数，表示该线采用聚氯乙烯护套电缆，有 3 根相线的截面为 6mm²、一根零线的截面为 4mm²，暗敷设在地面下（1m 处）进入 "XRC31-703（改）" 型照明配电箱 1MX 内。进户线处重复接地极，进户线还标有 3N-50Hz，380/220V，表示电源为三相四线制，频率 50Hz，电压为 380/220V。在配电箱 1MX 处还标有向上配线的图形符号，标有 BV(3×4＋2×2.5)-PVCφ20-QA 参数，表示采用了 3 根塑料铜芯 4mm²、2 根塑料铜芯线，2.5mm² 截面的导线，穿直径 20mm 的阻燃塑料管，暗敷设在墙内进入二楼配电箱（2MX）。

由配电箱 1MX 引出 3 条支路，各支路用 N1、N2、N3 表示，分别与底层各电气元件相连。N1 连接卫生间的热水器插座、洗衣机插座和排气扇插座。N2 与灯具、开关连接，底层共有 3 盏 HD100B 型 60W 的壁灯，距地面 1.8m；3 套 GY₂-1 型 30W 的吸顶荧光灯，6 盏 HD3239 型 60W 的吸顶灯。N3 连接各厅室插座，大门口装有门铃，室内装有电视天线插座、电话插座的设施。

表 17-3　常见电气照明图例

图　例	名　称	图　例	名　称
	电力配电箱（板）		暗装单相两线插座
	照明配电箱（板）		拉线开关（单相两线）
——	母线和干线		暗装单极开关（单相两线）
	接地装置（有接地极）		管线引线符号
	接地、重复接地		镜灯
	熔断器		插座
	交流配电线路（3 根导线）	LD	漏电开关
	交流配电线路（4 根导线）		双联控制开关
	壁灯		三联控制开关
	吸顶灯（天棚灯）		门铃
⊗	灯具一般符号	◉	门铃按钮
	单管荧光灯管	T	电视天线盒
	明装单相两线插座	H	电话插孔

图 17-21 所示为第二层照明平面图，其阅读方法与底层照明平面图的读法完全相同，不再复述。

画照明平面图应注意以下几点。

① 对土建图部分只用细实线画出，应标注轴线间尺寸及画图的比例。

② 照明线路、灯具、插座的定位尺寸不必标注，必要时，可按图注比例量取。

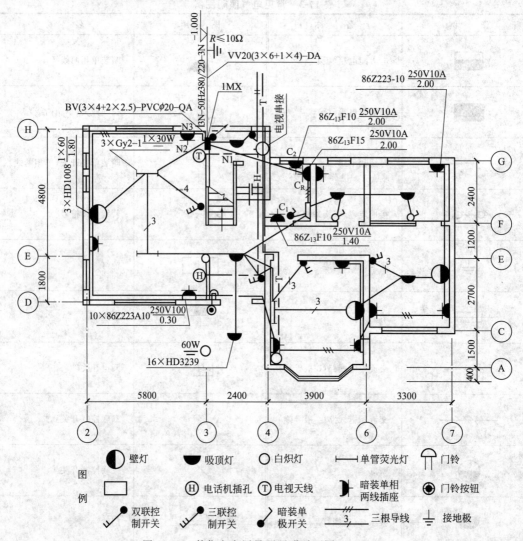

图 17-20 某住宅底层吊顶照明平面图 (1:100)

③ 各层电气照明设施布置相同时可只画一层（即标准层）。

二、照明系统图

对于平房或电气设备简单的建筑，一般用照明平面图即可施工。而多层建筑或较复杂的电气设备，常要画出照明系统图。

照明系统图主要用来表达房屋室内的配电系统和容量分配情况，所用的配电装置，配电线路所用的导线型、截面、敷设方式、所用管径、设备容量等情况。

照明系统图，是用图例符号示意性地概括与说明整幢房屋供电系统的来龙去脉和接线关系，图 17-22 为照明配电系统图。

读照明配电系统图，一般从电源进线到用电设备顺序读图，步骤如下。

交流电源采用三相四线制，进户线采用 VV20 型护套电缆（该电缆适用于额定电压 6kV 及以下的输配电线路），暗敷设在地面以下 1m 处进入照明配电箱 1M 内。经过总电表、30A 总自动开关，分出向上配线［型号为 BV(3×4+2×2.5)-PVCφ20-QA，该线型号说明同照明平面图］进入二层配电箱（2MX）；同时分出 A、B、C 相各经过 15A、10A 单相自动保

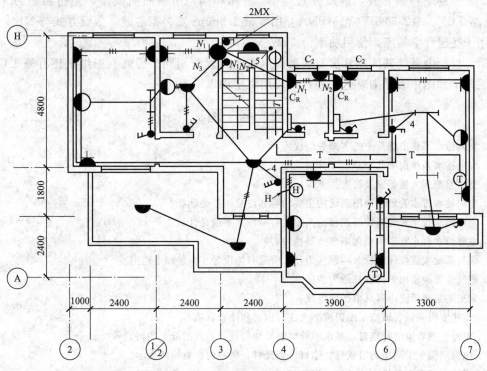

图 17-21　某住宅二层照明平面图（1∶100）

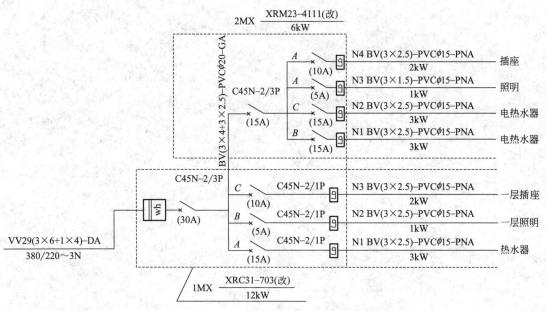

图 17-22　照明配电系统图示例

护开关，A、C 相还接有漏电器，再用 2.5mm² 塑料铜芯线从电源引出 N1、N2、N3 支路。

N1 支路［BV(3×2.5)-PVCφ15-PNA］用 3 根 2.5mm² 的塑料铜芯线，穿 φ15mm 阻燃塑料管暗设在不能进入人的吊顶内，在卫生间 2m 处与 14m 处和热水器等插座连接，使用功率为 3kW，3 根导线分别为火线、地线、零线。N2 支路［BV(2×1.5)-PVCφ15-PNA］用 2

根 1.5mm² 的塑料铜芯线，敷设方式与 N1 支路相同，用于照明线路，使用功率为 1kW。N3 支路 [BV(3×2.5)-PVCφ15-PNA] 用 3 根 2.5mm² 塑料铜芯线，敷设方式与 N1 支路相同，用于底层厅室插座，使用功率为 2kW。

　　第二层配电系统其读图方法与底层配电系统的读法相同。另外在图纸上还有施工说明，把有关规定和图中未详细表达之处进一步用文字加以说明。

思 考 题

1. 室内给水系统由哪几个基本部分组成？
2. 室内排水系统由哪几个基本部分组成？
3. 低水箱坐式大便器安装高度是多少？
4. 室内给水排水管道平面图识读的主要内容和注意事项是什么？
5. 室内给水排水管道系统图识读的主要内容和注意事项是什么？
6. 室外给水排水管道纵断面图包括哪些内容？
7. 燃气系统安装应注意什么问题？为什么管道只能设置在厨房和走道内？
8. 燃气管道距楼面的高度最低为多少？
9. 常见的采暖系统由哪几个部分组成？
10. 试述室内采暖管道施工图识读的方法、内容和注意事项。
11. 室外供热管道的补偿器、排水和放气装置如何设置？在图纸上如何表示？
12. 电气照明施工图中的吸顶灯、壁灯、荧光灯、电线的根数如何表示？
13. 识读电气照明系统图的一般顺序如何？
14. 一般平面图与系统轴测图为什么要结合起来阅读？

第四篇　建筑材料

　　土木工程材料学是材料科学与工程的有机结合。材料科学与工程是研究材料的组成、结构、生产制造工艺与其性能及使用关系的科学和实践。

　　工程上把能用于结构、机器、器件或其他产品的具有某些性能的物质，称为建筑材料。如金属、陶瓷、超导体、塑料、玻璃、木材、纤维、砂子、石材等。关于这些材料组成的基本理论及不同结构层次的构造理论，各种材料的组成、结构对其物理力学性能的影响，以及利用其组成、结构、性能相互的内在关系来设计、加工、生产和控制材料的使用等相关理论方法和技术原理，是材料科学与工程的研究内容。

　　随着工业化和城市化的迅速发展，人类消耗的自然资源越来越多，自然资源受到破坏，有的资源面临枯竭。如何更有效地利用自然资源、更科学合理地利用材料、适应环境保护及可持续发展是材料科学与工程面临的新课题。

　　土木工程建筑材料要受到各种物理、化学及力学因素作用，如用于各种受力结构中的材料要受到各种外力的作用，用于其他不同部位的材料会受到风霜雨雪的作用，作为工业或基础设施中的建筑材料，受冲刷磨损、机械振动及化学侵蚀、生物作用、干湿循环、冻融循环等破坏作用，可见土木工程材料在实际工程中所受到的作用是复杂的。因此，对土木工程材料性质的要求是严格和多方面的。

第十八章　建筑功能材料

第一节　建筑防水材料

　　防水材料是指在房屋建筑、道路桥梁、水利工程中能够防止雨水、地下水与其他水分侵蚀渗透，从而保护主体结构的建筑材料。

　　建筑工程防水技术按其构造做法可以分为自身防水和防水层防水两大类。防水层的做法又可以分为刚性防水材料防水和柔性防水材料防水。

　　刚性防水材料防水是采用涂抹防水砂浆、浇注掺入防水剂的混凝土或预应力混凝土等做法。

　　柔性防水材料防水是采用铺设防水卷材、涂抹防水涂料等。多数建筑采用柔性防水材料防水的做法。

　　防水材料质量的优劣直接关系到建筑物使用的寿命。国内外使用沥青作为防水材料已经有很久的历史，直至现在，沥青基防水材料也在广泛应用，但是其使用寿命较短。随着石油工业的发展，各种高分子材料的出现，为研制性能优良的新型防水材料提供了原料和技术；

防水材料已向橡胶基和树脂基防水材料及高聚物改性沥青系列发展；防水层的构造已由多层向单层防水发展；施工方法已由热熔法向冷贴法发展。

一、水泥

水泥是一种粉状矿物胶凝材料，它与水混合后形成浆体，经过一系列物理化学变化，由可塑性浆体变成坚硬的石状体，并能将散粒材料胶结成为整体。水泥浆体不仅能在空气中凝结硬化，更能在水中凝结硬化，是一种水硬性胶凝材料。

水泥是土木工程最重要的材料，也是用量最大的材料，水泥混凝土已经成为了现代社会的基石，在经济社会发展中发挥着重要作用。

水泥常用于生产砂浆、混凝土。由于水泥是水硬性胶凝材料，故常用于生产防水砂浆和防水混凝土。

土木工程中应用的水泥品种众多，按其化学组成可分为硅酸盐系水泥、铝酸盐系水泥、硫铝酸盐系水泥、铁铝酸盐系水泥、磷酸盐系水泥、氟铝酸盐系水泥等系列。按照国家标准GB/T 4131—1997《水泥的命名、定义和术语》规定，按水泥的性能及用途可分为三大类，即用于一般土木建筑工程的通用水泥，主要包括硅酸盐水泥、普通硅酸盐水泥、矿渣硅酸盐水泥、火山灰质硅酸盐水泥、粉煤灰硅酸盐水泥和复合硅酸盐水泥等六大硅酸盐系水泥；具有专门用途的专用水泥，如道路水泥、砌筑水泥和油井水泥等；具有某种比较突出性能的特性水泥，如快硬硅酸盐水泥、白色硅酸盐水泥、抗硫酸盐硅酸盐水泥、低热硅酸盐水泥和膨胀水泥等。

二、沥青

沥青是一种褐色或黑褐色的有机胶凝材料。建筑工程常用的为石油沥青，也运用煤沥青。

（一）石油沥青

石油沥青是石油原油经蒸馏提炼出各种轻质油（如汽油、煤油和柴油等）及润滑油以后的残留物或再经加工而得的产品。

1. 石油沥青的组成与结构

（1）石油沥青的组分　石油沥青是由多种碳氢化合物及其非金属（氧、硫和氮）衍生物组成的混合物。我国现行《公路工程沥青及沥青混合料试验规程》（JTG F20—2011）中规定有三组分和四组分两种分析法。

石油沥青的三组分分析法是将石油沥青分为油分、树脂和沥青质三个组分；四组分分析法将沥青分为沥青质、饱和分、芳香分和胶质。

沥青的含蜡量对沥青路面使用性能有极大影响，在高温时会使沥青发软，导致沥青路面高温稳定性降低，出现车辙。在低温时会使沥青变得脆硬，导致路面低温抗裂性降低，出现裂缝；此外，蜡会使沥青与石料的黏附性降低，在有水的条件下，会使路面石子产生剥落现象，造成路面破坏；更严重的是，含蜡沥青会使沥青路面的抗滑性降低，影响路面的行车安全。《公路沥青路面施工技术规范》（JTG F40—2004）规定，A级石油沥青含蜡量（蒸馏法）不大于2.2%，B级石油沥青含蜡量不大于3%，C级石油沥青含蜡量不大于4.5%。

（2）石油沥青的胶体结构　胶体理论认为，石油沥青的三大主要组分是油分、树脂和地沥青质。油分和树脂可以互相溶解，树脂能浸润地沥青质，在地沥青质的超细颗粒表面形成树脂薄膜。石油沥青的结构是以地沥青质为核心，周围吸附部分树脂和油分，构成胶团，无数胶团分散在油分中形成胶体结构。在这个分散体系中，分散相为吸附部分树脂的地沥青质，分散介质为溶有树脂的油分。在沥青胶体内，从地沥青质到油分逐渐递变，无明显界面。

沥青胶体结构可分为如下三种类型。

① 溶胶型结构。当油分和树脂较多时，胶团外膜较厚，胶团之间相对运动较自由。沥青温度稳定性较差。

② 凝胶型结构。当油分和树脂含量较少时，胶团外膜较薄，胶团聚集靠近，相互吸引力增大，胶团间相互移动比较困难。

③ 溶凝胶型结构。当地沥青质不如凝胶型石油沥青多，而胶团间靠得又较近时，相互间有一定的吸引力，形成一种介于溶胶型和凝胶型两者之间的结构。

溶胶型、溶凝胶型和凝胶型胶体结构的石油沥青如图 18-1 所示。

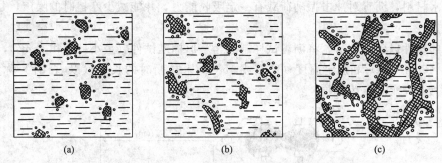

图 18-1　沥青的胶体结构示意

（a）溶胶型结构；（b）溶凝胶型结构；（c）凝胶型结构

2. 石油沥青技术性质

（1）黏滞性　石油沥青的黏滞性是反映沥青材料内部阻碍其相对流动的一种特性，以绝对黏度表示，是沥青性质的重要指标。在一定温度范围内，温度升高黏滞性降低；反之则增大。

工程上常采用相对黏度（条件黏度）来表示。测定沥青相对黏度的主要方法是用标准黏度计和针入度仪，如图 18-2 所示。针入度反映石油沥青抵抗剪切变形的能力；针入度值越小，表明黏度越大。黏稠石油沥青的针入度是在规定温度 25℃条件下以规定质量 100g 的标准针，经历规定时间 5s 贯入试样中的深度，以 1/10mm 为单位表示，符号为 $P_{(25℃, 100g, 5s)}$。

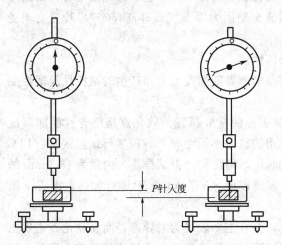

图 18-2　黏稠沥青针入度测试示意

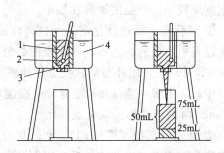

图 18-3　液体沥青标准黏度计测定示意

1—沥青；2—活动球杆；3—流孔；4—水

液体石油沥青或较稀的石油沥青的相对黏度，可用标准黏度计测定的标准黏度表示，如图 18-3 所示。标准黏度是在规定温度（20℃、25℃、30℃ 或 60℃）、规定直径（3mm、5mm 或 10mm）的孔口流出 50mL 沥青所需的时间秒数，常用符号 "C_{tdT}" 表示，t 为试样温度，d 为流孔直径，T 为流出 50mL 沥青所需的时间。

（2）塑性 塑性指沥青在外力作用下产生变形而不破坏，除去外力后仍保持变形的性质。它反映沥青受力时所能承受的塑性变形的能力，也是沥青性质的重要指标。

石油沥青中树脂含量较多，且其他组分含量又适当时，塑性较大。影响沥青塑性的因素有温度和沥青膜厚度。温度升高、膜层越厚，则塑性越高。反之，温度降低膜层越薄则塑性越差，当膜层薄至 1mm 时，塑性近于消失，接近于弹性。

在常温下，塑性较好的沥青在产生裂缝时，可自行愈合，所以能用沥青制造出性能良好的柔性防水材料，沥青对冲击振动荷载有一定吸收能力，并能减少摩擦时的噪声，是良好的路面材料。

沥青的塑性以延度表示。将沥青试样制成 ∞ 字形标准试件（最小截面积 1cm²），在规定拉伸速度（5cm/min）和规定温度（25℃ 或 15℃）下拉断时的长度（以 cm 计）称为延度，如图 18-4 所示，以 cm 为单位。

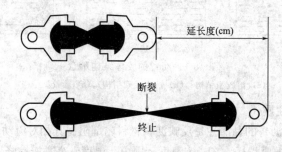

图 18-4 沥青延度测试

（3）温度敏感性 温度敏感性是指沥青的黏滞性和塑性随温度升降而变化的性能。沥青是一种高分子非晶态热塑性物质，没有一定的熔点。当温度升高时，使沥青分子之间发生相对滑动，沥青由固态或半固态逐渐软化，此时沥青就像液体一样发生了黏性流动，称为黏流态。与此相反，当温度降低时沥青又逐渐由黏流态凝固为固态（或称高弹态），甚至变硬变脆（像玻璃一样硬脆）称为玻璃态。

常用软化点和针入度指数评价沥青温度敏感性。

温度敏感性是沥青性质的重要指标，工程要求沥青随温度变化而产生的黏滞性及塑性变化幅度应较小，即温度敏感性较小。

① 软化点。沥青软化点是反映沥青温度敏感性的重要指标。软化点是沥青性能随温度变化过程中重要的标志点；软化点的数值随采用的仪器不同而异，我国现行试验规程（JTG E20—2011）是采用环与球软化点。如图 18-5 所示，将黏稠沥青试样注入内径为 18.9mm 的铜环中，环上置一重 3.5g 的钢球，在规定的加热速度（5℃/min）下进行加热，沥青下坠 25.4mm 时的温度称为软化点。

② 针入度指数（简称 PI）。在软化点之前，沥青主要表现为黏弹态，而在软化点之后主要表现为黏流态；软化点越低，表明沥青在高温下的体积稳定性和承受荷载的能力越差。但仅凭软化点这一性质，来反映沥青性能随温度变化的规律，并不全面。目前用来反映沥青感

温性的常用指标为针入度指数 PI。建立这一指标的基本思路是根据大量试验结果，沥青针入度值的对数（$\lg P$）与温度（T）具有线性关系（图 18-6）。

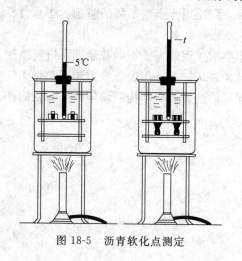

图 18-5　沥青软化点测定

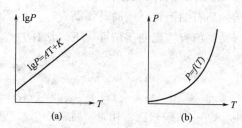

图 18-6　沥青针入度值与温度的关系

（a）沥青针入度值的对数（$\lg P$）与温度（T）的关系；

（b）沥青针入度与温度的关系

A—直线斜率；K—截距（常数）

针入度指数越大表明温度变化时，沥青的针入度变化越大，也即沥青的感温性大。因此，可以用斜率来表征沥青的温度敏感性，故称 A 为针入度-温度感应性系数。

③ 沥青的脆点。是反映温度敏感性的指标，它是指沥青从高弹态转到玻璃态过程中的某一规定状态的相应温度，该指标主要反映沥青的低温变形能力。通常采用弗拉斯脆点试验确定。

（4）大气稳定性　大气稳定性是指石油沥青在热、阳光、氧气和潮湿等因素的长期综合作用下抵抗老化的性能。

在阳光、空气和热的综合作用下，沥青各组分会不断递变，低分子化合物将逐步转变成高分子物质，即油分和树脂逐渐减少，而地沥青质逐渐增多。实验发现，树脂转变为地沥青质比油分变为树脂的速度快很多（快 50%）。因此，使石油沥青随着时间的进展而流动性和塑性逐渐减小，硬脆性逐渐增大，直至脆裂，这个过程称为石油沥青的"老化"。所以大气稳定性可用抗老化性能来说明。

（5）黏附性　黏附性是指沥青与其他材料的界面黏结性能和抗剥落性能。沥青与集料的黏附性直接影响沥青混合料的使用质量和耐久性，如沥青路面，所以黏附性是评价道路沥青技术性能的重要指标。沥青裹覆集料后的抗水性（即抗剥性）不仅与沥青的性质有密切关系，而且与集料性质有关。

（6）施工安全性　沥青施工安全性与沥青的闪点、燃点有直接关系，闪点（也称闪火点）是指加热沥青至挥发出的可燃气体和空气的混合物，在规定条件下与火焰接触，初次闪火（有蓝色闪光）时的沥青温度（℃）。燃点（或称着火点）是指加热沥青产生的气体和空气的混合物，与火焰接触能持续燃烧 5s 以上时，此时沥青的温度即为燃点（℃）。燃点温度比闪点温度约高 10℃。沥青质组分多的沥青相差较多，液体沥青由于轻质成分较多，闪点和燃点的温度相差很小。

在沥青运输、贮存和加热使用等方面要注意安全。

（7）防水性 石油沥青是憎水性材料，几乎不溶于水，而且本身构造致密，与矿物材料表面有很好的黏结力，能紧密黏附于矿物材料表面，同时，它还具有一定的塑性，能适应材料或构件的变形。所以石油沥青具有良好的防水性，广泛用作土木工程的防潮、防水材料。

3. 沥青的掺配

某一种牌号的石油沥青往往不能满足工程技术要求，因此需要不同牌号沥青进行掺配。

在进行掺配时，为了不使掺配后的沥青胶体结构破坏，应选用表面张力相近和化学性质相似的沥青。试验证明同产源的沥青容易保证掺配后的沥青胶体结构的均匀性。所谓同产源是指同属石油沥青，或同属煤沥青。

两种沥青掺配的比例可用下式估算。

$$Q_1 = \frac{T_2 - T}{T_2 - T_1}$$

$$Q_2 = 100 - Q_1$$

式中 Q_1——较软沥青用量，%；

$\quad\quad Q_2$——较硬沥青用量，%；

$\quad\quad T$——掺配后沥青软化点，℃；

$\quad\quad T_1$——较软沥青软化点，℃；

$\quad\quad T_2$——较硬沥青软化点，℃。

例：某工程须要用软化点为75℃的石油沥青40t，现有10号及60号两种石油沥青，应如何掺配以满足工程需要？

解：由试验测得，10号石油沥青软化点为95℃；60号石油沥青软化点为45℃。

估算掺配用量：60号石油沥青用量 Q_1，10号石油沥青用量 Q_2。

$$Q_1 = (T_2 - T)/(T_2 - T_1) = (95 - 75)/(95 - 45) \times 100\% = 40\%$$

$$Q_2 = 100\% - 40\% = 60\%$$

$$Q_1 = 40 \times 40\% = 16 \ (t)$$

$$Q_2 = 40 \times 60\% = 24 \ (t)$$

根据估算的掺配比例和在其邻近比例（估算的掺配比例5%～10%）进行试配（混合熬制均匀），测定掺配后沥青的软化点，然后绘制"掺配比-软化点"曲线，即可从曲线上确定所需求的掺配比例。同样地可采用针入度指标按上法进行估算及试配。

（二）煤沥青

煤沥青是将煤焦油再进行蒸馏，蒸去水分和所有的轻油及部分中油、重油和蒽油后所得的残渣。

1. 煤沥青的化学组成

（1）元素组成 煤沥青的组成主要是芳香族碳氢化合物及其氧、硫和碳的衍生物的混合物。其元素组成主要为 C、H、O、S 和 N。

（2）化学组分 按 E·J·狄金松法，煤沥青可分离为油分、树脂 A、树脂 B、游离碳 C_1 和游离碳 C_2 等组分。煤沥青中各组分的性质简述如下。

① 油分是液态碳氢化合物。煤沥青的油分中还含有萘、蒽和酚等，萘和蒽能溶解于油分中，在含量较高或低温时能呈固态晶状析出，影响煤沥青的低温变形能力。酚为苯环中含羟物质，能溶于水，且易被氧化。煤沥青中酚、萘和水均为有害物质，对其含量必须加以限制。

② 树脂为环心含氧碳氢化合物，分为硬树脂和软树脂。硬树脂类似石油沥青中的沥青

质；软树脂类似石油沥青中的树脂。

③ 游离碳（又称自由碳）是高分子的有机化合物的固态碳质微粒，不溶于苯，加热不熔，但高温分解。煤沥青的游离碳含量增加，可提高其黏度和温度稳定性。但随着游离碳含量增加低温脆性亦增加。

2. 煤沥青与石油沥青的技术性质差异

煤沥青与石油沥青相比，在技术性质上有下列差异。

① 煤沥青温度敏感性较低，含可溶性树脂多，由黏稠态（或固态）转变为黏流态（或液态）的温度间隔较窄，夏天易软化流淌而冬天易脆裂。

② 煤沥青与矿质集料的黏附性较好，在煤沥青组成中含有较多的极性物质，赋予煤沥青高的表面活性与矿质集料具有较好的黏附性。

③ 煤沥青大气稳定性较差，含挥发性成分和化学稳定性差的成分较多，在热、阳光和氧气等长期综合作用下组分变化较大，易硬脆。

④ 煤沥青塑性差，含有较多的游离碳，容易变形而开裂。

⑤ 煤沥青耐腐蚀性强，因含酚、蒽等有毒物质，防腐蚀能力较强，故适用于木材的防腐处理，酚易溶于水，防水性不及石油沥青。

3. 煤沥青与石油沥青简易鉴别

石油沥青与煤沥青掺混时，将发生沉渣变质现象而失去胶凝性，故不宜掺混使用。二者简易鉴别方法见表 18-1。

表 18-1　煤沥青与石油沥青简易鉴别方法

鉴别方法	石油沥青	煤沥青
密度法	近似于 1.0g/cm³	大于 1.10g/cm³
锤击法	声哑，有弹性，韧性感	声脆，韧性差
燃烧法	烟无色，基本无刺激性臭味	烟黄色，有刺激性臭味
溶液比色法	用 30～50 倍汽油或煤油溶解后，将溶液滴于滤纸上，斑点呈棕色	溶解方法同左。斑点有两圈，内黑外棕

三、合成高分子防水材料

1. 防水卷材

防水卷材是指能够防止雨水、地下水与其他水分侵蚀渗透本身具有卷曲功能的防水材料。

目前防水卷材主要有沥青防水卷材、聚合物改性沥青防水卷材和合成高分子改性沥青防水卷材三大类，其中沥青防水卷材是传统的防水卷材，抗拉能力低、易腐烂、耐久性差，但由于其价格较低，在我国的建筑工程中仍有较多应用，是低档防水材料。后两者具有良好的性能，代表了防水卷材的发展方向。

2. 防水涂料

防水涂料是一种流态或半流态物质，涂布在防水物基层表面，经溶剂、水分挥发或各组分之间的化学反应，形成具有一定厚度、一定弹性的阻隔水分的成膜物质。其作用是防水、防潮。

防水涂料固化成膜后膜层具有良好的防水性能，特别适合于各种复杂、不规则部位的防水。大多采用冷施工，不必加热熬制，既减少了环境污染、改善劳动条件，又便于施工、加快施工进度。此外，涂布的防水涂料既是防水层的主体，又是胶黏剂，因而施工质量容易保证，维修也较简单。但是，防水涂料是采用刷子或刮板等工具逐层涂刷（刮）的，防水膜的厚度难以保持一致。因此，防水涂料广泛用于工业与民用建筑的屋面防水工程、地下室防水工程和地面防潮、防渗等。

防水涂料按液态类型可分为溶剂型、水乳型和反应型三种；溶剂型的黏结性较好，但污染环境；水乳型的价格较低，但黏结性较差；从涂料的发展趋势来看，随着水乳型的性能提高，它的应用会更广泛。按成膜物质的主要成分可分为沥青类、高聚物改性沥青类和合成高分子类。在实际工程中应注意根据防水涂料的性能和工程特点合理选用。

3. 建筑密封材料

建筑密封材料是指用于嵌入建筑接缝、裂缝、变形缝中能承受位移并具有高气密性、水密性的定型和不定型材料。

目前，常用的密封材料有：沥青嵌缝油膏、塑料油膏、丙烯酸类密封膏、聚氨酯密封膏、聚硫密封膏和聚硅氧烷密封膏等。

为了保证防水密封效果，应根据被黏结基层的材料、表面状态和性质来选择黏结性能良好的、耐高低温性能和耐老化性能良好，具有一定的弹性和拉伸-压缩循环性能的密封材料。

第二节　保温隔热材料

保温绝热材料是防止住宅、生产车间、公共建筑及各种热工设备中热量传递的材料，也就是具有保温隔热性能的材料。在土木工程中，绝热材料主要用于墙体、屋顶保温隔热以及热工设备、采暖和空调管道的保温，在冷藏设备中则大量用作保温。

在建筑物中合理采用绝热材料，能提高建筑物使用效能，保证正常的生产、工作和生活，能减少热损失，节约能源。据统计，具有良好的绝热功能的建筑，其能源可节省25%～50%。因此，在土木工程中，合理地使用绝热材料具有重要意义。

一、绝热材料的作用及影响因素

1. 绝热材料的作用原理

热从本质上看是由组成物质的分子、原子和电子等在物质内部的移动、转动和振动所产生的能量，即热能。在任何介质中，当两点之间存在温度差时，就会产生热能传递现象，热能由温度较高点传递至温度较低点。传热的基本形式有热传导、热对流和热辐射三种。其中热传导在传热过程中起主要作用。通常情况下，三种传热方式是共存的，热能在多孔且封闭的材料中传递时以对流和辐射方式为主，与热传导相比传热能力明显下降，故多孔且封闭的材料绝热能力较好。

2. 影响材料导热性的主要因素

不同的土木工程材料具有不同的热物理性能，衡量其保温隔热性能优劣的指标主要是热导率。热导率越小，则通过材料传递的热量越少，其保温隔热性能越好。工程中，通常把热导率$<0.23\mathrm{W/(m \cdot K)}$的材料称为绝热材料。

影响材料导热性的主要因素有：材料的组成及微观结构、表观密度与孔隙特征、材料的湿度、温度和热流方向等因素。

（1）一般来说，热导率以金属最大，非金属次之，液体再之，气体最小。

（2）一般表观密度小、孔隙率大的材料热导率小；孔隙率相同时，孔隙尺寸愈小，热导率愈小；封闭孔隙比连通孔隙的热导率小。

（3）材料吸湿受潮后，其热导率增大，在多孔材料中更为明显；当绝热材料中吸收的水分结冰时，其热导率会进一步增大。因此，绝热材料应特别注意防水、防潮、防冻。

（4）材料的热导率随温度的升高而增大，当温度在 0～50℃范围内时并不显著，只有对处于高温或负温下的材料，才要考虑温度的影响。

（5）当热流平行于纤维方向时，热流受阻小，故热导率大。而热流垂直于纤维方向时，热流受阻大，故热导率小。

上述各项因素中以表观密度和湿度的影响最大。因而在测定材料的热导率时，必须测定材料的表观密度。至于湿度，通常对多数绝热材料可取空气相对湿度为 80%～85%时材料的平衡湿度作为参考值，应尽可能在这种湿度条件下测定材料的热导率。

二、常用绝热材料

土木工程中常用的绝热材料有纤维状保温隔热材料、散粒状保温隔热材料、多孔性板块绝热材料。

1. 纤维状保温隔热材料

纤维状保温隔热材料主要是以矿棉、石棉、玻璃棉及植物纤维等为主要原料，制成板、筒、毡等形状的制品，广泛用于住宅建筑和热工设备、管道等的保温隔热。这类绝热材料通常也是良好的吸声材料。

2. 散粒状保温隔热材料

散粒状保温隔热材料主要有：膨胀蛭石及其制品、膨胀珍珠岩及其制品。

① 膨胀蛭石是一种天然矿物，经 850～1000℃煅烧，体积急剧膨胀，单颗粒体积能膨胀约 20 倍。膨胀蛭石铺设于墙壁、楼板、屋面等夹层中，作为绝热、隔音之用；使用时应注意防潮，以免吸水后影响绝热效果。

② 膨胀珍珠岩是由天然珍珠岩煅烧而成的，呈蜂窝泡沫状的白色或灰白色颗粒，是一种高效能的绝热材料，建筑上广泛用作围护结构、低温及超低温保冷设备、热工设备等的绝热保温，也可用于制作吸声制品。

膨胀蛭石制品、膨胀珍珠岩制品分别以膨胀蛭石、膨胀珍珠岩为主，配合适量胶结材料，经拌和、成型和养护后制成板、块和管壳等形状的保温隔热制品。

3. 多孔性板块绝热材料

多孔性板块绝热材料主要为：微孔硅酸钙制品、泡沫玻璃、泡沫混凝土、加气混凝土、硅藻土、泡沫塑料。

① 微孔硅酸钙制品是用粉状二氧化硅材料（硅藻土）、石灰、纤维增强材料及水等经搅拌、成型、蒸压处理和干燥等工序而制成。

② 泡沫玻璃由玻璃粉和发泡剂等经配料、烧制而成。空隙率为 80%～95%，气孔直径为 0.1～5.0mm，且大量为封闭而孤立的小气孔。耐久性好，易加工，适用于多种绝热需要。

③ 泡沫混凝土由水泥、水、松香泡沫剂混合，在此基础上掺加一些填料骨料及外加剂，经搅拌、成型、养护而制成的一种多孔、轻质、保温、绝热、吸声的材料。也可用粉煤灰、石灰、石膏和泡沫剂制成粉煤灰泡沫混凝土。

④ 加气混凝土由水泥、石灰、粉煤灰和发泡剂（铝粉）配制而成。是一种保温绝热性能良好的轻质材料。

⑤ 硅藻土由水生硅藻类生物的残骸堆积而成，具有很好的绝热性能。最高使用温度可达 900℃。可用作填充料或制成制品。

⑥ 泡沫塑料以各种树脂为基料，加入一定剂量的发泡剂、催化剂、稳定剂等辅助材料，经加热发泡而制成的一种具有轻质、保温、绝热、吸声、抗震性能的材料。

4. 其他绝热材料

其他绝热材料主要包括：软木板、蜂窝板、窗用绝热薄膜等。

① 软木也叫栓木，是用栓皮栎树皮或黄菠萝树皮为原料，经破碎后与胶凝剂拌和，再加压成型，在温度为 80℃ 的干燥室中干燥而制成。软木板具有表观密度小、导热性低、抗渗和防腐性能好等特点。常用热沥青错缝粘贴，用于冷藏库隔热。

② 蜂窝板是由两块较薄的面板，牢固地黏结在一层较厚的蜂窝状芯材两面而形成蜂窝夹层结构的板材。蜂窝板具有比强度高、导热性低和抗震性好等多种功能。

③ 窗用绝热薄膜是以聚酯薄膜经紫外线吸收剂处理后，在真空中进行蒸镀金属粒子沉积层，再与一层有色透明的塑料薄膜压黏而成。厚度约为 12～50mm，用于建筑物窗玻璃的绝热，能将射向玻璃阳光的 80% 反射出去，防止室内外热量交换，起到了遮蔽阳光、防止室内陈设物褪色、减少冬季热量损失、节约能源、增加美感等作用，同时还有避免玻璃破碎伤人的功效。

三、绝热材料的选用及基本要求

选用绝热材料时，应满足的基本要求是：热导率不宜大于 $0.23W/(m \cdot K)$，表观密度不宜大于 $600kg/m^3$，抗压强度则应大于 $0.3MPa$。由于绝热材料的强度一般都很低，因此，除了少数能单独承重的材料外，大多用于围护结构中，经常把绝热材料层与承重结构材料层复合使用。如外墙为砖砌空斗墙或混凝土空心制品，保温材料填充在墙体的空隙内，屋顶保温层则放在屋面板上，防止钢筋混凝土屋面板由于冬夏温差引起裂缝。但保温层上必须加做效果良好的防水层，对于一些特殊建筑物，必须考虑绝热材料的使用温度条件、化学稳定性及耐久性等。

第三节　吸声材料

吸声材料是一种能在较大程度上吸收由空气传递的声波能量的建筑材料。

为了改善声波在室内传播的质量，保持良好的音响效果和减少噪声的危害，在音乐厅、影剧院、大会堂、播音室及噪声大的工厂车间等室内的墙面、地面、顶棚等部位，选用适当的吸声材料。

一、吸声材料的作用原理

声音起源于物体的振动，例如说话时喉间声带的振动和击鼓时鼓皮的振动都能产生声音，声带和鼓皮就叫做声源。声源的振动迫使邻近的空气随着振动而形成声波，并在空气介质中向四周传播；声音沿发射的方向最响，称为声音的方向性。

声音在传播过程中，一部分声能随着距离的增大而扩散，另一部分声能则因空气分子的吸收而减弱。声能的这种减弱现象，在室外空旷处颇为明显，在室内如果房间的空间并不大，声能扩散减弱现象就不明显，但室内墙壁、天花板、地板等材料表面对声能具有吸收功能。

当声波遇到材料表面时，一部分被反射，一部分穿透材料，一部分声能转化为热能而被吸收。被材料吸收的声能 E（包括部分穿透材料的声能在内）与原先传递给材料的全部声能 E_0 之比为吸声系数 α（$\alpha = E/E_0$），是评定材料吸声性能的主要指标。假如入射声能的 60% 被吸收，40% 被反射，则该材料的吸声系数就等于 0.6。当入射声能 100% 被吸收而无反射时，吸声系数等于 1；当门窗开启时，吸声系数相当于 0；材料的吸声系数在 0～1 之间。

材料的吸声性能除了与材料本身性质、厚度及材料表面状况（有无空气层及空气层的厚度）有关外，还与声波的入射角及频率有关。因此，吸声系数用声音从各个方向入射的平均值表示，并应指出是对哪一频率的吸收。一般而言，材料内部具有连通的气孔越多，吸声性能越好。同一材料，对于高、中、低不同频率声音的吸声系数不同。为了全面反映材料的吸声性能，规定取 125Hz、250Hz、500Hz、1000Hz、2000Hz、4000Hz 六个声频的吸声系数来表示材料的吸声特性。任何材料对声音都能吸收，只是吸收程度有很大的不同。通常对上述六个声频的平均吸声系数大于 0.2 的材料，认为是吸声材料。

吸声机理是声波进入材料内部互相贯通的孔隙，受到空气分子及孔壁的摩擦和黏滞阻力，以及使细小纤维作机械振动，从而使声能转化为热能或机械能。吸声材料大多为疏松多孔的材料，如矿渣棉、毯子等。多孔性吸声材料的吸声系数，一般从低频到高频逐渐增大，对高频和中频的吸声效果较好。

二、吸声材料的类型及其结构形式

1. 多孔吸声结构

多孔性吸声材料具有大量的内外连通微孔，通气性良好，具有良好的中高频吸声性能，是比较常用的一种吸声材料。

吸声材料的表观密度、构造、孔隙特征、厚度、材料背后空气层等对吸声性能均有较大影响。

多孔材料表观密度增加，意味着孔隙率减小，能使低频吸声效果有所提高，但高频吸声性能却下降。材料孔隙连通细小、孔隙率高，吸声性能较好；当材料吸湿或表面喷涂涂料、空隙充水或堵塞，会大大降低吸声材料的吸声效果。

多孔材料厚度增加对低频吸声系数提高、对高频吸声影响不显著。材料的厚度增加到一定程度后，吸声效果的变化就不明显，所以为提高材料吸声效果而无限制地增加厚度是不适宜的。

材料背后空气层的作用相当于增加了材料的厚度，吸声效果得到提高，当材料背后空气层厚度等于 1/4 波长的奇数倍时，可获得最大的吸声系数。根据这个原理，工程中大部分吸声材料都是固定在龙骨上，采用调整材料背后空气层厚度来提高其吸声效果。

在装修工程中要正确选用吸声材料及施工工艺和方法。

2. 薄板振动吸声结构

薄板振动吸声结构的特点具有低频吸声特性，同时还有助于声波的扩散。建筑中常用胶合板、薄木板、硬质纤维板、石膏板、石棉水泥板或金属板等，把它们固定在墙或顶棚的龙骨上，并在背后留有空气层，即成薄板振动吸声结构。

薄板振动结构在声波作用下发生振动，薄板振动时板内部和龙骨之间出现摩擦，使声能转变为机械振动，而起吸声作用。由于低频声波比高频声波容易激起薄板振动，所以薄板振动吸声结构具有低频声波吸声特性。土木工程中常用的薄板振动吸声结构的共振频率约在 80～300Hz 之间，在此共振频率附近的吸声系数最大，约为 0.2～0.5，而在其他共振频率附近的吸声系数就较低。

3. 共振吸声结构

共振吸声结构具有密闭的空腔和较小的开口孔隙，很像个瓶子。当瓶腔内空气受到外力激荡，会按一定的频率振动，这就是共振吸声器。每个独立的共振吸声器都有一个共振频率，在其共振频率附近，由于颈部空气分子在声波的作用下像活塞一样进行往复运动，因摩擦而消耗声能。若在腔口蒙一层细布或疏松的棉絮，可以加宽共振频率范围和提高吸声量。

4. 穿孔板组合共振吸声结构

穿孔板组合共振吸声结构与单独的共振吸声器相似，可看作是多个单独共振吸声器并联而成。穿孔板组合共振吸声结构具有适合中频的吸声特性。穿孔板厚度、穿孔率、孔径、孔距、背后空气层厚度以及是否填充多孔吸声材料等，都直接影响吸声结构的吸声性能。这种吸声结构由穿孔的胶合板、硬质纤维板、石膏板、石棉水泥板、铝合板、薄钢板等固定在龙骨上，并在背后设置空气层而构成，这种吸声材料在建筑中使用比较普遍。

5. 柔性吸声结构

柔性吸声结构是具有密闭气孔和一定弹性的吸声材料，如聚氯乙烯泡沫塑料，表面仍为多孔材料，但因其有密闭气孔，声波引起的空气振动不是直接传递至材料内部，只能相应的产生振动，在振动过程中由于克服材料内部的摩擦而消耗声能，引起声波衰减。这种材料的吸声特性是可在一定的频率范围内吸收一个或多个声频。

6. 悬挂空间吸声结构

悬挂于空间的吸声体，由于声波与吸声材料两个或两个以上的表面接触，增加了有效的吸声面积，产生边缘效应，加上声波的衍射作用，大大提高吸声效果。实际应用时，可根据不同的使用部位和要求，设计成各种形式的悬挂空间吸声结构。空间吸声体有平板形、球形、椭圆形和棱锥形等多种形式。

7. 帘幕吸声结构

帘幕吸声结构是用具有通气性能的纺织品安装在离开墙面或窗洞一段距离处，背后设置空气层的吸声材料。这种吸声体对中、高频都有一定的吸声效果。帘幕的吸声效果还与所用材料种类有关。帘幕吸声体安装拆卸方便，兼具装饰作用，应用价值高。

三、吸声材料的选用及安装注意事项

虽然有些吸声材料的名称与绝热材料相同，都属多孔性材料，但在材料的孔隙特征上有着完全不同的要求。绝热材料要求具有封闭的互不连通的气孔，这种气孔愈多其绝热性能愈好；而吸声材料则要求具有开放的互相连通的气孔，这种气孔愈多其吸声性能愈好。至于如何使名称相同的材料具有不同的孔隙特征，这主要取决于原料组分中的某些差别和生产工艺中的热工制作、加压大小等。例如泡沫玻璃采用焦炭、磷化硅、石墨为发泡剂时，就能制得封闭的互不连通的气孔；泡沫塑料在生产过程中采取不同的加热、加压制作，可获得孔隙特征不同的制品。

在室内采用吸声材料可以抑止噪声，保持良好的音质（声音清晰且不失真），故在教室、礼堂和剧院等室内采用吸声材料。吸声材料的选用和安装必须注意以下几点：

① 要使吸声材料充分发挥作用，应将其安装在最容易接触声波和反射次数最多的表面上，而不应把它集中在天花板或某一面墙壁上，并比较均匀地分布在室内各表面上；

② 吸声材料强度一般较低，应设置在护壁线以上，以免碰撞破损；

③ 多孔吸声材料往往易于吸湿，安装时应考虑到湿胀干缩的影响；

④ 选用的吸声材料应不易虫蛀、腐朽，且不易燃烧；

⑤ 应尽可能选用吸声系数较高的材料，以便节约材料用量，降低成本；

⑥ 安装吸声材料时应注意勿使材料的表面细孔被涂料的漆膜堵塞而降低其吸声效果。

四、隔声材料

能减弱或隔断声波传递的材料称为隔声材料。

人们要隔绝的声音，按传播途径有空气声（通过空气传播的声音）和固体声（通过固体的撞击或振动传播的声音）两种，两者隔声的原理不同。

对空气声的隔绝，主要是依据声学中的"质量定律"，即材料的表观密度越大，越不易受声波作用而产生振动，其声波通过材料传递的速度迅速减弱，其隔声效果越好。所以，应选用表观密度大的材料（如钢筋混凝土、实心砖等）作为隔绝空气声的材料。

对固体声隔绝的最有效措施是隔断其声波的连续传递，即在产生和传递固体声的结构（如梁、框架、楼板与隔墙以及它们的交接处等）层中加入具有一定弹性的衬垫材料，如软木、橡胶、毛毡、地毯或设置空气隔离层等，以阻止或减弱固体声的继续传播。

由上述可知，材料的隔声原理与材料的吸声原理是不同的，因此，吸声效果好的多孔材料其隔声效果不一定好，不能简单地把它们作为隔声材料来使用。

第四节 绝 缘 材 料

绝缘材料是指电阻率很高、对直流电流阻力大、电绝缘性能良好的材料。绝缘材料可以将导电体彼此分开，也可将导电体与墙体、地面、屋面等彼此分开。绝缘材料应该具有良好的电气性能、耐热性能、力学性能和理化性能等。

绝缘材料按状态分类主要有如下几种：气体绝缘材料、液体绝缘材料、固体绝缘材料。

建筑工程中常用绝缘材料如下。

1. 绝缘纤维制品

绝缘纤维制品是指绝缘纸、绝缘纸板、绝缘纸管和各种纤维织物交织在一起形成的绝缘材料。常用于导电体外表的包裹。

2. 绝缘漆

绝缘漆是一种液体的成膜物质，涂刷在导电体的表面形成绝缘膜层，将导电体与墙体、地面、屋面等彼此分开。成膜物质在常温下具有较强的黏度，如树脂、沥青、纤维脂、干性油等。

3. 绝缘胶

绝缘胶本身具有电绝缘性，能黏结于导电体表面硬化，将导电体与墙体、地面、屋面等彼此分开的胶状物质。主要有聚醋酸乙烯乳液、酚醛树脂以及环氧树脂三种。

4. 浸渍纤维制品

将纤维制品浸渍于各种电绝缘漆中所形成的电绝缘纤维制品。常用的浸渍漆有油性漆、醇酸漆、聚氨酯漆、环氧树脂漆、有机硅漆、聚酰亚胺漆等。常用的底材主要有棉布、棉纤维管、薄绸、无碱玻璃布、玻璃纤维管等。

5. 电工用薄膜（塑料）

电工用薄膜是由高分子化合物制成的一种薄而软的绝缘材料。其厚度为 $0.006 \sim 0.5mm$，具有厚度薄、柔软、耐湿、电气性能和力学性能好的特点。常用于电动机、电线电缆的绕包绝缘。

6. 电工用层压制品

电工用层压制品是由纸、布或木质作底材，浸涂不同的胶黏剂，经热压而成的层状结构的绝缘材料。分板材类和管材类。常用的层压制品主要包括层压板、层压木板、层压管、绝缘套管及其他特种型材。

7. 电瓷

电瓷是黏土烧制而成的具有较好电绝缘性的固体电绝缘材料。电瓷具有不同形状，在电力工业中广泛应用于高压电的支柱、支座等。其特点是具有较高的耐电强度、良好的机械强度、良好的耐大气腐蚀性能、使用寿命长。

8. 橡胶

橡胶是分子结构中有极性基团的高分子聚合物。一般具有较好的耐油性、耐溶剂性、耐化学药品、耐寒性能，具有抗冲击能力。常用于室内承受一定压力的电绝缘结构中。

思 考 题

1. 沥青的塑性、温度敏感性常用什么指标表示？
2. 与传统的沥青防水卷材相比较，合成高分子防水卷材有哪些优点？
3. 绝热材料有何基本特征？常用绝热材料品种有哪些？
4. 吸声材料的基本特征如何？
5. 绝缘材料种类及其特点有哪些？

第十九章　建筑结构材料

第一节　建　筑　钢　材

建筑钢材是指用于工程建设的各种钢材，包括钢结构用的各种型钢（圆钢、角钢、槽钢和工字钢），钢板，钢筋混凝土用的各种钢筋、钢丝和钢铰线。除此之外，还包括用作门窗和建筑五金等钢材。

建筑钢材强度高、品质均匀，具有一定的弹性和塑性变形能力，能承受冲击振动荷载；具有很好的加工性能，可以铸造、锻压、焊接、铆接和切割，装配施工方便。建筑钢材广泛用于大跨度结构、多层及高层建筑、受动力荷载结构和重型工业厂房结构及钢筋混凝土之中。因此，建筑钢材是最重要的建筑结构材料之一。钢材的缺点是容易生锈、维护费用大、耐火性差。

一、钢的分类

钢的分类方法很多，按化学成分分为碳素钢、合金钢；按用途分为结构钢、工具钢、特殊钢。

碳素钢含碳量为 $0.02\% \sim 2.06\%$，按含碳量又可分为低碳钢（含碳量 $<0.25\%$）、中碳钢（合碳量 $0.25\% \sim 0.6\%$）、高碳钢（含碳量 $>0.6\%$）。在建筑工程中，主要用的是低碳钢和中碳钢。

合金钢可以分为低合金钢（合金元素总量 $<5\%$）、中合金钢（合金元素总量为 $5\% \sim 10\%$）、高合金钢（合金元素总量 $>10\%$）。建筑上常用低合金钢。

结构钢主要用作工程结构构件及机械零件的钢。

工具钢主要用作各种量具、刀具及模具的钢。

特殊钢具有特殊物理、化学或机械性能的钢，如不锈钢、耐酸钢和耐热钢等。建筑上常用的是结构钢。

二、钢材的力学性能与工艺性能

在土木工程中，掌握钢材的性能是合理选用钢材的基础。钢材的性能主要包括力学性能（抗拉性能、冲击韧性、疲劳强度和硬度）和工艺性能（冷弯性能、焊接性能和热处理性能）两个方面。

1. 力学性能

（1）抗拉性能　抗拉性能是建筑钢材最主要的技术性能。通过拉伸试验可以测得屈服强度、抗拉强度和伸长率，这些是钢材的重要技术性能指标。

建筑钢材的抗拉性能可用低碳钢受拉时的应力-应变图（图 19-1）来阐明。低碳钢从受拉至拉断，分为以下四个阶段。弹性阶段（OA 为弹性阶段）、屈服阶段（AB 为屈服阶段）、强化阶段（BC 为强化阶段）、颈缩阶段（CD 为颈缩阶段）。

通过拉伸试验，除能检测钢材屈服强度和抗拉强度等强度指标外，还能检测出钢材的塑性。塑性表示钢材在外力作用下发生塑性变形而不破坏的能力，钢材塑性用伸长率或断面收缩率表示，它是钢材的一个重要性指标。

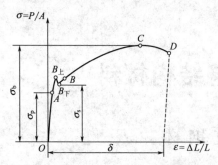

图 19-1 低碳钢受拉时应力-应变

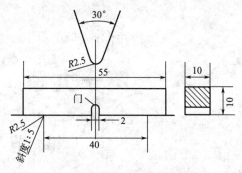

图 19-2 冲击韧性试验示意

（2）冲击韧性 冲击韧性是指钢材抵抗冲击荷载作用的能力，用冲断试件所需能量的多少来表示。钢材的冲击韧性试验是采用中部加工有 V 形或 U 形缺口的标准弯曲试件，置于冲击机的支架上，试件非切槽的一侧对准冲击摆。当冲击摆从一定高度自由落下将试件冲断时，试件吸收的能量等于冲击摆所做的功，以缺口底部处单位面积上所消耗的功，即为冲击韧性指标，如图 19-2 所示。

试验表明，冲击韧性随温度的降低而下降，开始时下降缓慢，当达到一定温度范围时，突然下降很快而呈脆性。这种性质称为钢材的冷脆性，这时的温度称为脆性转变温度，如图 19-3 所示。脆性转变温度越低，钢材的低温冲击韧性越好。因此，在负温下使用的结构，应当选用脆性转变温度低于使用温度的钢材。脆性临界温度的测定较复杂，规范中通常是根据气温条件规定 −20℃ 或 −40℃ 的负温冲击值指标。

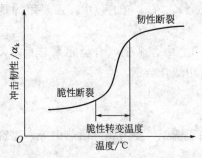

图 19-3 冲击韧性与温度的关系曲线

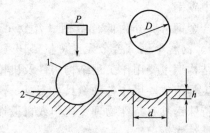

图 19-4 布氏硬度测定示意
1—淬火钢球；2—试件；D—淬火钢球直径（mm）；
h—压痕深度（mm）；d—压痕直径（mm）；
φ—荷载（N）

（3）疲劳强度 钢材在交变荷载反复作用下，可在远小于抗拉强度的情况下突然破坏，这种破坏称为疲劳破坏。钢材的疲劳破坏指标用疲劳强度（或称疲劳极限）来表示，它是指试件在交变应力下，作用 10^7 次，不发生疲劳破坏的最大应力值。

（4）硬度 钢材的硬度是指其表面抵抗硬物压入产生局部变形的能力。测定钢材硬度的方法有布氏法、洛氏法和维氏法等，建筑钢材常用布氏硬度表示，其代号为 HB。

布氏法的测定原理是利用直径为 $D(\mathrm{mm})$ 的淬火钢球，以荷载 $P(\mathrm{N})$ 将其压入试件表面，经规定的持续时间后卸去荷载，得直径为 $d(\mathrm{mm})$ 的压痕，以压痕表面积 $A(\mathrm{mm}^2)$ 除荷载 P，即得布氏硬度（HB）值，此值无量纲，如图 19-4 所示。

2. 钢材工艺性能

钢材应具有良好的工艺性能，以满足施工工艺的要求。冷弯、冷拉、冷拔及焊接性能是建筑钢材的重要工艺性能。

（1）冷弯性能　冷弯性能是指钢材在常温下承受弯曲变形的能力。钢材冷弯试验时，用直径（或厚度）为 a 的试件，选用弯心直径 $d=na$ 的弯头（n 为自然数，其大小由试验标准来规定），弯曲到规定的角度（90°或180°）后，弯曲处若无裂纹、断裂及起层等现象，即认为冷弯试验合格。

（2）焊接性能　建筑工程中，钢材间的连接90％以上采用焊接方式，因此，要求钢材应有良好的焊接性能。在焊接中，由于高温及焊接后急剧冷却作用，焊缝及其附近的过热区将发生晶体组织和结构变化，产生局部变形和内应力，使焊缝周围的钢材产生硬脆倾向，降低焊接的质量。可焊性良好的钢材，焊缝处性质应尽可能与母材相同，焊接才牢固可靠。

钢材的化学成分、冶炼质量、冷加工、焊接工艺及焊条材料等都会影响焊接性能。含碳量小于0.25％的碳素钢具有良好的可焊性，含碳量大于0.3％时可焊性变差；硫、磷及气体杂质会使可焊性降低；加入过多的合金元素，也会降低可焊性。

钢材焊接后必须取样进行焊接质量检验，如拉伸试验、弯曲试验，同时还要检查焊缝处有无裂纹、砂眼、咬肉和焊件变形等缺陷。

（3）冷加工性能及时效处理　将钢材于常温下进行冷拉、冷拔或冷轧，使之产生塑性变形，从而提高强度，这个过程称为冷加工强化处理。冷加工强化处理会使钢材的塑性和韧性降低。

将经过冷加工强化处理的钢筋，于常温下存放15～20d，或加热到100～200℃并保持2～3h后，则钢筋强度将进一步提高，这个过程称为时效处理。前者称为自然时效，后者称为人工时效。通常对强度较低的钢筋可采用自然时效，强度较高的钢筋则须采用人工时效。

对钢材进行冷加工强化与时效处理的目的是提高钢材的屈服强度，以便节约钢材。

三、常用建筑钢材

1. 钢筋

钢筋与混凝土之间有较大的握裹力，能牢固啮合在一起。钢筋抗拉强度高、塑性好，放入混凝土中可很好地改善混凝土脆性，扩展混凝土的应用范围，同时混凝土的碱性环境又很好地保护了钢筋。钢筋混凝土结构用的钢筋主要由碳素结构钢、低合金高强度结构钢和优质碳素钢制成，如图19-5所示。

图 19-5　带肋钢筋外形

2. 型钢

角钢、工字钢、T型钢、槽钢统称为型钢，如图19-6所示。型钢一般用于工程结构之中，起承载作用。

3. 钢板

钢板有热轧钢板和冷轧钢板之分，按厚度可分为厚板（厚度＞4mm）和薄板（厚度≤4mm）两种（图19-7）。厚板用热轧方式生产，材质按使用要求相应选取；薄板用热轧或冷轧方式均可生产，冷轧钢板一般质量较好，性能优良，但其成本高，土木工程中使用的薄钢板多为热轧型。

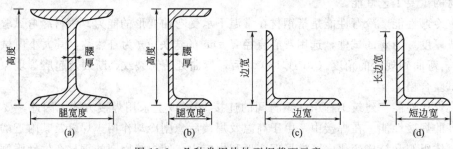

图 19-6　几种常用热轧型钢截面示意

（a）工字钢；（b）槽钢；（c）等边角钢；（d）不等边角钢

(a)　　　　　　　　　　　(b)

图 19-7　常用钢板示意

（a）厚板型；（b）薄板（卷曲）型

　　钢板的钢种主要是碳素钢，某些重型结构、大跨度桥梁等也采用低合金钢。厚板主要用于结构，薄板主要用于屋面板、楼板和墙板等。在钢结构中，单块钢板不能独立工作，必须用几块板组合成工字形、箱形等结构来承受荷载。

4. 钢管

　　按照生产工艺，钢结构所用钢管分为热轧无缝钢管和焊接钢管两大类，如图 19-8 所示。

图 19-8　常用钢管

第二节　混　凝　土

　　混凝土是人工石、人造石，是由胶凝材料、水和粗细集料按适当比例配合、拌制，经一定时间硬化而成的人造石材。

　　按密度分为重混凝土、普通混凝土、轻混凝土。重混凝土，密度＞2600kg/m³；普通混凝土，密度 1950～2500kg/m³；轻混凝土，密度＜1950kg/m³。

　　按抗压强度标准值（$f_{cu,k}$）分为：低强度混凝土、中强度混凝土、高强度混凝土。低强度混凝土 $f_{cu,k}$＜20MPa；中强度混凝土 $f_{cu,k}$ 为 20～60MPa；高强度混凝土 $f_{cu,k}$≥60MPa。

按原料和功能分为轻集料混凝土、水泥粉煤灰混凝土、防水混凝土、耐热混凝土、耐酸混凝土、纤维混凝土、聚合物混凝土等。

一、普通混凝土的组成材料

普通混凝土由水泥、集料、水、外加剂、掺和料等材料组成。

1. 水泥

水泥是指与水混合后，经过物理化学反应过程由可塑性浆体变成坚硬的石状体，并能将散粒状材料胶结为整体的粉末状物质，水泥是一种良好的矿物胶凝材料。

2. 集料（骨料）

（1）粗集料（粒径＞5mm）　选用粗集料时要考虑材料的强度、坚固性、级配、最大粒径、表面特征和形状、有害杂质的含量，并进行碱活性检验。

（2）细集料（粒径为 0.16～5mm）　选用细集料时要考虑材料级配和细度模数、有害杂质的含量（含泥量和泥块含量、云母含量、轻物质含量、有机质含量、硫化物和硫酸盐含量）。

（3）集料的级配　级配是指集料粒径大小搭配，常用细度模数表示。

粗集料越大所需水泥浆越少，因此在条件允许时，可选用大颗粒集料，但不得超过结构截面最小尺寸的 1/4，不得大于钢筋间距 3/4，不得超过 1/2 板厚（混凝土实心板）。

3. 混凝土拌和用水

混凝土拌和用水水质不纯最常见的危害是影响混凝土的和易性和凝结，有损于混凝土强度发展，降低混凝土耐久性、加快钢筋腐蚀、导致预应力钢筋脆断，使混凝土表面出现污斑等。

为保证混凝土的质量和耐久性，必须使用合格水，工程中常用饮用水、地表水、地下水、海水以及经适当处理或处置后的工业废水。

4. 混凝土外加剂

混凝土外加剂是指在拌制混凝土过程中掺入能节约水泥用量、提高密实度、提高混凝土的耐久性，减少混凝土拌和物泌水、离析现象，延缓拌和物的凝结时间、降低水化放热。改善混凝土性能的物质（即混凝土第五组分），一般掺量不大于水泥质量的 5%。

外加剂能改善流变性能（减水剂、引气剂、泵送剂、保水剂、灌浆剂等），调节凝结时间、硬化性能（缓凝剂、早强剂、速凝剂等），改善耐久性（引气剂、阻锈剂、防水剂等），改善其他性能（加气剂、膨胀剂、防冻剂、着色剂、抑制剂等）。

外加剂掺加方法有：先掺法、后掺法、同掺法。

混凝土外加剂按（GB/T 8075—2005）外加剂的命名和定义，可分为 16 个名称，普通减水剂、早强剂、缓凝剂、引气剂、速凝剂、防冻剂、膨胀剂、引气减水剂、防水剂、阻锈剂、加气剂、缓凝减水剂、早强减水剂、着色剂、高效减水剂、泵送剂等。

5. 掺和料

为改善混凝土性能或增加混凝土的品种而掺入的具有一定火山灰活性的材料。最常用的有两类：其一是粉煤灰，火力发电厂工业废渣；其二是硅粉，生产硅铁合金或硅钢的副产品，具有很高的火山灰活性。

配制一般混凝土，掺量为水泥用量的 5%～10%；配制高强混凝土，掺量为水泥用量的 20%～30%。

二、混凝土拌和物的性能

混凝土拌和物是指新拌和的、未凝结硬化的混凝土，亦称作新拌混凝土。混凝土拌合物

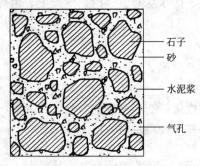

图 19-9　混凝土的结构

必须具有良好的和易性，以便于施工，保证能获得良好的浇灌质量。

1. 混凝土拌和物的和易性的概念

和易性是指混凝土拌和物易于施工操作（拌和、运输、浇灌、捣实）并能获得质量均匀、成型密实的性能。和易性是一项综合的技术性质，包括三方面的含义，即流动性、黏聚性、保水性。混凝土的结构如图19-9 所示。

2. 影响和易性的因素

影响混凝土和易性的因素主要有：水泥品种，集料的性质，水泥浆的数量，水泥浆的稠度，砂率，外加剂，时间和温度（外因）。

3. 影响混凝土强度的因素

（1）原材料的因素　水泥强度，水灰比，集料的种类、质量和数量，外加剂和掺和料，都会影响混凝土强度。水灰比对混凝土强度的影响见图 19-10。

$$f_{cu}=Af_{ce}(C/W-B)$$

式中　C/W——灰水比；

　　　f_{cu}——混凝土 28d 抗压强度；

　　　f_{ce}——水泥 28d 抗压强度实测值；

　　　A,B——经验系数（回归系数）；碎石：$A=0.46$，$B=0.07$；卵石：$A=0.48$，$B=0.33$。

（2）生产工艺因素　施工条件——搅拌与振捣，养护条件——温度、湿度、龄期。

（3）试验因素　试件形状尺寸、表面状态、试件湿度、加荷速度、支承条件、加载方式等。

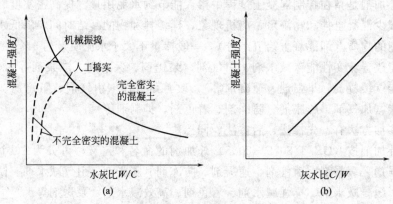

图 19-10　水灰比对混凝土强度的影响

三、混凝土的强度

1. 混凝土立方体抗压强度和强度等级

（1）立方体抗压强度（f_{cu}）　按照标准的制作方法制成边长为 150mm 的正立方体试件，在标准养护条件［温度（20±2）℃，相对湿度 95％以上］下，养护至 28d 龄期，按照标准的测定方法测定其抗压强度值，称为混凝土立方体抗压强度。选用边长为 100mm 的立方体试件，换算系数为 0.95；选用边长为 200mm 的立方体试件，换算系数为 1.05。

环箍效应：试件受压过程中，发生横向变形快于钢板的横向变形，故产生摩擦力约束试件横向变形。越靠近钢板的部分受的约束越大，混凝土受压试件受"环箍效应"影响时破坏的情况，见图 19-11(a)，混凝土受压试件不受约束时的破坏情况，见图 19-11(b)。

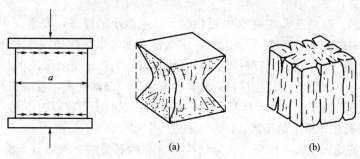

图 19-11　混凝土受压时的破坏情况

（2）立方体试件抗压强度标准值（$f_{cu,k}$）　立方体抗压强度只是一组混凝土试件抗压强度的算术平均值，并未涉及数理统计和保证率的概念。而立方体抗压强度标准值是按数理统计方法确定，具有不低于 95％保证率的立方体抗压强度。

（3）强度等级　混凝土的"强度等级"是根据"立方体抗压强度标准值"来确定的。如 C30，表示混凝土立方体抗压强度标准值，$f_{cu,k}=30MPa$。

我国现行 GB 50010—2010《混凝土结构设计规范》规定，普通混凝土按立方体抗压强度标准值划分为：C10、C15、C20、C25、C30、C35、C40、C45、C50、C55、C60、C75等 14 个强度等级。

2. 轴心抗压强度

为了使测得的混凝土强度接近于混凝土结构的实际工作情况，在钢筋混凝土结构设计中，轴心受压构件（例如柱子、桁架的腹杆等）计算时，都是采用混凝土的轴心抗压强度作为依据。

测定其轴心抗压强度，采用 150mm×150m×300mm 棱柱体作为标准试件，轴心抗压强度以 f_{cp} 表示，以 MPa 计。试验表明：在立方体抗压强度 $f_{cu}=10\sim50MPa$ 的范围内，轴心抗压强度 f_{cp} 与立方体抗压强度 f_{cu} 之比为 0.7～0.8。

3. 劈裂抗拉强度

我国现行标准规定，采用标准试件 150mm 立方体，按规定的劈裂抗拉试验装置测得的强度为劈裂抗拉强度，简称劈拉强度 f_{ts}。

计算公式：
$$f_{ts}=\frac{2F}{\pi A}=0.637\,\frac{F}{A}$$

4. 混凝土抗折强度（f_{cf}）

道路路面或机场跑道用混凝土，是以抗弯强度（或称抗折强度）为主要设计指标。

水泥混凝土的抗弯强度试验是以标准方法制备成 150mm×150mm×550mm 的梁形试件，在标准条件下养护 28d 后，按三分点加荷，测定其抗弯强度（f_{cf}）。

计算公式：
$$f_{cf}=\frac{FL}{bh^2}$$

四、混凝土的变形性能

引起混凝土变形的因素很多，归纳起来有两类，非荷载作用下的变形和荷载作用下的变形。

1. 混凝土在非荷载作用下的变形

（1）化学收缩　混凝土化学收缩指混凝土硬化过程中，由于水分蒸发、流失而引起的体积变化，不能恢复，多收缩型。

（2）干湿变形　混凝土长期在水中硬化时，产生微小的膨胀，在空气中硬化，干燥收缩。其中干燥收缩的 30％～50％ 不会消失。用水量增加、水灰比提高、水泥越细（火山灰水泥），混凝土干缩率增大；集料粒径粗大、级配良好，混凝土干缩率减小。

（3）温度变形　混凝土与其他材料一样，也有热胀冷缩的性质，混凝土的热膨胀系数为 $0.01mm/(m \cdot ℃)$，温度变形对大体积混凝土及大面积混凝土工程极为不利，应加以控制。

2. 混凝土在荷载作用下的变形

（1）混凝土的受压变形　混凝土内部结构中含有砂石集料、水泥石、游离水分和气泡，这就决定了混凝土本身的不均匀性，它不是一种完全的弹性体，而是一种弹塑性体，它在受力时，既会产生可以恢复的弹性变形，又会产生不可以恢复的塑性变形。其应力和应变之间的关系不是直线而是曲线。

（2）弹性模量　弹性模量是混凝土刚度大小的指标，弹性模量越大，越不容易变形和开裂。

（3）徐变　混凝土的变形随荷载作用时间的延长而增大的现象称为徐变。徐变主要由于混凝土中水分迁移、黏胶流动所造成的。加荷龄期短、水泥用量多、水泥中掺矿渣或火山灰质混合材料、加入引气剂等均会导致混凝土徐变增大。卸除荷载后部分变形瞬间恢复，少部分变形逐渐得到恢复。徐变导致结构内部应力、变形重分布，应力集中得到缓解；钢筋混凝土中，混凝土发生徐变后导致钢筋应力增大。

五、混凝土的耐久性

混凝土的耐久性是指混凝土抵抗环境介质作用并长期保持良好的使用性能和外观完整性，从而维持混凝土结构的安全、正常使用的能力称为耐久性。

1. 混凝土的抗渗性

混凝土的抗渗性，指混凝土抵抗压力水渗透的能力。它直接影响混凝土的抗冻性和抗侵蚀性。水灰比越大，混凝土抗渗性越差；混凝土集料最大粒径越大，混凝土抗渗性越差；蒸汽养护的混凝土比潮湿养护的混凝土抗渗性差；水泥颗粒越粗生产的混凝土抗渗性越差；掺入优质粉煤灰可提高混凝土的密实性，从而提高混凝土的抗渗性。抗渗等级是指石料、混凝土或砂浆等所能承受的最大水压力。如最大承水压力为 0.4MPa，表示为 P4；混凝土抗渗等级分为 P4、P6、P8、P10、P12 等 5 个等级。

2. 混凝土的抗冻性

混凝土的抗冻性，指混凝土在水饱和状态下，能经受多次冻融循环作用而不破坏，同时也不严重降低强度的性能。影响材料抗冻性的因素有材料的含水率、负温度。提高抗冻性的方法是加入引气剂、减水剂、防冻剂及提高混凝土密实度。抗冻等级常以材料能经受冻融循环的最大次数，记为 F10、F15、F25、F50、F100、F150、F200、F250、F300 等 9 个等级。

3. 抗侵蚀性

抗侵蚀性是指混凝土在含有侵蚀性介质环境中遭受到化学侵蚀、物理作用不破坏的能力。主要有硫酸盐、镁盐、碳酸、强碱等腐蚀。

4. 混凝土的碳化

混凝土的碳化是指空气中的二氧化碳通过混凝土的毛细空隙与水泥石中的氢氧化钙作

用，生成碳酸钙和水。碳化使得混凝土收缩、碱度降低及钢筋混凝土中钢筋表面 Fe_2O_3、Fe_3O_4 钝化膜破坏，从而导致钢筋生锈、构件破坏。

5. 碱集料反应

碱集料反应是指混凝土中所含的碱（Na_2O 或 K_2O）与集料的活性成分（活性 SiO_2）在潮湿混凝土中逐渐发生化学反应，反应生成复杂的碱-硅酸凝胶，这种凝胶吸水膨胀，导致混凝土开裂的现象。反应慢，潜在危害相当大。

6. 提高混凝土耐久性的主要措施

提高混凝土耐久性的主要措施主要有：合理选择水泥品种、适当控制混凝土的水灰比及水泥用量、选用质量良好的砂石集料、掺入引气剂或减水剂、加强混凝土的施工质量控制。

六、普通混凝土的质量控制

为了保证混凝土的质量，必须选择适宜的原材料，确定适当的配合比，控制生产过程。

原材料方面，选择合适的水泥品种、控制集料的级配、选择适合生产混凝土的用水及减少材料称量的误差。

施工过程中，控制混凝土搅拌、运输、浇筑、养护等工艺及保证质量均匀。通过初步控制、生产控制、合格控制，保证混凝土的生产质量。

七、普通混凝土配合比设计

混凝土配合比，是指单位体积的混凝土中各组成材料的质量比例。确定这种数量比例关系的过程，称为混凝土配合比设计。

混凝土配合比的表示方法（水泥用量 m_{co}，砂的用量 m_{so}，石子用量 m_{go}，水的用量 m_{wo}）。相对用量表示法

$$1 : \frac{m_{so}}{m_{co}} : \frac{m_{go}}{m_{co}} : \frac{m_{wo}}{m_{co}} = 1 : 1.3 : 2.1 : 0.52$$

绝对用量表示法 $m_{co} : m_{so} : m_{go} : m_{wo} = 330kg : 620kg : 1240kg : 180kg$

1. 混凝土配合比设计的基本要求

① 满足结构设计的强度等级要求。

② 满足混凝土施工所要求的和易性。

③ 满足工程所处环境对混凝土耐久性的要求。

④ 符合经济原则，即节约水泥降低混凝土成本。

2. 混凝土配合比设计基本参数

配合比设计的三参数是：水灰比、单位用水量、砂率。水灰比是指混凝土中水与水泥的质量比例；砂率是指砂子占砂石总量的百分率；单位用水量是指 $1m^3$ 混凝土拌和物中水的用量（kg/m^3）。

混凝土配合比设计包括三个步骤：初步配合比设计；实验室配合比设计；施工配合比设计。

（1）混凝土初步配合比设计计算（混凝土设计强度 $f_{cu,k}$，水泥强度 f_{ce}）

① 确定试配强度（$f_{cu,0}$），$f_{cu,0} = f_{cu,k} + 1.64\sigma$。

② 计算水灰比（W/C），$W/C = \dfrac{A f_{ce}}{(f_{cu,0} + AB f_{ce})}$。

③ 选定单位用水量（m_{wo}）。

④ 计算水泥用量（m_{co}），$m_{co} = m_{wo}/(W/C)$。

⑤ 选择合理的砂率值 $[s/(s+g)]$。

⑥ 计算粗、细集料用量。

（2）混凝土实验室配合比设计　混凝土实验室配合比设计包括配合比的试配、调整与确定。过程如下：以初步配合比为基础，将砂率、水泥用量适当上调或下调计算几组各项材料实际用量，进行试拌；检验工作性，确定试验基准配合比；检验强度，复核密度，确定试验室配合比。

（3）施工配合比的折算　实测施工现场砂、石含水率，调整各种材料的实际需求量。

八、水泥混凝土技术进展

1. 混凝土第五组分

混凝土第五组分，即化学外加剂（为水泥的 5%），能显著改善混凝土的某些性能，如提高强度、和易性、耐久性，节约水泥等。

2. 混凝土的第六组分

混凝土的第六组分，即矿物外加剂、聚合物、纤维，如石墨、碳纤维、钢纤维、导电粉末、内含黏胶剂的空心玻璃纤维等，生产混凝土时加入以上材料能显著改善混凝土的物理、力学性能，可生产出导电混凝土、屏障电磁辐射混凝土、损伤自诊断混凝土、温度自监控混凝土等。

3. 高性能混凝土

高性能混凝土指具有良好的工作性，早期强度高而后期强度不倒缩、韧性好、体积稳定性好，在恶劣的使用环境条件下寿命长和均匀性好的混凝土。高性能混凝土具有自密实性好、体积稳定性好、强度高（C60～C100）、水化热低、收缩徐变小、耐久性好、耐火性好等特性。

4. 功能性混凝土

功能性混凝土是指具有良好功能的混凝土，如能调节空气湿度的混凝土、有弹性的混凝土、可与金属相比的活性粉末混凝土、防菌混凝土。

第三节　建筑砂浆

砂浆是由胶结料、细集料、掺加料和水按照适当比例配合，拌制并经硬化而成的建筑材料。主要用于砌筑、抹面、修补、装饰工程。按所用的胶结材料分为水泥砂浆、石灰砂浆、水泥石灰混合砂浆、聚合物砂浆等。按功能和用途分为砌筑砂浆、抹面砂浆、修补砂浆、装饰砂浆、绝热砂浆和防水砂浆等。

一、砂浆的组成材料

砂浆的组成材料分为胶结材料（水泥、石灰）、细集料、掺加料、外加剂、拌和用水等。

胶结材料有五大品种水泥，选用时强度等级不宜大于 32.5；细集料为砂，砌筑砂浆宜选中砂，毛石砌体宜选粗砂；掺加料为石灰、黏土和粉煤灰，配制成各种混合砂浆目的是提高质量、降低成本；外加剂常用微沫剂，是一种松香热聚物，掺量为水泥质量的 0.005%～0.010%，目的是提高和易性，节约胶结材料的用量。

二、砌筑砂浆

1. 砌筑砂浆的主要技术性质

砌筑砂浆的主要技术性质是砂浆的流动性、保水性、抗压强度和强度等级。

砂浆的流动性是指砂浆在自重或外力作用下流动的性能，也叫稠度；砂浆的保水性是指搅拌好的砂浆在运输、停放和使用过程中，阻止浆体与集料之间相互分离，保持水分的能力。抗压强度是砌筑砂浆必备的性能，常用边长 70.7mm 正方体，标准养护（温度 20±3℃，规定湿度，水泥混合砂浆相对湿度为 60%～80%、水泥砂浆和微沫砂浆相对湿度为 90% 以上）28d 龄期的抗压强度平均值，确定强度等级；砂浆强度等级有：M20、M15、M10、M7.5、M5、M2.5 等。

2. 砌筑砂浆的配合比设计

（1）计算砌筑砂浆配制强度（$f_{m,0}$）

$$f_{m,0} = f_2 + 0.645\sigma$$

式中　$f_{m,0}$——砂浆的配制强度；

　　　f_2——砂浆设计强度值；

　　　σ——砂浆强度标准差。

（2）计算每立方米砂浆中水泥用量 Q_c

$$Q_c = \frac{1000(f_{m,0} - B)}{A f_{ce}}$$

式中　A，B——砂浆的特征系数，$A = 3.03$，$B = -15.09$。

（3）计算每立方米砂浆掺加料用量 Q_D，每立方米砂浆中水泥和掺加料的总量 Q_A

$$Q_D = Q_A - Q_C$$

（4）确定每立方米砂浆砂用量 Q_s（kg）

（5）确定用水量 Q_w（kg）　根据砂浆稠度等要求用水量可选用 270～330kg/m³；混合砂浆中的用水量，不包括石灰膏或黏土膏中的水；当采用细砂或粗砂时，用水量分别取上限或下限；稠度小于 70mm 时，用水量可小于下限；施工现场气候炎热或干燥季节，可酌量增加用水量。

（6）配合比的试配、调整与确定　试配时至少应采用三个不同的配合比，其中一个为基准配合比，另外两个配合比的水泥用量按基准配合比分别增加及减少 10%，在保证稠度、分层度合格的条件下，可将用水量或掺加料用量作相应调整。

对三个不同的配合比，经调整后，应按有关标准的规定成型试件，测定砂浆强度等级，并选定符合强度要求的且水泥用量较少的砂浆配合比。

三、抹面砂浆

抹面砂浆也称抹灰砂浆，用以涂抹在建筑物或建筑构件的表面，兼有保护基层、满足使用要求和增加美观的作用。

四、装饰砂浆

装饰砂浆指用作建筑物饰面的砂浆。它是在抹面的同时，经各种加工处理而获得特殊的饰面形式，以满足审美需要的一种表面装饰。

五、特种砂浆

特种砂浆包括绝热砂浆、耐酸砂浆、吸声砂浆等。绝热砂浆的砂一般采用轻质多空材料，使生产的砂浆具有轻质绝热性能；耐酸砂浆以水玻璃与氟硅酸钠为胶凝材料，加入石英、花岗岩、铸石等耐酸材料和细集料拌制并硬化而成的砂浆，具有较好的耐酸性；吸声砂浆一般具有吸声隔声功能。

第四节　木　　材

木材轻质而高强、导热性低、易加工、耐久性好。但其结构不均、各向异性、易吸收或散发水分导致变形或降低强度、易腐蚀、遭虫蛀、天生缺陷较多、耐火性差。

木材是一种重要的建筑材料，广泛用于水利、房屋、桥梁等工程中。有待综合开发利用。

一、木材的分类与构造

1. 针叶树

针叶树树叶细长、树干通直高大、纹理顺直、材质均匀、木质较软、易于加工，故又称软木材。针叶树材质强度较高、表观密度和胀缩变形较小、耐腐性较强，是建筑工程中的主要用材，广泛用作承重构件、制作模板、门窗等。常用树种有松、杉、柏等。

2. 阔叶树

阔叶树树叶宽大、多数树种的树干通直部分较短、材质坚硬、较难加工，故又称硬木材。阔叶树材质表观密度较大、胀缩和翘曲变形大、易开裂，但纹理清晰美观，在建筑中常用作尺寸较小的装修和装饰。如棒木、水曲柳、桐木、柞木、榆木、桦木、椴木、山杨、青杨等。

二、木材的构造

木材的构造决定其性质，针叶树和阔叶树的构造略有不同，其性质也有差异。

1. 木材的宏观构造

如图 19-12 所示，通常从树干的三个切面进行剖析，即横切面（垂直于树轴）、径切面（通过树轴）和弦切面（平行于树轴）。

横切面上有许多同心圆——树皮、木质部、年轮、髓心。在一个年轮内，有春材（早材）和夏材（晚材）。春材——颜色较浅、材质较软、强度低。夏材——颜色较深、材质较硬、强度高。树干的中心材质松、强度低、易腐朽称为髓心。径切面（通过树轴）——年轮、髓心。弦切面——体现高生长状态。

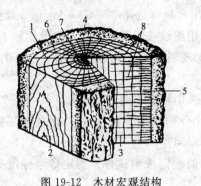

图 19-12　木材宏观结构

1—横切面；2—弦切面；3—径切面；4—树皮；
5—木质部；6—年轮；7—髓心；8—木射线

2. 木材的微观结构

木材是由无数管状细胞紧密结合而成，绝大部分为纵向排列、少数横向排列（如髓线）。每个细胞由细胞壁和细胞腔两部分组成，细胞壁是由细纤维组成，细纤维之间可以吸附和渗透水分，细胞腔是由细胞壁包裹而成的空腔。木纤维或管胞，其细胞壁越厚，木材表观密度越大、强度越高，但不易干燥、胀缩性大、易裂。

有无导管和髓线是鉴别阔叶树和针叶树的重要特征，阔叶树的导管和髓线粗大明显。

（1）针叶树　主要组成部分是管胞和髓线（树脂道），如图 19-13 所示。

（2）阔叶树　主要组成部分是木纤维、导管、髓线，如图 19-14 所示。根据导管的分布情况分为散孔材和环孔材。散孔材如樟、楠木、椴木等。环孔材如水曲柳、榆、杉木等。

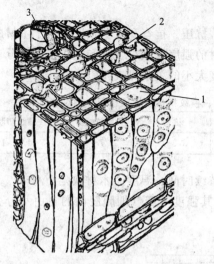

图 19-13　针叶树（松木）显微构造立体图

1—管胞；2—木射线；3—树脂道

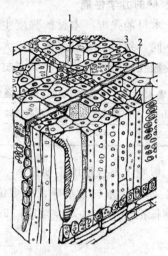

图 19-14　阔叶树（枫香）显微构造立体图

1—导管；2—木射线；3—木纤维

三、木材的性能及应用

1. 木材的物理性能

（1）木材的含水率　　木材含水率是指木材中含水分质量与木材干燥质量的百分比。其中包括存在于细胞腔内的自由水、存在于细胞壁内的吸附水和木材化学组成中的结合水。

纤维饱和点（25％～35％）是指当细胞腔内的自由水失去而细胞壁内仍充满水时的含水率。

平衡含水率是指木材在一定环境下其细胞吸水与失水达到平衡时的含水率。

（2）木材的湿胀干缩与变形　　含水率小于纤维饱和点时，随着含水率的增加，木材体积产生膨胀，随着含水率降低，木材体积收缩；而含水率大于纤维饱和点时，只是自由水的增减，木材的体积不发生变化。

木材干缩变形一般弦向干缩（6％～12％）＞径向干缩（3％～6％）＞顺纹方向干缩（0.1％～0.35％）。由于木材径向与弦向的干缩不同，髓心与相邻细胞连接较弱，木材易沿半径方向开裂（即由外而内、由端向中）。木材不同位置截面干缩引起的不同变形情况见图 19-15。

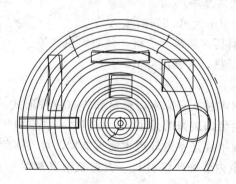

图 19-15　木材不同位置截面干缩引起的不同变形情况

（3）木材的表观密度　　木材的表观密度是指木材单位体积的质量，一般为 1.48～1.56g/cm³。表观密度越大，其湿胀干缩率也越大。

2. 木材的力学性能

（1）木材的强度　木材的强度主要是指其抗拉、抗压、抗弯和抗剪强度。由于木材的构造各向不同，致使各方向强度有很大差异，因此木材的强度有顺纹强度和横纹强度之分。

当设顺纹抗压强度为 1 时，木材无缺陷时各强度大小的关系见表 19-1。

表 19-1　木材顺纹抗拉、弯曲强度、顺纹抗压强度、横纹抗剪、横纹抗压、顺纹抗剪表

顺纹抗压	横纹抗压	顺纹抗拉	横纹抗拉	抗弯	顺纹抗剪	横纹切断
1	1/10～1/3	2～3	1/20～1/3	3/2～2	1/7～1/3	1/2～1

（2）影响木材强度的主要因素　含水率、荷载持续时间、温度、木材缺陷。

① 含水率：木材含水率在纤维饱和点以上时，其强度不变（细胞腔内的自由水分变化与细胞壁抵抗外压力无关），如图 19-16 所示。

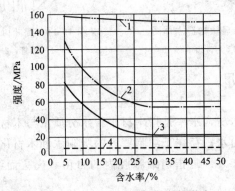

图 19-16　含水率对木材强度的影响

1—顺纹抗拉；2—抗弯；3—顺纹抗压；4—顺纹抗剪

含水率低于纤维饱和点时，随着含水量的减少，强度增加。

$$\sigma_{12} = \sigma_w \left[1 + \alpha \left(w - 12 \right) \right]$$

式中　σ_{12}——木材含水率为 12％时的强度；

　　　σ_w——试验木材含水率为 9％～15％时的强度；

　　　α——校正系数；

　　　w——试验时木材的含水率/％。

② 荷载持续时间：$\sigma_{持} = (0.5 \sim 0.6)\sigma_{暂时}$。

③ 木材缺陷：木节、腐朽、斜纹、裂缝、髓心、虫蛀等。

④ 温度：木材长时间受热，其强度降低。

3. 木材及其制品的应用

在建筑工程中直接使用木材常有原木、板材和方材三种形式，还可制成各种人造板材，各类人造板及其制品是室内装饰装修的最主要的材料之一。室内装饰装修用人造板大多数存在游离甲醛释放问题，游离甲醛是室内环境主要污染物，对人体危害很大，已引起全社会的关注，GB 18580—2001《室内装饰装修材料　人造板及其制品中甲醛释放限量》规定了各类板材中甲醛限量值。

四、木材的防护与防火

1. 木材的腐朽与防腐

（1）木材腐蚀的原因　木材的腐朽是真菌侵害所致。真菌在木材中生存和繁殖的三个必

要条件是：适宜温度、湿度和氧。木材含水率在 $30\%\sim60\%$、环境温度在 $24\sim32℃$ 时，适宜于腐朽菌繁殖。含水率<20%，繁殖完全停止；温度>60℃细菌不能生存。木材完全干燥和完全浸入水中细菌无法繁殖或不能生存，故不易腐朽。

（2）防腐措施

① 使贮存的木材、木结构和木制品处于经常保持通风干燥的状态。

② 对木结构和木制品表面进行涂料涂刷、覆盖等，涂料涂层既使木材隔绝了空气，又隔绝了水分。

③ 化学防腐剂注入木材中，使真菌无法寄生。

2. 木材的防虫

木材除受真菌侵蚀而腐朽外，还会遭受昆虫的蛀蚀，常见的蛀虫有白蚁、天牛等。木材虫蛀的防护方法，主要是采用化学药剂处理，木材防腐剂也能防止昆虫的危害。

3. 木材的防火

常用的防火方法是在木材表面涂刷或覆盖难燃材料和用防火剂浸注木材。常用涂刷材料为硅酸盐水泥、石膏、四氯苯酐醇树脂、膨胀型丙烯酸乳胶；常用覆盖材料为各种金属；常用浸注材料为磷酸铵组合材料。

第五节　墙体材料及砌块

墙体材料是指在建筑工程中用于砌筑墙体的材料。一般由黏土、页岩、工业废渣等为主要原料，以一定工艺制成的砌筑材料；天然石材经加工也可作为墙体材料。

墙体材料具有承重、围护和分隔作用，其重量占建筑物总重量的 50% 以上，合理选用墙体材料对建筑物的结构形式、高度、跨度、安全、使用功能及工程造价等均有重要意义。

砌筑材料是土木工程中最重要的材料之一，我国传统建筑砌块有砖和石材。砖和石材自重大、体积小，生产砖和开采石材需要消耗大量农用土地或矿山资源。因此，因地制宜利用地方资源和工业废料生产轻质、高强、多功能、大尺寸的新型砌筑材料，是土木工程可持续发展的一项重要内容。

一、砌墙砖

砌墙砖包括烧结砖和免烧砖（蒸养砖或蒸压砖），砌墙砖的形式有实心砖、多孔砖和空心砖。

1. 烧结砖

凡以黏土、页岩、煤矸石、粉煤灰等为主要原料，经成型、焙烧所得的用于砌筑承重或非承重墙体的砖统称为烧结砖。

烧结砖按有无穿孔分为烧结普通砖、烧结多孔砖和烧结空心砖。烧结砖按砖的主要成分又分为烧结黏土砖（N）、烧结页岩砖（Y）、烧结煤矸石砖（M）及烧结粉煤灰砖（F）。各种烧结砖的生产工艺基本相同，生产工艺为：原料配制→制坯→干燥→焙烧→成品。

（1）烧结普通砖　以黏土、页岩、煤矸石或粉煤灰为原料制得的没有孔洞或孔洞率（砖面上孔洞总面积占砖面积的百分率）小于 15% 的烧结砖，称为烧结普通砖。烧结普通砖具有良好的绝热性、透性气、耐久性和热稳定性等特点，在建筑工程中主要用作墙体材料，其中中等泛霜的砖不得用于潮湿部位。烧结普通砖可用于砌筑柱、拱、烟囱、窑身、沟道及基础等；可与轻混凝土、加气混凝土等隔热材料复合使用，砌成两面为砖，中间填充轻质材料的复合墙体；在砌体中配置适当钢筋和钢筋网成为配筋砖砌体，可代替钢筋混凝土柱、过梁等。

（2）烧结多孔砖和烧结空心砖　烧结多孔砖和烧结空心砖均以黏土、页岩、煤矸石为主要原料，经焙烧而成的。大面有孔、孔洞率≥15％、孔的尺寸小而数量多、常用于承重部位的砖称为多孔砖；顶面有孔、孔洞率≥35％、孔的尺寸大而数量少、常用于非承重部位的砖称为空心砖。烧结多孔砖和空心砖的原料及生产工艺与烧结普通砖基本相同，与烧结普通砖相比，生产多孔砖和空心砖可节省黏土20％～30％，节约燃料10％～20％，且砖坯焙烧均匀，烧成率高。采用多孔砖或空心砖砌筑墙体，可减轻自重1/3左右，工效提高40％左右，同时能有效改善墙体热工性能和降低建筑物使用能耗。

烧结多孔砖孔多而小，表观密度为1400kg/m³左右，强度较高。使用时孔洞垂直于承压面，主要用于砌筑六层以下承重墙。空心砖，孔大而少，表观密度在800～1100kg/m³之间，强度低，使用时孔洞平行于受力面，用于砌筑非承重墙。推广应用多孔砖和空心砖是加快我国墙体材料改革的重要措施之一。

烧结多孔砖为直角六面体，有190mm×190mm×90mm（代号M）和240mm×115mm×90mm（代号P）两种规格。其孔洞，圆孔直径≤22mm，非圆孔内切圆直径≤15mm，手抓孔（30～40）mm×（75×85）mm。形状如图19-17所示。

烧结空心砖为直角六面体，其长度不超过365mm，宽度不超过240mm，高度不超过115mm（超过以上尺寸则为空心砌块），孔型采用矩形条孔或其他孔型。形状如图19-18所示。

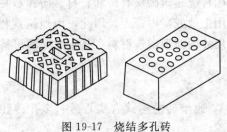

图 19-17　烧结多孔砖

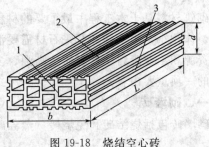

图 19-18　烧结空心砖
1—顶面；2—大面；3—条面；
L—长度；b—宽度；d—高度

2. 蒸压蒸养砖

蒸压蒸养砖（又称硅酸盐砖）是以硅质材料和石灰为主要原料，加入集料和适量石膏，经压制成型，湿热处理制成的建筑用砖。根据所用硅质材料不同有灰砂砖、粉煤灰砖、煤渣砖、矿渣砖等。

（1）蒸压灰砂砖　蒸压灰砂砖（简称灰砂砖）是以石灰和砂为主要原料，经坯料制备、压制成型、蒸压养护而成的实心砖。灰砂砖的耐水性良好，在长期潮湿环境中，其强度变化不显著，但其抗流水冲刷的能力较弱，因此不能用于流水冲刷部位，如落水管出水处和水龙头下面等。

（2）蒸压（养）粉煤灰砖　蒸压（养）粉煤灰砖以粉煤灰、石灰为主要原料，掺加适量石膏和集料经坯料制备、压制成型、高压或常压蒸汽养护而成的实心砖。粉煤灰砖可用于工业与民用建筑的墙体和基础，但用于基础或用于易受冻融和干湿交替作用的建筑部位，必须使用一等品和优等品。粉煤灰砖不得用于长期受热（200℃）及受急冷急热交替作用或有酸性介质侵蚀的建筑部位，为避免或减少收缩裂缝的产生，用粉煤灰砖砌筑的建筑物，应适当增设圈梁及伸缩缝。

（3）煤渣砖　煤渣砖是以煤渣为主要原料，掺入适量石灰、石膏，经混合、压制成型，蒸养或蒸压而成的实心砖。煤渣砖呈黑灰色，表观密度为 $1500\sim2000kg/m^3$，热导率约为 $0.75W/(m\cdot K)$，煤渣砖可用于工业与民用建筑的墙体和基础，但用于基础或用于易受冻融和干湿交替作用的建筑部位必须使用强度级别≥15级的砖。煤渣砖不得用于长期受热200℃以上、受急冷急热和有酸性介质侵蚀的建筑部位。

二、砌块

砌块是用于砌墙的尺寸较大的人造块材，外形多为直角六面体，也有多种异形体。按产品主规格的尺寸可分为大型砌块（高度大于980mm）、中型砌块（高度为380～980mm）和小型砌块（高度为115～380mm）。砌体具有适应性强、原料来源广、制作简单及施工方便等特点。常见的有普通混凝土小型砌块、轻集料混凝土小型空心砌块、加气混凝土砌块和石膏砌块等。

1. 普通混凝土小型砌块

普通混凝土小型空心砌块是以水泥、砂、石子制成，空心率25％～50％，适宜于人工砌筑的混凝土建筑砌块系列制品。其主规格尺寸为 390mm×190mm×190mm，其他规格尺寸可由供需双方协商，最小外壁厚应不小于30mm，最小肋厚应不小于25mm。

根据国家标准《普通混凝土小型空心砌块》（GB 8239—1997）的规定，混凝土小型空心砌块根据抗压强度分为 MU3.5、MU5.0、MU7.5、MU10.0、MU15.0、MU20.0 六个等级；按其尺寸偏差，外观质量分为优等品（A），一等品（B）及合格品（C）。

普通混凝土小型空心砌块具有强度较高、自重较轻、耐久性好、外表尺寸规整等优点，部分类型的混凝土砌块还具有美观的饰面以及良好的保温隔热性能，适用于建造各种居住、公共、工业、教育、国防和安全性质的建筑，包括高层与大跨度的建筑，以及围墙、挡土墙、桥梁、花坛等市政设施，应用范围十分广泛。

2. 轻集料混凝土小型空心砌块

用轻集料混凝土制成，空心率≥25％的小型砌块称为轻集料混凝土小型空心砌块，常用轻集料为浮石、火山渣、煤渣等。按其孔的排数分为单排孔、双排孔、三排孔和四排孔 4 类。主规格尺寸为 390mm×190mm×190mm。

轻集料混凝土小砌块以其轻质、高强、保温隔热性能好和抗震性能好等特点，在各种建筑的墙体中得到广泛应用，特别是在保温隔热要求较高的维护结构上的应用。

3. 蒸压加气混凝土砌块

蒸压加气混凝土砌块是以水泥、矿渣、砂或水泥、石灰、粉煤灰为基本原料，以铝粉为发气剂，经搅拌、发气、切割和蒸压养护等工艺加工而成。

蒸压加气混凝土砌块的公称尺寸如下：宽度为 100mm，125mm，150mm，200mm，250mm，300mm 及 120mm，180mm，240mm；高度为 200mm，250mm，300mm。

加气混凝土砌块具有轻质、保温、防火、可锯和可刨加工等特点，可制成建筑砌块，适用于作民用工业建筑物的内外墙体材料和保温材料。

第六节 建筑板材

建筑物的屋面和墙体采用的轻质板块材料称为建筑板材。使用建筑板材施工速度快、造价低。常用的板材有：预应力空心板、玻璃纤维增强水泥板、轻质隔热夹芯板、网塑夹芯板和纤维增强低碱度水泥建筑平板等。

一、预应力空心墙板

预应力空心墙板是普通空心板内加入预应力钢绞线制成的钢筋混凝土制品。

预应力空心墙板板面平整，尺寸误差小，施工使用方便，减少了湿作业，加快了施工速度，提高了工程质量；可用于承重或非承重的内外墙墙板；可根据需要增加保温吸声层、防水层和各种饰面层（彩色水刷石、剁斧石、喷砂和釉面砖等），也可以制成各种规格的楼板、屋面板、雨罩和阳台板等。

二、玻璃纤维增强水泥多孔墙板

玻璃纤维增强水泥多孔墙板以低碱水泥为胶结料，低碱玻璃纤维和中碱玻璃纤维加隔离覆被的网络布为增强材料，适当膨胀珍珠岩、加工后的锅炉矿渣、粉煤灰为集料，经搅拌、灌注、成型、脱水、养护等工序制成的板材。

该多孔墙板重量轻、强度高、不燃、可锯、可钉、可钻，施工方便且效率高。主要用于工业和民用建筑的内隔墙。

三、轻质隔热夹芯板

轻质隔热夹芯板是用高强度黏结剂将高强材料（镀锌彩色钢板、铝板、不锈钢板或装饰板等）与轻质隔热材料（阻燃型发泡聚苯乙烯或矿棉等）黏合，经加工、修边、开槽、落料而成的板材。

该板质量密度为 $10\sim14kg/m^2$，热导率为 $0.021W/(m\cdot K)$，具有良好的绝热和防潮等性能，又具有较高的抗弯和抗剪强度，并且安装灵活快捷，可多次拆装重复使用。可用于厂房、仓库和净化车间、办公室、商场房屋加层、组合式活动房、室内隔断、天棚、冷库等。

四、网塑夹芯板

网塑夹芯板是由呈三维空间受力的镀锌钢丝笼格作骨架，中间填以阻燃性发泡聚苯乙烯组合而成的一种复合墙板。网塑夹芯板质量轻，绝热吸声性能好，施工速度快。主要用于宾馆、办公室等的内隔墙。

五、纤维增强低碱度水泥建筑平板（TK 板）

该板是以低碱度水泥、中碱玻璃纤维和石棉纤维为原料制成的薄型建筑平板。具有质量轻、抗折、抗冲击强度高、不燃、防潮、不易变形和可锯、可钉、可涂刷等优点。TK 板与各种材料的龙骨、填充料复合后，可用作多层框架结构体系、高层建筑、旧房屋改造中的内隔墙。

思 考 题

1. 建筑钢材有何特性？常用建筑钢材有哪些类型？
2. 普通混凝土由哪些材料组成？混凝土第五组分、第六组分分别是什么？

3. 从哪些方面控制混凝土的质量？混凝土配合比的基本参数有哪些？

4. 常用建筑砂浆有哪些类型？

5. 如何做好木材的防护和防火？

6. 砌墙砖、砌块各包括哪些？各有何特点？在工程应用中应注意什么？

7. 常用建筑板材有哪些？它们各自特点与主要应用范围是什么？

第二十章 建筑装饰材料

第一节 建筑装饰材料的基本知识

建筑装饰材料是指铺设或涂抹在结构物内外表面的饰面材料。其装饰效果主要取决于装饰材料的色彩、质感及环境协调性。

建筑装饰材料主要用于完工后的主体结构工程，进行内外墙、顶棚、地面的饰面所需要的材料，主要起装饰作用，同时可以满足一定的功能要求。在建筑装饰工程中，为了保证工程质量、美观耐久，造就自然环境与人工环境的完美融合，装饰材料应满足装饰效果、保护功能的基本要求。应当根据不同的需求，正确合理选择建筑装饰材料。

一、材料的颜色、光泽、透明性

颜色是材料对光谱选择吸收的结果，不同的颜色给人以不同的情感。如红色、粉红色给人温暖、热烈的感觉，有刺激和兴奋的作用；绿色、蓝色给人宁静、清凉、寂静的感觉，能消除精神紧张和视觉疲劳。

光泽是材料表面方向性反射光线的性质，用光泽度表示，材料表面越光滑，光泽度越高。当为定向反射时，材料表面具有镜面特征。光泽度不同，材料表面的明暗程度、视野及虚实对比会大不相同，它对物体形象的清晰程度有决定性影响。

透明性也是与光线有关的一种性质，既能透光又能透视的物体称为透明体，能透光而不能透视的物体称为半透明体，既不能透光又不能透视的物体称为不透明体。利用不同的透明度可调整光线的明暗，造成不同的光学效果，使物像清晰或朦胧。如普通玻璃是透明的，磨砂玻璃是半透明的，瓷砖不透明。

二、质感

质感是材料的表面组织结构、花纹图案、颜色、光泽和透明性等给人的一种综合感觉。质感能引起人的心理反应和联想，可加强情感上的气氛。一般说来，材料的这种心理诱发作用是非常明显和强烈的。各种材料在人的感官中有软硬、轻重、粗细和冷暖等感觉，如金属能使人产生坚硬、沉重和寒冷的感觉；而皮革、丝织品会给人柔软、轻盈和温暖的感觉；石材可给人稳重、坚实和牢固的感觉；而未加装饰的混凝土则给人粗犷、草率的印象。相同组成的材料表面不同可以有不同的质感，如普通玻璃与压花玻璃，镜面花岗石与粗面花岗石。相同的表面处理形式往往具有相同或类似的质感，如人造大理石、仿木纹制品。虽然仿制的制品不真实，但有时也能达到以假乱真的效果。装饰材料的质感特征与建筑装饰的特点应具有一致性、协调性。

三、形状和尺寸

对于块材、板材和卷材等装饰材料的形状和尺寸，表面的天然花纹、纹理及人造花纹或图案都有特定的规格和偏差要求，能按需要裁剪和拼装获得不同的装饰效果。尺寸大小要适应强度、变形、热工和模数等方面的要求，如型材的截面大小要满足承载能力、变形要求，玻璃的厚度满足其热工性能要求等。

四、立体造型

材料本身的形状、表面的凹凸及材料之间交接面上产生的各种线型有规律的组合易产生感情意味。水平线给人安全感、垂直线给人稳定均衡感、斜线有动感和不稳定感。装饰材料的选用需考虑造型美观。

五、环保要求

装饰材料的生产、施工、使用中，要求能耗少、施工方便、污染低，满足环境保护要求。近些年的研究结果表明，现代建筑装饰材料的大量使用是引起室内外空气污染的主要因素之一。主要是装饰材料释放出的甲醛、芳香族化合物和放射性元素氡超标等，对人的呼吸和皮肤接触造成危害。建筑装饰材料中的环境污染问题及相应的污染控制需得到重视，建筑材料放射性元素限量，胶黏剂、涂料、聚氯乙烯地板及壁纸中有害物质限量应符合有关国家标准的要求。

六、满足强度、耐水性、热工、耐腐蚀、防火性要求

建筑外部装饰材料要经受日晒、雨淋、冰冻、霜雪、风化和介质侵蚀作用，建筑内部装饰材料要经受摩擦、冲击、洗刷、沾污和火灾等作用。因此，装饰材料在满足装饰效果的同时要满足强度、耐水性、保温、隔热、耐腐蚀和防火性等方面的要求。

第二节　建筑涂料

建筑涂料是指涂于建筑物表面，并能干结成膜，具有保护、装饰、防锈、防火或其他功能的物质。

一、建筑涂料的组成

建筑涂料由主要成膜物质、次要成膜物质、稀释剂和助剂组成。

主要成膜物质在涂料中起成膜及黏结填料和颜料的作用，使涂料在干燥或固化后能形成连续的涂层。其性质，对形成涂膜的坚韧性、耐磨性、耐候性、化学稳定性以及涂膜的干燥方式起着决定性作用。常用的主要成膜物质有水玻璃、硅溶胶、聚乙烯醇、聚乙烯醇缩甲醛、丙烯酸树脂、环氧树脂、醋酸乙烯-丙烯酸酯共聚物、聚氨酯树脂、氯磺化聚乙烯等。

建筑涂料的次要成膜物质是指涂料中所用的颜料和填料，以微细粉状均匀地分散于涂料介质中，赋予涂膜以色彩、质感，使涂膜具有一定的遮盖力，减少收缩，增加膜层的机械强度，防止紫外线的穿透，提高涂膜的抗老化性、耐候性。常用的颜料有氧化铁红、氧化铁黄、氧化铁绿、氧化铁棕、氧化铬绿、钛白、锌钡白、红丹、铝粉等。

填料的主要作用在于改善涂料的涂膜性能，降低生产成本。填料主要是一些碱土金属盐、硅酸盐和镁、铝的金属盐等。

稀释剂为能溶解油料、树脂又易于挥发的溶剂或水，具有溶解或分散基料、增加涂料的渗透力和调节涂料黏度的性能，使涂料便于涂刷、喷涂，在基体材料表面形成连续薄层，节约涂料用量等。常用的溶剂有松香水、酒精、200#溶剂汽油、苯、二甲苯、丙醇等。

助剂是为进一步改善或增加涂料的某些性能而加入的少量物质。通常使用的有增白剂、防污剂、分散剂、乳化剂、润湿剂、稳定剂、增稠剂、消泡剂、硬化剂和催干剂等。

二、建筑涂料的技术性能

建筑涂料的技术性能包括物理力学性能和化学性能，如涂膜颜色、遮盖力、附着力、黏

结强度、耐冻融性、耐污染性、耐候性、耐水性、耐碱性及耐刷洗性等。

三、常用建筑涂料

建筑涂料品种繁多，按在建筑物上的使用部位和功能不同来分，分为墙面涂料、地面涂料、防水涂料、防火涂料、特种涂料。

1. 墙面涂料

墙面涂料分为内墙涂料和外墙涂料，其作用是为保护墙体和装饰墙体的立面，提高墙体的耐久性或弥补墙体在功能方面的不足。但有些内墙涂料对室内环境造成污染，国家标准《室内装饰装修材料　内墙涂料中有害物质限量》GB 18582—2008 对室内装饰装修用墙面涂料中对人体有害物质作了规定。对外墙涂料的要求比内墙涂料的更高些，因为它的使用条件严酷，保养更换也较困难。

墙面涂料具有色彩丰富、细腻、协调；耐碱性、耐水性好，且不易粉化；具有良好的透气性和吸湿排湿性；涂刷施工方便，可手工作业，也可机械喷涂等特点。

2. 地面涂料

地面涂料对地面起装饰和保护作用，有的还有特殊功能，如防腐蚀、防静电。地面涂料具有较好的耐磨损性、耐碱性、耐水性、抗冲击性、重涂性能及施工方便性能。

3. 防水涂料

防水涂料形成的涂膜能防止雨水或地下水渗漏。用防水涂料来取代传统的沥青卷材，可简化施工程序、加快施工速度，防水涂料具有良好的柔性、延伸性，使用中能较好地防止龟裂、粉化。

4. 防火涂料

防火涂料又称阻燃涂料，是一种涂刷在某些易燃建筑材料表面上，提高易燃材料的耐火能力，为人们提供一定的灭火时间的一类涂料。分为钢结构防火涂料、木结构防火涂料和混凝土防火涂料。

5. 特种涂料

特种涂料除具有保护和装饰作用外，还具有特殊功能，如卫生涂料、防静电涂料和发光涂料。

第三节　建 筑 塑 料

建筑塑料是以合成高分子化合物或天然高分子化合物为主要基料，与其他原料在一定条件下经混炼、塑化成型，在常温常压下能保持产品形状不变的材料。塑料在一定温度和压力下具有较大的塑性，容易做成所需要的形状尺寸的制品，成型后，在常温下又能保持既得的形状和必需的强度。

一、塑料的组成

塑料大多数是以合成树脂为基本材料，按一定比率加入填料、增塑剂、固化剂、着色剂、稳定剂等加工而成。

1. 合成树脂

合成树脂是塑料的基本组成材料，在塑料中起胶黏剂的作用，塑料的主要性质取决于所用合成树脂的性质。

2. 填料

填料又称填充剂，是为了改善塑料的某些性能而加入的，提高塑料的耐磨性、大气稳定性，降低塑料的可燃性等，同时也可以降低塑料的成本。如滑石粉、硅藻土、石灰粉、云母、木粉、各类纤维、铝粉等。

3. 增塑剂

增塑剂可提高塑料加工时的可塑性、流动性以及塑料制品在使用时的弹性和柔软性，改善塑料的低温脆性等，但会降低塑料的强度和耐热性。如邻苯二甲酸甲酯、邻苯二甲酸丁酯、邻苯二甲酸辛酯、二苯甲酮等。

4. 固化剂

固化剂又称硬化剂，用于热固性树脂中使线型高聚物交联成体型高聚物，从而制得坚硬的塑料制品。如环氧树脂常用的胺类、某些酚醛树脂常用的六亚甲基四胺及高分子类聚酰胺树脂。

5. 着色剂

着色剂又称为色料，着色剂的作用是使塑料制品具有鲜艳的色彩和光泽。

6. 稳定剂

稳定剂是为了防止塑料在热、光及有害气体液体作用下老化而加入的少量物质，能抑制或减缓塑料老化、延长塑料使用寿命的作用。如钛白粉、硬脂酸盐等。

二、塑料的主要特性

1. 塑料的主要优点

塑料具有质轻、高强、绝缘、耐腐、耐磨、绝热、隔声等优良性能。在建筑上可作为装饰材料、绝热材料、吸声材料、防护材料、墙体材料、管道及卫生洁具等。它与传统材料相比，具有以下优良性能。

（1）轻质高强　塑料的密度在 $0.9 \sim 2.2g/cm^3$ 之间，平均为 $1.45g/cm^3$，是一种优良的轻质高强材料，有利于减轻建筑物自重、节约成本。

（2）加工性能好　塑料可以制成具有各种断面形状的通用材或异型材。如塑料薄膜、薄板、管材、门窗型材等，且加工性能优良，可采用机械化大规模的生产，生产效率高。

（3）热导率、电导率小　塑料制品的热传导、电传导能力较小，是理想的绝热材料，同时也是理想的电绝缘材料。

（4）装饰性能优良　塑料制品可完全透明，也可以着色，而且色彩绚丽耐久，表面光亮有光泽；可通过照相制版印刷，模仿天然材料的纹理，达到以假乱真的程度；还可电镀、热压、烫金制成各种图案和花型，使其表面具有立体感和金属的质感。

（5）具有多功能性　塑料的品种多、功能不一，且可通过改变配方和生产工艺，在相当大的范围内制成具有各种性能的工程材料。如强度超过钢材的碳纤维复合材料；具有承重、质轻、隔声、保温的复合材料；柔软而具有弹性的密封、防水材料等。

（6）经济节能　塑料建材无论是从生产时所耗的能量或是在使用效果来看都有节能效果。塑料生产的能耗低于传统材料，在使用过程中某些塑料产品具有节能效果。如塑料窗隔热性能好，代替钢铝窗可减少热量传递，节省空调用电量；塑料管内壁光滑，输水能力比白铁管高 30%。因此，广泛使用塑料建筑材料有明显的经济效益和社会效益。

2. 塑料的主要缺点

塑料的耐热性差，受到较高温度的作用时会产生变形，甚至产生分解。建筑中常用的热塑性塑料的变形温度为 80～120℃，热固性塑料的变形温度为 150℃左右。因此，在使用中要注意它的限制温度。

（1）塑料一般可燃　塑料燃烧时会产生大量的烟雾甚至是有毒气体；所以，在生产过程中一般掺入一定量的阻燃剂以提高塑料的耐燃性。在重要的建筑场所或易产生火灾的部位，不宜采用塑料装饰制品。

（2）易老化　塑料在热、阳光及环境介质中的碱、酸、盐等作用下，分子结构会产生递变，使增塑剂等组分挥发、塑料性能变差，甚至产生硬脆、破坏等。塑料的耐老化性可通过添加外加剂的方法得到很大的改善，如某些塑料制品的使用年限可达到 50 年，甚至更长。

（3）热膨胀性大　塑料的热膨胀系数较大，因此在温差变化较大的场所使用塑料时，尤其是与其他材料结合使用时，应当考虑变形因素，以保证塑料制品的正常使用。

（4）刚度小　塑料与钢铁等金属材料相比，强度和弹性模量较小，即刚度差，且在荷载长期作用下会产生蠕变，给塑料的使用带来一定的局限性，可考虑制成塑钢复合材料使用。

总之，塑料及其制品的优点大于缺点，且塑料的缺点可以通过采取措施加以弥补。随着塑料资源的不断发展，建筑塑料的发展前景是非常广阔的。

三、常用装饰塑料制品

1．塑料装饰板材

塑料装饰板材是指以树脂为浸渍材料或以树脂为基材，采用一定的生产工艺制成的具有装饰功能的普通或异型断面的板材。塑料装饰板材以其重量轻、装饰性强、生产工艺简单、施工简便、易于保养、适于与其他材料复合等特点，在装饰过程中得到愈来愈广泛的应用。

2．塑料壁纸

塑料壁纸也称聚氯乙烯壁纸，是指以纸为基材，以聚氯乙烯塑料为面层，经压延或涂布以及印刷、扎花、发泡等工艺而制成的饰面材料。具有一定的伸缩性和耐裂强度，装饰效果好，性能优越，粘贴方便，使用寿命长，易维修保养等。塑料壁纸是目前国内外使用广泛的一种室内墙面装饰材料，可以用于顶棚、梁柱等处的贴面装饰。塑料壁纸的宽度为 530mm和 900～1000mm，前者每卷长度为 10m，后者每卷长度为 50m。

3．塑料地板

塑料地板是以高分子合成树脂为主要材料，加入其他辅助材料，经一定的制作工艺制成的预制块状、卷材状的地面材料。塑料地板具有种类花色繁多、装饰性能良好，功能多变、适应面广，轻质、耐磨、脚感舒适，施工、维修、保养方便等特点。

第四节　建筑饰面石料

装饰石材包括天然石材（花岗岩板、大理石板）和人造石材。

一、天然石材

天然石材是指从天然岩体中开采出来的毛料或经过加工成为板状或块状的饰面材料。建筑装饰用饰面天然石材主要有花岗岩板和大理石板两大类。

1．花岗岩板

花岗岩是一种火成岩，属硬石材。其化学成分随产地不同而有所区别，主要矿物成分是长石、石英，并含有少量云母和暗色矿物。花岗岩常呈现出一种整体均粒状结构，正是这种结构使花岗岩具有独特的装饰效果，其耐磨性和耐久性优于大理石，既适用于室外也适用于室内装饰。

花岗岩板根据加工程度不同分为粗面板材（如剁斧板、机刨板等）、细面板材和镜面板材三种。其中粗面板材表面平整、粗糙，具有较规则的加工条纹，主要用于建筑外墙面、柱面、台阶、勒脚、街边石等部位和城市雕塑，能产生近看粗犷、远看细腻的装饰效果；镜面板材是经过锯解后，再研磨、抛光而成，产品色彩鲜明、光泽动人、形象倒映，极富装饰性，主要用于室内外墙面、柱面、地面等。某些花岗岩含有微量放射性元素，这类花岗岩应避免使用于室内。

2. 大理石板

大理石主要成分为碱性物质碳酸钙（$CaCO_3$）。天然大理石是石灰岩与白云岩在高温、高压作用下矿物重新结晶变质而成。如在变质过程中混入了氧化铁、石墨、氧化亚铁、铜、镍等其他物质，就会出现各种不同的色彩、花纹和斑点。这些斑斓的色彩和石材本身的质地使其成为古今中外的高级建筑装饰材料。大理石化学稳定性不如花岗岩，不耐酸，空气和雨水中所含的酸性物质和盐类对大理石有腐蚀作用，故大理石不宜用于建筑物外墙和其他露天部位。

大理石天然生成的致密结构和色彩、花纹、斑块，经过锯切、磨光后的板材光洁细腻，如脂如玉，纹理自然，花色品种可达上百种。白色大理石洁白如玉，晶莹纯净，故又称汉白玉，是大理石中的名贵品种。云灰大理石和彩花大理石在漫长的形成过程中，由于大自然的"鬼斧神工"，使其具有令人遐想万千的花纹和图案，有的像乱云飞渡，有的像青云直上，有的表现为"微波荡漾"、"湖光山色"、"水天相连"、"花鸟虫鱼"、"珍禽异兽"、"群山叠翠"、"骏马奔腾"等，装饰效果美不胜收。大理石装饰板材主要用于宾馆、展厅、博物馆、办公楼、会议大厦等高级建筑物的墙面、地面、柱面及服务台面、窗台、踢脚线、楼梯、踏步以及园林建筑的山石等处，也可加工成工艺品和壁画。

二、人造石材

人造石材是采用无机或有机胶凝材料作为黏结剂，以天然砂、碎石、石粉等为填充料，经成型、固化、表面处理而成的一种人造材料。常见的有人造大理石和人造花岗石，其色彩和花纹均可根据要求设计制作，如仿大理石、仿花岗石等，还可以制作成弧形、曲面等复杂形状。

人造石材具有天然石材的质感，色泽鲜艳、花色繁多、装饰性好，重量轻、强度高、耐腐蚀、耐污染，可锯切、钻孔、施工方便。适用于墙面、门套或柱面装饰，也可作台面及各种卫生洁具，还可加工成浮雕、工艺品等。与天然石材相比，人造石是一种较经济的饰面材料，但人造石材还存在着一些缺点，如有的品种表面耐刻划能力较差、某些板材使用中发生翘曲变形等，随着对人造石材制作工艺、原料配比的不断改进、完善，这些缺点得到一定克服。

按照生产材料和制造工艺的不同，可把人造石材分为水泥型人造石材、树脂型人造石材、复合型人造石材、烧结型人造饰面石材几类。

第五节 石膏装饰制品

石膏装饰制品是指铺设或涂抹在结构物内外表面的饰面材料。其装饰作用主要取决于装饰材料的色彩、质感。石膏制品空隙率大，热导率小，吸声性强，吸湿性大，可调节室内的温度和湿度。同时石膏制品质地洁白细腻，可浇注出纹理细致的浮雕花饰，且有一定的抗火性能，是一种较好的室内饰面材料。

石膏装饰制品的种类很多，如纸面石膏板、空心石膏条板、石膏砌块、钢弦石膏板墙、轻钢龙骨纸面石膏板隔墙等。

一、纸面石膏板

纸面石膏板是以建筑石膏为主要原料，掺入纤维、外加剂和适量的轻质填料，加水拌成料浆，浇注在行进中的纸面上，成型后再覆以上层面纸，料浆经过凝固形成芯材，经切断、烘干，使芯材与护面纸牢固地结合在一起而成。主要用作分室墙、内隔墙、吊顶和装饰。

二、空心石膏条板

空心石膏条板生产方法与普通混凝土空心板类似。生产时常加入纤维材料或轻质填料，以提高板的抗折强度和减轻自重。多用于民用住宅的分室墙。

三、钢弦石膏板墙

钢弦石膏板墙是以建筑石膏配以钢弦增强材料压复成型，是一种新型、轻质的墙体材料，主要优点是：①墙体刚柔结合，稳定性、整体性和抗震性好，墙面不易产生裂缝；②质量轻，约为 $50kg/m^2$（隔墙厚 110mm，内填 50mm 厚的岩棉）；③防火性能和隔声效果好；④墙体形式多样，可以做成直墙、圆弧墙和折线墙等，且墙体厚度可大可小；⑤墙体表面平整，装修方便，刷涂料、贴壁纸和贴面砖均适宜；⑥施工操作方便，省工、省时、省力，并可以在 $-7℃$ 时施工；⑦墙体可随意拆卸切割，灵活方便；⑧施工工期和质量较有保证；⑨施工现场文明整洁，易于管理，而且材料属于环保产品。

四、轻钢龙骨纸面石膏板隔墙

轻钢龙骨纸面石膏板隔墙是以建筑石膏配以轻钢龙骨增强材料压复成型、面贴装饰纸而成，是一种新型、轻质的石膏板隔墙，主要优点是轻质性、美观性、实用性与经济性的统一，具有较好的社会效益，克服了砌砖时湿作业量大、工期长、建筑垃圾多等弊端。符合国家要求的建筑行业要大力提高环保施工力度和加快工业化进程的产业政策。

五、石膏砌块和装饰石膏制品

建筑石膏配以纤维增强材料、胶黏剂等可制成石膏角线、线板、角花、灯圈、罗马柱和雕塑等艺术装饰石膏制品。

第六节　建筑装饰用陶瓷制品

凡以黏土、长石和石英为基本原料，经配料、制坯、干燥和焙烧而制得的成品统称为陶瓷制品。陶瓷制品美观、耐用、耐酸、防火、清新自然。

一、陶瓷制品的组成与分类

黏土、石英、长石是陶瓷最基本的三个组分，陶瓷主要化学组成包括 SiO_2、Al_2O_3、K_2O、Na_2O 等。普通陶瓷制品质地按其致密程度（吸水率大小）可分为三类：陶质制品、炻质制品和瓷质制品。

从产品种类来说，陶瓷系陶器与瓷器两大类产品的总称。陶器通常有一定的吸水率，断面粗糙无光，不透明，敲之声音粗哑，有的施釉、有的无釉。瓷器的坯体致密，基本上不吸水，有半透明性，通常都施有釉层。介于陶器与瓷器之间的一类产品，国外称为炻器，也有的称为半瓷。我国文献中常称为原始瓷器或称为石胎瓷。炻器与陶器的区别在于陶器坯体是多孔的，而炻器坯体的孔隙率却很低，其坯体致密，达到了烧结程度，吸水率通常小于

2%。炻器与瓷器的区别主要是炻器坯体多数带有颜色且无半透明性。

二、常用建筑陶瓷

建筑陶瓷品种繁多，主要包括陶瓷墙地砖、陶瓷锦砖、釉面砖、卫生陶瓷、琉璃制品等。

1. 陶瓷墙地砖

陶瓷墙地砖一般是指外墙砖和地砖。外墙砖是用于建筑物外墙的饰面砖；地砖是用于建筑物地面的饰面砖。

2. 陶瓷锦砖

陶瓷锦砖也称陶瓷马赛克，是片状小瓷砖，具有较好的防滑性能，主要用于厨房、餐厅和浴室等的地面铺贴。

3. 釉面砖

釉面砖属精陶质制品，主要用作厨房和卫生间等墙面饰面材料。

4. 卫生陶瓷

卫生陶瓷制品有洗面器、大小便器、洗涤器和水槽等。

5. 琉璃制品

琉璃制品是以难熔黏土为原料，经配料、成型、干燥、素烧、表面涂以琉璃釉后，再经烧制而成的制品。琉璃制品应用于园林建筑屋面、屋脊的防水性装饰等处。

第七节 建 筑 玻 璃

一、玻璃的组成

玻璃是以石英砂、纯碱、长石、石灰石等为主要原料，经 $1550\sim1600$℃高温熔融、成型、冷却、固化后得到的透明非晶态无机物。普通玻璃的化学组成主要是 SiO_2、Na_2O、K_2O、CaO 及少量 Al_2O_3、MgO 等，如在玻璃中加入某些金属氧化物、化合物可制成各种特殊性能的玻璃。

二、玻璃性能

1. 玻璃的物理性能

普通玻璃的密度为 $2.45\sim2.55g/cm^3$，玻璃的密度与其化学组成有关，且随温度升高而降低。

玻璃具有优良的光学性质，光线入射玻璃，表现有透射、反射和吸收的性质。光线能透过玻璃的性质称为透射；光线被玻璃阻挡，按一定角度折回称为反射；光线通过玻璃后，一部分被损失掉，称为吸收。厚度大的玻璃和重叠多层玻璃是不易透光的。利用玻璃的这些特殊光学性质，人们研制出一些具有特殊功能的新型玻璃，如吸热玻璃、热反射玻璃、光致变色玻璃等。玻璃对光线的吸收能力随着化学组成和颜色而异，无色玻璃可透过各种颜色的光线，但吸收红外线和紫外线。各种颜色玻璃能透过同色光线而吸收其他颜色的光线。

玻璃是热的不良导体，导热性能与其颜色和化学组成有关，密度对热导率也有影响。

玻璃抵抗温度变化而不破坏的性质称为热稳定性。当玻璃温度急变时，沿玻璃不同的厚度、温度膨胀量不同而产生内应力，当内应力超过玻璃极限强度时，就会造成碎裂。玻璃抗急热的破坏能力比抗急冷破坏的能力强，这是因为受急热时玻璃表面产生压应力，受急冷时玻璃表面产生的是拉应力，而玻璃的抗压强度远高于抗拉强度。玻璃中常含有游离的 SiO_2，有残余的膨胀性质，会影响制品的热稳定性，因此须用热处理方法加以消除，以提高玻璃制品的热稳定性。

2. 玻璃的化学性能

玻璃具有较高的化学稳定性，通常能抵抗除氢氟酸以外的酸、碱、盐侵蚀，但长期受到侵蚀性介质的腐蚀，也能导致变质和破坏。如玻璃的风化、玻璃发霉等都会导致玻璃外观的损伤和透光能力的降低。

3. 玻璃的力学性能

玻璃的力学性质与其化学组成、制品形状、表面形状和加工方法等有关。凡含有未熔夹杂物、节瘤或具有微细裂纹的制品，都会造成应力集中，从而降低玻璃的机械强度。

荷载的时间长短对抗压强度影响很小，但受高温的影响较大。玻璃承受荷载后，表面可能发生极细微的裂纹，并随着荷载的次数增多及使用期加长而增多增大，最后导致制品破碎。因此，制品长期使用后，须用氢氟酸处理其表面，消灭细微裂纹，恢复其强度。

4. 玻璃的工艺性能

玻璃的表面加工可分为冷加工、热加工和表面处理三大类。在常温下通过机械方法来改变玻璃制品的外形和表面形态的过程称为冷加工。如研磨抛光、切割、喷砂、钻孔和切削。

建筑玻璃常进行热加工处理，目的是为了改善其性能及外观质量。各种类型的热加工，都需要把玻璃加热到一定温度。由于玻璃的黏度随温度升高而减小，同时玻璃热导率较小，所以能采用局部加热的方法，在需要加热的地方使其局部达到变形、软化甚至熔化流动的状态，再进行切割、钻孔和焊接等加工。利用玻璃的表面张力大和有使玻璃表面趋向平整的作用，可将玻璃制品在火焰中抛光。

玻璃的表面处理主要分为三类，即化学刻蚀、化学抛光和表面金属涂层。化学刻蚀是用氢氟酸溶掉玻璃表层的硅氧，根据残留盐类溶解度的不同，而得到有光泽的表面或无光泽毛面的过程。化学抛光的原理与化学蚀刻一样，是利用氢氟酸破坏玻璃表面原有的硅氧膜而生成一层新的硅氧膜，提高玻璃的光洁度与透光率。玻璃表面镀上一层金属薄膜，广泛用于加工制造热反射玻璃、护目玻璃、膜层导电玻璃、保温瓶胆、玻璃器皿和装饰品等。

三、常用建筑玻璃

建筑玻璃泛指平板玻璃及由平板玻璃经深加工制成的玻璃，也包括玻璃空心砖和玻璃马赛克等玻璃类建筑材料。建筑玻璃按其功能一般分为平板玻璃、饰面玻璃、安全玻璃、功能玻璃、玻璃砖等。

1. 平板玻璃

平板玻璃主要利用其透光和透视特性，用作建筑物的门窗、橱窗及屏风等装饰。这一类玻璃制品包括普通平板玻璃、磨砂平板玻璃、磨光平板玻璃、花纹平板玻璃和有色平板玻璃。

2. 饰面玻璃

饰面玻璃主要利用其表面色彩图案花纹及光学效果等特性，用于建筑物的立面装饰和地坪装饰。

3. 安全玻璃

安全玻璃主要利用其高强度、抗冲击及破碎后无损伤人的危险性等特性，用于装饰建筑物安全门窗、阳台走廊、采光天棚、玻璃幕墙等。

4. 功能玻璃

功能玻璃一般是有吸热或反射热，吸收或反射紫外线，光控或电控变色等特性的玻璃。

5. 玻璃砖

玻璃砖是块状玻璃制品，主要用于屋面和墙面装饰。玻璃砖包括特厚玻璃、玻璃空心砖、玻璃锦砖、泡沫玻璃等。

如在玻璃中加入着色氧化物或在玻璃表面喷涂氧化物膜层可制成吸热玻璃。研究表明，吸收太阳的辐射热随吸热玻璃的颜色和厚度不同，对太阳的辐射热吸收程度也不同。6mm厚的蓝色吸热玻璃能挡住 40％左右的太阳辐射热。在玻璃表层镀覆金属膜或金属氧化物膜层可制成热反射玻璃。6mm 厚的热反射玻璃能反射 67％左右的太阳辐射热。吸热玻璃和热反射玻璃可克服温带、热带建筑物普通玻璃窗的暖房效应，减少空调能耗，取得较好的节能效果，同时，能吸收紫外线，使刺目耀眼的阳光变得柔和，起到防眩的作用。

思 考 题

1. 建筑装饰材料的装饰效果应考虑哪些方面？
2. 建筑涂料、建筑塑料各有何特点？
3. 室外用建筑饰面材料选用时要注意哪些问题？
4. 石膏制品有何特点？
5. 常用陶瓷制品有哪些？
6. 常用建筑玻璃有哪些？

参 考 文 献

[1] 同济大学，西安建筑科技大学，东南大学，重庆建筑大学．房屋建筑学．北京：中国建筑工业出版社，2001.

[2] 赵研．建筑构造．北京：中国建筑工业出版社，2007.

[3] 季敏．建筑制图与构造基础．北京：机械工业出版社，2007.

[4] 中南地区建筑标准设计建筑图集．中南地区建筑标准设计协作组办公室编．

[5] 王志军，袁雪峰．房屋建筑学．第2版．北京：科学出版社，2003.

[6] 杨金铎．房屋构造．第2版．北京：清华大学出版社，1994.

[7] 舒秋华，李世禹．房屋建筑学．武汉：武汉理工大学出版社，2005.

[8] 聂洪达，郄恩田等．房屋建筑学．北京：北京大学出版社，2007.

[9] 钟芳林，侯元恒．建筑构造．北京：科学出版社，2004.

[10] 裴刚，沈粤，扈媛．房屋建筑学．广州：华南理工大学出版社，2004.

[11] 李振霞，魏广龙．房屋建筑学概论．北京：中国建筑工业出版社，2005.

[12] 杨金铎．房屋建筑构造．北京：中国建材工业出版社，2005.

[13] 陈文其，杨新民，龙韬．房屋构造设计．北京：中国建材工业出版社，1988.

[14] 罗福午．单层厂房结构设计．北京：清华大学出版社，1992.

[15] 《单层工业厂房设计》编写组．单层工业厂房设计．北京：中国建筑工业出版社，1988.

[16] 厂房建筑模数协调标准 GB/T 50006—2010.

[17] 张爱勤，曹晓岩．土木工程材料．北京：机械工业出版社，2009.

[18] 湖南大学等．土木工程材料．北京：中国建筑工业出版社，2002.